U0166665

AIGC

AIGC + ROBOT

机器人

马天诣 王方群 华少 著

四川科学技术出版社 中国科学技术出版社
·成 都· ·北 京·

图书在版编目（CIP）数据

AIGC+ 机器人 / 马天诣，王方群，华少著 . — 成都：四川科学技术出版社；北京：中国科学技术出版社，2024.1

ISBN 978-7-5727-1050-6

Ⅰ . ① A… Ⅱ . ①马… ②王… ③华… Ⅲ . ①智能机器人 Ⅳ . ① TP242.6

中国国家版本馆 CIP 数据核字（2023）第 234142 号

AIGC+ 机器人
AIGC+JIQIREN

策划编辑	杜凡如　任长玉	**特约编辑**	任长玉
责任编辑	林佳馥	**文字编辑**	齐孝天　于楚辰
封面设计	奇文云海	**版式设计**	蚂蚁设计
责任校对	钱思佳　张晓莉	**责任印制**	欧晓春　李晓霖

出　版	四川科学技术出版社　中国科学技术出版社
发　行	四川科学技术出版社　中国科学技术出版社有限公司发行部
地　址	北京市海淀区中关村南大街 16 号
邮　编	100081
发行电话	010-62173865
传　真	010-62173081
网　址	http: //www.cspbooks.com.cn

开　本	710mm × 1000mm　1/16
字　数	246 千字
印　张	17.25
版　次	2024 年 1 月第 1 版
印　次	2024 年 1 月第 1 次印刷
印　刷	北京盛通印刷股份有限公司
书　号	ISBN 978-7-5727-1050-6
定　价	89.00 元

专家委员会

（以姓氏笔画为序）

目录

CONTENTS

第 1 章

人工智能基础与 AIGC 的发展

1.1 人工智能概述

1.1.1 人工智能发展历史

人工智能（artificial intelligence，AI）是由机器所表现出来的智能，而不是人类或其他动物所表现出来的智能，是研究、开发用于模拟、延伸和扩展人的智能的理论、方法、技术及应用系统的一门新的技术科学。人工智能可以感知、整合和推断信息，例如进行语音识别、计算机视觉、（自然）语言之间的翻译以及其他输入映射等。人工智能技术的发展有着漫长的生成和建设历史，可以大致概括为五个阶段（图 1-1）。

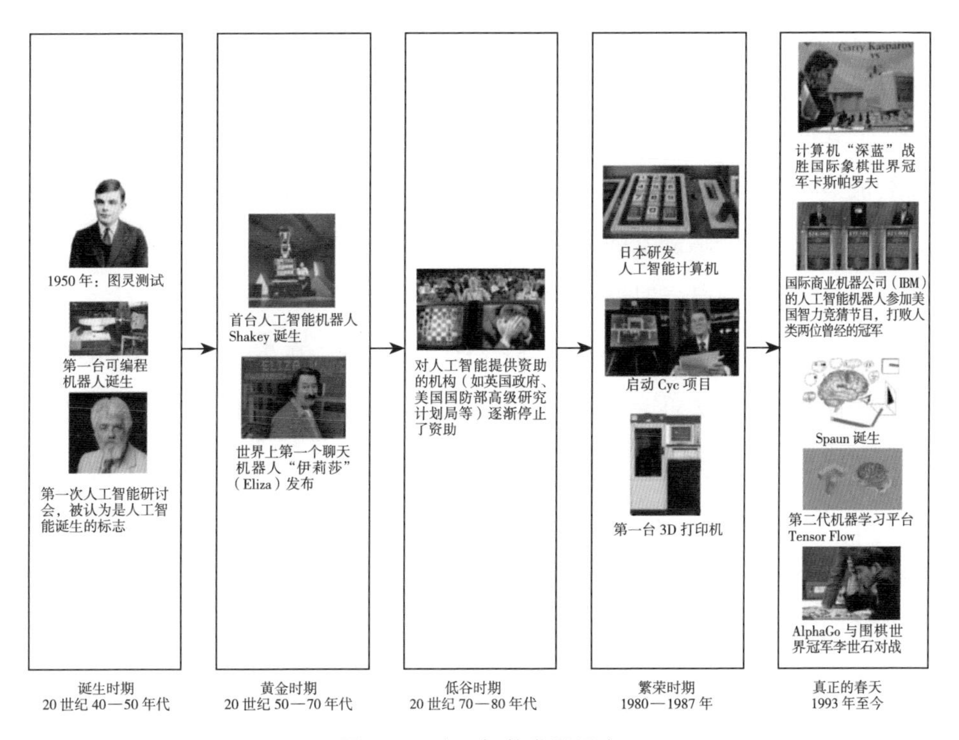

图 1-1 人工智能发展历史

资料来源 中华人民共和国国家互联网信息办公室，民生证券研究院

第一阶段——诞生时期

人工智能的诞生时期为 20 世纪 40—50 年代。英国数学家艾伦·图灵在 1950 年提出了著名的图灵测试。图灵认为，如果一台机器可以通过电子设备与人类对话而不被认出是机器，那这台机器就具备了智能。当时，图灵还认为，智能机器会在不久的将来被研发出来，这一测试理念将人工智能的概念带入了人类世界。继此之后，麦肯锡公司在 1956 年开展了人类历史上第一次有关人工智能的研讨会，与会者一致认为人工智能是可以实现的理念，这一共识奠定了人工智能生成内容（AI generated content，AIGC）的创立基础。

第二阶段——黄金时期

20 世纪 50—70 年代是人工智能快速发展的黄金时期，AIGC 在这一阶段产生了基础模型的萌芽。1966 年，麻省理工学院人工智能实验室创造了世界上第一个聊天机器人“伊莉莎”（Eliza），它能够使用自然语言与人类进行简单的互动。“伊莉莎”成为当今人工智能聊天机器人的初始模型。同年，另一个重大的人工智能事件发生，机器人“夏凯”（Shakey）作为第一台使用人工智能移动的机器人问世。这两项发明如同人工智能时代和传统时代的分界线，为人工智能领域的发展描述出清晰的轮廓。

第三阶段——低谷时期

然而人工智能产业的发展并非一直平缓上升，在 20 世纪 70—80 年代人工智能产业的发展迎来了第一个低谷。作为新兴的信息技术产业，人工智能需要大量的资金和人才的投入才能实现突破。然而，早期的人工智能在 20 世纪 70 年代初遇到了技术瓶颈，计算机的内存和处理速度无法支撑人工智能项目的发展，导致产业发展一度停滞不前。因此，大型投资机构逐渐停止了对人工智能的投资。

第四阶段——繁荣时期

低谷时期在 1980 年悄然结束，人工智能行业迎来了繁荣时期。这一时期，许多人工智能项目横空出世。1981 年，日本开始研发人工智能计算机，投入大量资金进行第五代计算机项目（即人工智能计算机项目）的研发。这一举动引起了世界各地的响应，纷纷开始投资该行业。与此同时，算法工具包也得到了扩展，约翰·霍普菲尔德（John Hopfield）和大卫·鲁梅哈特（David Rumelhart）推广了“深度学习”技术，使得计算机能够通过经验学习。爱德华·费根鲍姆（Edward Feigenbaum）引入了能够模拟人类专家决策过程的专家系统，使机器能够模拟专家的决策过程并应用于第五代计算机项目。然而，不幸的是，这个项目并未被政府重视，并未得到足够的资金支持，最终项目停滞。

第五阶段——真正的春天

人工智能在 1993 年之后迎来了开花期，并开始进入大众视野和消费市场。其中，著名的人工智能生成内容与人类进行对比的事件是 IBM 公司开发的人工智能程序“深蓝”（Deep Blue）在国际象棋比赛中击败了世界冠军卡斯帕罗夫。这引起了世界轰动，也让人们意识到 AIGC 技术在趋近于成熟并具备了商业化的潜力。2011 年，“沃森”（Watson）作为 IBM 公司开发的使用自然语言回答问题的人工智能程序，参加美国智力竞猜节目，打败人类两位曾经的冠军，赢得了 100 万美元的奖金。在 2012 年，一个具备简单认知能力且具有 250 万个模拟“神经元”的虚拟大脑被创造，创造团队将其命名为“斯潘”（Spaun），该虚拟大脑通过了最基本的智商测试。此后，各大公司看到了人工智能的发展潜力先后加入了市场。2013 年，脸书（Facebook）[①] 公司成立了人工智能实验室，百度公司创立了深度学习研究院；2015 年，谷歌（Google）公司开源了第二代机器学习平台 Tensor Flow，用于训练计算机完成任务，剑桥大学也建立了人工智能研究所。2016 年，AlphaGo 与围棋世界冠军李世石进行了一场人机对决，最终 AlphaGo 以 4 ∶ 1 的成绩获胜，其强大的能力自此引起了全世界的轰动。

① 脸书（Facebook）现已更名为元宇宙（Meta）。——编者注

1.1.2 人工智能的分类

人工智能是研究和开发用于模拟、延伸和扩展人的智能的理论、方法、技术及应用系统的一门新的技术科学，是一个认知、决策、反馈的过程。人工智能主要被分为以下八类（图 1–2）。

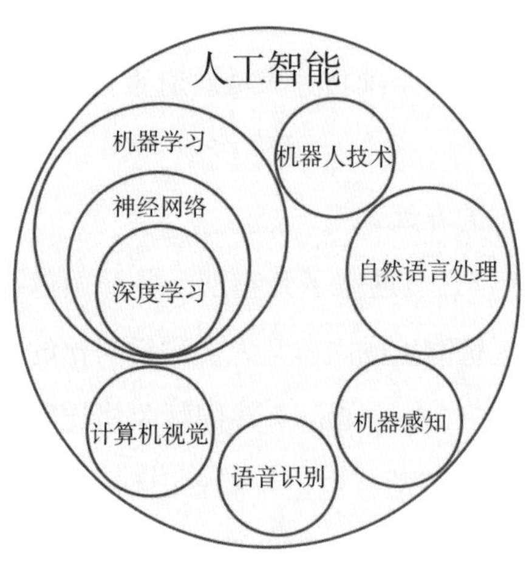

图 1–2 人工智能的分类

资料来源 维基百科，民生证券研究院

机器学习：在先进技术方面，机器学习是最重要的技术之一，每当服务公司采用机器学习技术和算法来以高度创新的方式为消费者推出新产品时，机器学习就是背后的推动力量。机器学习是一门使用机器翻译、执行和研究数据来解决实际问题的科学。机器学习算法是由复杂的数学技能构建的，这些技能利用机器语言编码，构成一个完整的机器学习系统。机器学习对给定数据集的数据进行分类、解密和估计。

神经网络：神经网络结合了认知科学和机器，是人工智能的一个分支，它利用了神经病学的原理（涉及人脑神经和神经系统生物学的一部分）。神经网络的目标是模拟人脑的功能。人脑拥有大量的神经元，而神经网络试图将这些神经元编码到系统或机器中。

深度学习：深度学习是指学习样本数据的内在规律和表示层次，从这些学习过程中获得的信息，对诸如文字、图像和声音等数据的解释有很大的帮助。它的最终目标是让机器能够像人一样具有分析学习能力，能够识别文字、图像和声音等数据。深度学习是一种复杂的机器学习算法，在语音和图像识别方面取得的效果，远远超过先前的相关技术。

机器人技术：机器人技术也属于人工智能，它的研究和开发主要集中在机器人的设计和建造上。机器人技术是科学与工程的一个跨学科领域，与机械工程、电气工程、计算机科学以及许多其他学科相交叉。机器人技术决定了机器人的设计、生产、操作和使用，它能够处理计算机系统的控制、智能结果和信息转换。机器人能够稳定地执行复杂的任务，例如汽车制造流水线。

自然语言处理：学习新的语言是很困难的，人类要花很多时间才能掌握一门语言。自然语言处理有助于人们使用人类语言（例如英语）与机器进行交流，它是通过计算机程序对人类语言进行处理，如通过查看电子邮件的一行或文本的主题来检测是否为垃圾邮件。自然语言处理的任务是文本翻译、情感分析和语音识别。推特（Twitter）公司使用该技术来过滤其推文中的某些内容，亚马逊公司则用其来解释用户评论并增强用户体验。

机器感知：让机器具有类似于人的感知能力，如视觉、触觉、听觉、味觉和嗅觉。机器感知是通过一连串复杂程序所组成的大规模信息处理系统而实现的。在这个系统中，信息需要由很多常规传感器采集，经过一系列的程序处理后，最终得到一些非基本感官所能获取的结果。

语音识别：语音识别技术是一门涉及数字信号处理、人工智能、语言学、数理统计学、声学、情感学及心理学等多学科交叉的科学。这项技术可被应用于自动客服、自动语音翻译、命令控制和语音验证码等。

计算机视觉：计算机视觉（CV）是指机器感知环境的能力。其中的经典任务有图像形成、图像处理、图像提取和图像的三维推理。物体检测和人脸识别是其比较成功的研究领域。

1.2 机器学习

机器学习（ML）是人工智能研究中的一个关键概念，它专注于算法和模型，使系统无须明确编程即可从经验中学习和改进。这些系统可以根据其处理的数据自动识别模式、作出预测并调整行为。机器学习方法传统上分为三大类，分别是监督学习、无监督学习、强化学习，它们对应于学习范式，具体取决于学习系统可用的“信号”或“反馈”的性质。随着研究的进展以及算力的增强，目前已经开发出的其他机器学习方法并不完全适合这种三重分类，有时同一机器学习系统会使用多种方法，比如自学习、元学习、表征学习等。此外，执行机器学习涉及模型的创建。创建的模型在训练数据上进行训练，可以处理其他数据完成任务，机器学习系统已经使用和研究了各种类型的模型，包括神经网络、贝叶斯网络等。目前基于 Transformer 神经网络的深度学习是机器学习领域的主要方法（图 1–3）。

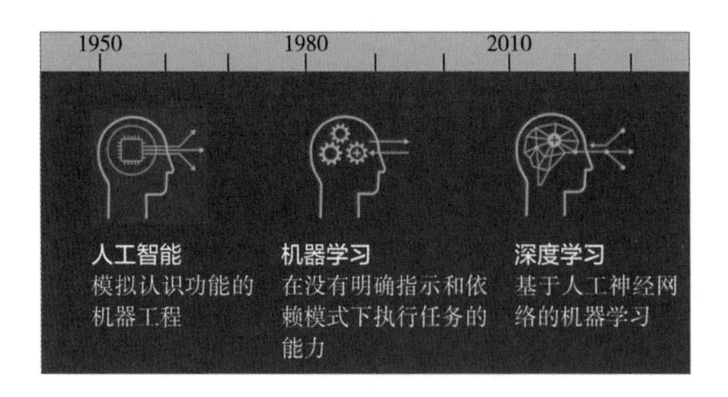

图 1–3　人工智能、机器学习与深度学习

资料来源　5gworldpro，民生证券研究院

神经网络可用于有监督和无监督的学习任务，也用于强化学习的模型

训练过程中。神经网络是一种受人脑启发的机器学习模型。它们由互连的节点层或“神经元”组成，可以将复杂的数据处理输入到计算机可以理解的范畴中。在监督学习中，神经网络可以学习根据标记的训练数据，对数据进行分类或预测结果。在无监督学习中，神经网络可以学习识别未标记数据中的模式和结构。在强化学习中，神经算法可以理解并处理高维状态空间和动作空间，进行端到端的训练，这使得神经网络能够适应复杂的环境和任务，并在训练过程中进行迭代优化，从而提高强化学习智能体的性能。机器学习基于的学习方式可被分为以下三类：监督学习、无监督学习以及强化学习（图 1–4）。监督学习有明显任务驱动的特征，目标是在具有特定指导和预定义类别的情况下，从数据中学习并预测输出；无监督学习则强调数据驱动，依靠神经网络学习数据中的模式和结构，无须明确地在标记示例上进行训练，目标是在没有特定指导或预定义类别的情况下发现数据中的有意义洞察和表示；强化学习强调从错误中学习，目标是在代理（agent）多次行动后调整到最佳状态，最大化回报。

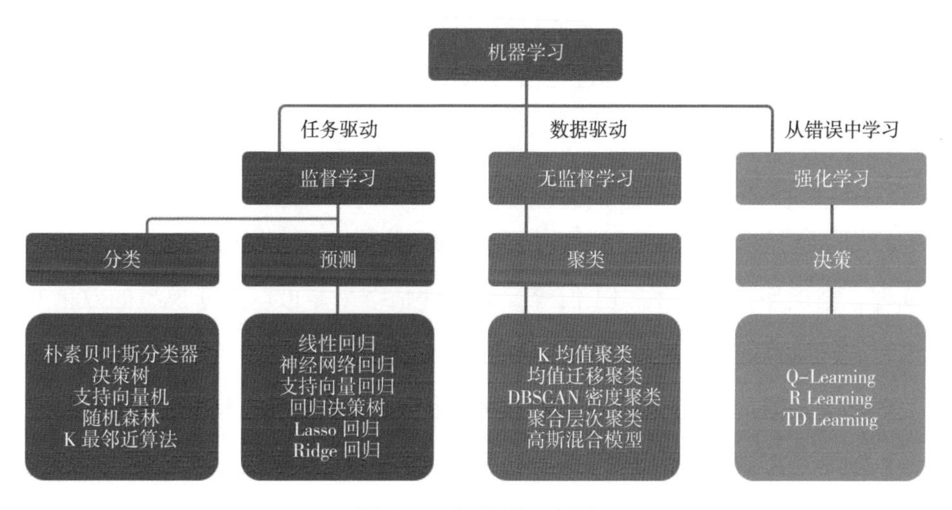

图 1–4　机器学习类型

资料来源　民生证券研究院

1.2.1 监督学习

在监督学习中，神经网络从包含输入特征和相应标签（输出）的训练数据中学习，并尝试建立一个从输入到输出的映射模型。监督学习的关键步骤包括数据准备、特征选择、模型训练、模型评估和预测。通过迭代这些步骤，我们可以不断改进模型的性能和准确性。

（1）数据准备：这一步骤涉及收集和准备用于训练和评估的数据。数据准备包括数据清洗、处理缺失值、处理异常值等。还需要将数据集拆分为训练集和测试集，通常采用随机划分或交叉验证方法。

（2）特征选择：在这一步骤中，从原始数据中选择最具有信息量的特征，作为模型的输入。特征选择的目标是减少特征维度，提高模型的效率和泛化能力，同时保留关键信息。特征选择可以通过统计方法、领域知识或特征工程技术来实现。

（3）模型训练：在这一步骤中，使用已准备好的训练数据对选择的模型进行训练。模型训练的目标是通过调整模型的参数和权重，使其能够对输入数据进行准确的预测。训练过程通常采用优化算法，如梯度下降，来最小化模型的损失函数。

（4）模型评估：在模型训练完成后，需要对其性能进行评估。模型评估的目标是衡量模型对未见过的测试数据的预测能力。常用的评估指标包括准确率、精确率、召回率、F1 值等。通过评估结果，可以判断模型的效果并进行调整或改进。

（5）预测：在完成模型评估后，模型可以用于对新的未标记数据进行预测。预测是将模型应用于实际问题，并根据输入数据生成相应的输出或预测结果。这可以是单个样本的预测，也可以是批量处理的预测。

监督学习的目标是在具有特定指导和预定义类别的情况下，从数据中学习并预测输出。它常用于分类、回归和序列预测等任务。分类是监督学习的常见应用之一，算法根据数据的特征将数据点归入预定义的类别；回归则涉及预测一个连续值的输出，如房价或股票价格；序列预测则关注预测时间序列数据的未来值，如天气预测。

1.2.2 无监督学习

在无监督学习中，神经网络学习数据中的模式和结构无须明确地在标记示例上进行训练。在无监督学习中经常使用特定类型的神经网络和技术。

（1）自编码器（AE）：自编码器是一种用于无监督学习高效编码的神经网络。自编码器的目的是学习一组数据的表示（编码），通常用于降维或去噪。它们的工作原理是将输入压缩为潜在空间表示，然后从该表示中重建输出。

（2）生成对抗网络（GAN）：生成对抗网络是一种神经网络架构，其中两个神经网络在博弈中相互竞争。给定一个训练集，该技术学习生成与训练集具有相同统计数据的新数据。一个称为生成器的神经网络生成新的数据实例，而另一个称为鉴别器的神经网络评估数据实例的真实性。

（3）自组织映射（SOM）：自组织映射是一种人工神经网络，使用无监督学习进行训练，以生成训练样本输入空间的低维（通常是二维）离散表示，称为映射。这种映射对于可视化高维数据的训练特别有效。在无监督学习中经常使用特定类型的神经网络和技术。

无监督学习的目标是在没有特定指导或预定义类别的情况下发现数据中的有意义洞察和表示。它常用于聚类、异常检测、降维和生成建模等任务。聚类是无监督学习的常见应用之一，算法根据数据的特征或特征空间中的相似性将相似的数据点进行分组；异常检测则涉及识别与预期模式显著偏离的罕见或异常数据点；降维技术旨在减少数据中的变量或特征数量，同时保留其基本信息。生成建模关注学习底层数据分布，以生成类似于原始数据的新合成样本。

1.2.3 强化学习

在强化学习中，代理（agent）在环境（environment）中采取行动（action）并得到奖励（reward）来扩充自己的知识储备，使得自己在环境中有更好的表现，得到更多的回报（return）。强化学习架构是一个马尔可夫决策过程（MDP）。马尔可夫决策过程由状态、动作、奖励函数和强化学习算法组成，首先，要明确待解决的问题和任务的目标，选择适合问题的强化学习算法，之后，强化学习算法需要进行迭代训练以进一步提升代理表现。神经网络作用于模型训练中的调参环节，神经网络用于拟合代理的值函数或策略函数，代理不断调整参数，更新状态 - 动作对，作出决策并随着时间的推移提高性能；强化学习算法采用略微不同的方法来训练代理的动作（图 1–5）。为了找到最优策略和值，大多数强化学习算法都遵循类似的模式，其中包括无模型的方法、基于模型的方法等方法（图 1–6）。

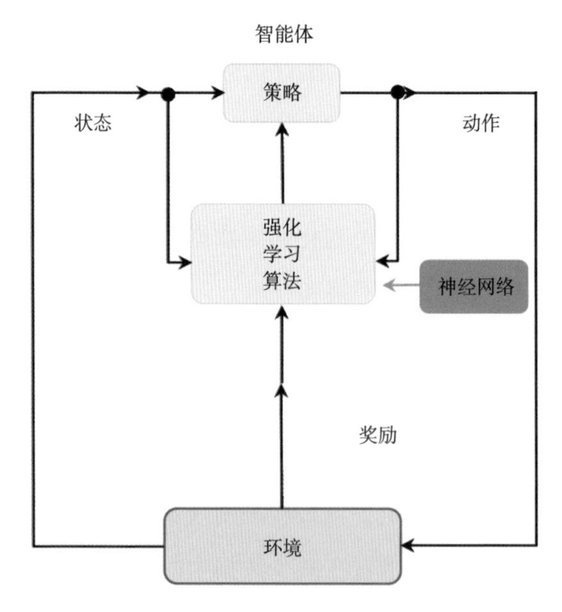

图 1–5　强化学习场景

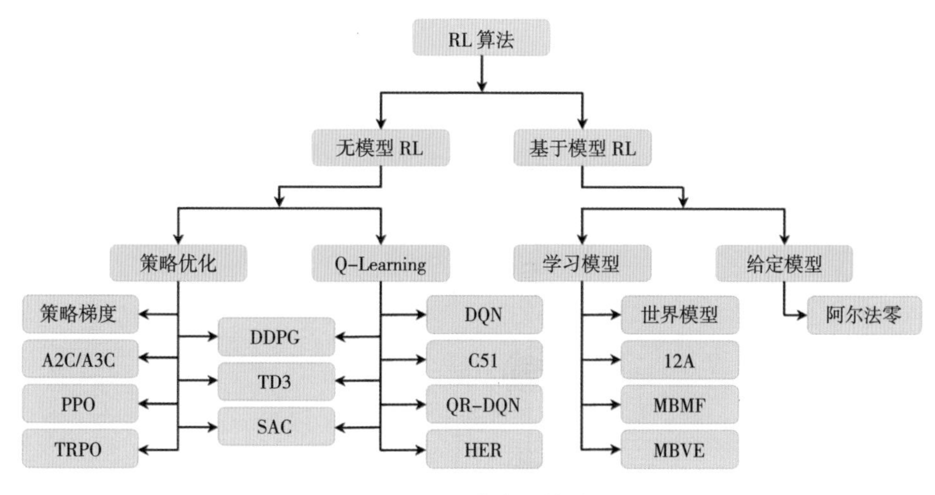

图 1-6　强化学习算法

资料来源　CSDN，OpenAI Spinningup，民生证券研究院

1.3　自然语言处理

1.3.1　历史

自然语言处理（natural language processing，NLP）是人工智能的一个子领域，是指通过自然语言在计算机和人类之间进行交互。自然语言处理的历史可以分为三个主要阶段（图 1-7）：符号化自然语言处理、统计自然语言处理和神经自然语言处理。

20 世纪 50—60 年代：早期机器翻译和自然语言处理的诞生。自然语言处理领域的第一项实质性工作是在 20 世纪 50 年代完成的，受第一台计算机出现的影响，当时研究人员开始开发最早的机器翻译模型。一个早期的实验是 1954 年的 Georgetown-IBM 实验，它自动将几十个俄语句子翻译成英语。

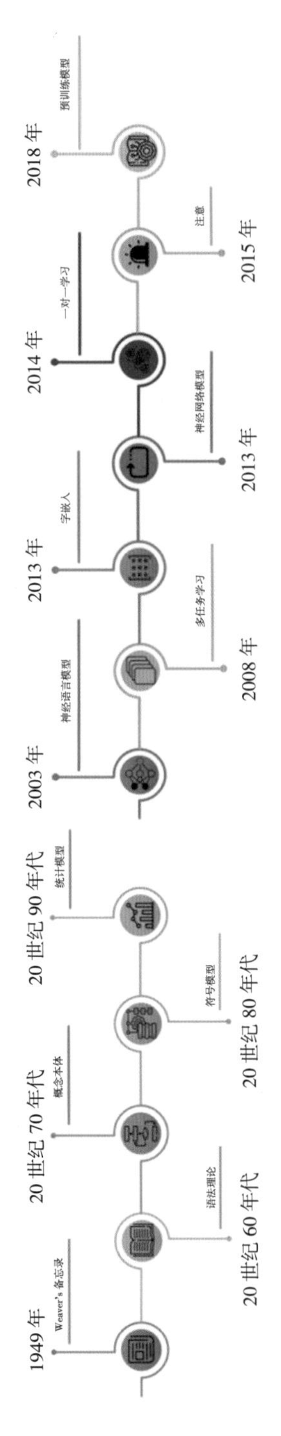

图 1-7 自然语言处理发展时间线

资料来源 民生证券研究院

20 世纪 60—70 年代：基于规则的系统。第一个真正的自然语言处理系统是基于规则的，他们使用手写规则根据语法和语义处理文本。乔姆斯基在 20 世纪 60 年代对形式语法的研究影响了这些早期系统。

20 世纪 80—90 年代：机器学习方法。随着机器学习的出现，研究人员开始为词性标注等任务开发统计模型，词性标注使用标签来识别句子的语法元素。这也是“伊莉莎”和 SHRDLU 程序的时代，它们能够处理用户交互。

20 世纪 90 年代末至 21 世纪初：统计机器翻译。在此期间，人工智能翻译重点从基于规则的系统转移到统计方法。在更早的 1988 年，IBM 公司开始从事统计机器翻译项目。在 21 世纪初期，随着数据驱动方法的发展和计算能力的提高，更复杂的自然语言处理技术开始出现。

21 世纪初至 2013 年：神经网络应用与自然语言处理。神经网络开始用于语言建模，该任务旨在根据给定的前一个词预测文本中的下一个词。2003 年，本吉奥等人提出了第一个神经语言模型，它由一个隐藏层前馈神经网络组成，之后多任务学习被应用于自然语言处理神经网络。在此期间，Word2Vec 和 GloVe 等词嵌入模型也被引入。

2013 年至今：基于深度学习的神经网络在自然语言处理中被大幅采用。随着递归神经网络（RNN）、长短期记忆（LSTM）以及最终的 Transformer 架构的引入，深度学习对自然语言处理产生了重大影响。BERT、GPT 及其后继者基于 Transformer 的模型极大地提高了机器理解和生成人类语言的能力。

在经典的自然语言处理学习算法中，我们输入数据后，就开始进行各种各样的特征工程。除了这样的特征工程，我们还要根据 TF-IDF、互信息法、信息增益等各种各样的方式去计算特征值或对特征进行过滤和排序。在传统机器学习或经典机器学习中，约 90% 的时间会用于特征工程。

深度学习（deep learning）颠覆了这个过程，不需要做特征工程。如果需要各种各样的特征，比如需要一些长时间依赖的特征，可以用 RNN、LSTM，让它有个序列的依赖；也可以用局部的特征，使用各种各样的 N 元语法模型，现在也可以用卷积神经网络（CNN）来提取局部的文本特征（图 1-8）。

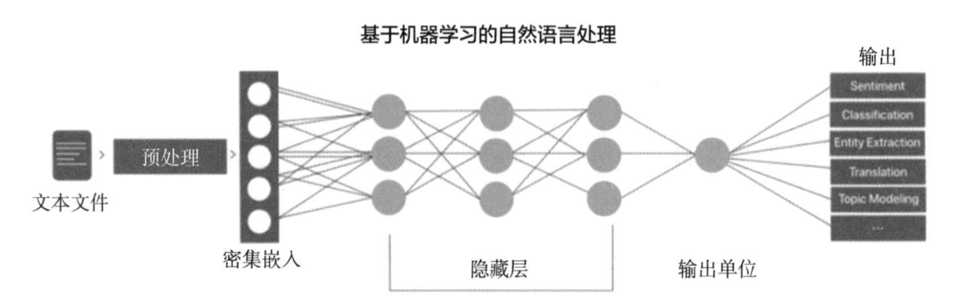

图 1-8　经典的自然语言处理与基于机器学习的自然语言处理

资料来源　xenonstack，民生证券研究院

1.3.2　方法

从最原始的基于规则、基于统计的模型到基于 prompt 的方法，本质上是一个让预训练模型和下游任务更加接近的过程。第一范式是通过人工设置规则，生成特征来实现“预训练”，通过规则匹配特征来处理任务；第二范式使用了神经网络，提取更好的特征，实现更好的“预训练”。表 1-1 介绍了自然语言处理的三种方法。

表 1-1　自然语言处理方法

分析	基于规则的自然语言处理	统计自然语言处理	神经网络自然语言处理
介绍	使用常识推理来处理任务，使用预先创建、规定好的规则	使用统计推理从大量数据中学习语言的规律，而不是直接编写规则	使用神经网络进行机器学习，神经网络可以自动从数据中学习表示和规则，无须明确编程
优点	对数据依赖性小	更好地处理语言的复杂性和多样性	预训练语言模型可以利用大量的无标注文本数据，大大减少了对标注数据的依赖
缺点	处理人类语言的复杂性和多样性时受限； 编写和维护规则集耗时且复杂； 难以泛化到未见过的语言现象，对新词和俚语的处理效果往往较差	需要精细且大量地标注数据	需要大量的计算资源，解释性较差，它们的决策过程往往被视为一个“黑盒子”
常用	词性标注、短语结构规则和依存关系规则	Naive Bayes 分类器、支持向量机、N-Gram 模型	RNN、LSTM、CNN、GPT、BERT

1.3.3　任务

自然语言处理的最终目标是以有价值的方式阅读、破译、理解和生成人类语言。自然语言处理任务大致分为两类：理解和生成（表 1-2）。

表 1-2　自然语言处理任务分类

类别	任务	任务内容
理解	命名实体识别	识别文本中命名实体（人、组织、位置等）的过程
	情感分析	确定一段文本背后的情感或情绪基调，以了解说话者或作者对特定话题或主题的态度
	主题分类	将文本块分类为一组预定义的主题
	词性标注	识别句子中每个词的词性（名词、动词、形容词等）

续表

类别	任务	任务内容
理解	词义消歧	根据上下文理解单词的正确含义
	信息提取	从非结构化文本数据中提取结构化信息。这可能涉及几个子任务，例如事件提取和关系提取
	机器翻译	将文本从一种语言翻译成另一种语言
	语音识别	将口头语言转录成书面文本
	共指解析	识别文本中的两个或多个表达式何时指代同一实体
	语义角色标记	确定单词在句子中的角色以了解它们之间的关系
	问答	建立一个系统，可以为用自然语言提出的问题提供正确答案
生成	文本生成	生成有意义的句子或短语。这可以从头开始或基于一些输入数据来完成
	文本摘要	生成给定文本的浓缩版本，同时保留其要点和整体含义
	语音合成	文本到语音，从书面文本生成口语
	图像描述	生成图像的文本描述
	自动释义	生成给定文本的改写，保持相同的含义
	对话系统和聊天机器人	以文本形式或口语形式产生类似人类的对话
	基于文本的游戏和故事生成	自动生成叙述或游戏场景

1.4 AIGC 的发展

1.4.1 什么是 AIGC

根据《人工智能生成内容（AIGC）白皮书（2022 年）》，AIGC 既指使用人工智能生成的内容，也指使用人工智能的内容生产方式，还指使用人工智能生成内容所需的技术集合。在创意、表现力、迭代、传播、个性化等方面，AIGC 可以充分发挥技术优势，打造新的数字内容生成与交互形态。

从内容角度来看，AIGC 指人工智能自动生成的任何类型的内容，如文本、图像、视频或音频等。目前，AIGC 已经实现的商业化分支有文本生成、图像生成、视频和动画生成、底层建模等。文本生成指利用 AI 创作、改写和润色文本内容，例如利用 AI 生成文字、写邮件、营销广告等，提高文字工作者的效率。图像生成指利用 AI 自动生成图片，用户只需要输入几个关键词即可在几秒之内诞生一幅画作，例如 AI 生成艺术画作、摄影作品、室内设计等。AI 生成视频和动画是指 AI 根据用户的文字提示或图片生成视频和动画，虽然生成内容在长度、平滑性、稳定性等方面仍需改进，但作为辅助生产工具，已经极大地提高了创作效率。底层建模指利用 AI 生成底层技术开发和代码等，提高算法工程师的效率，OpenAI 和 StableAI 是该方向的龙头（图 1–9）。

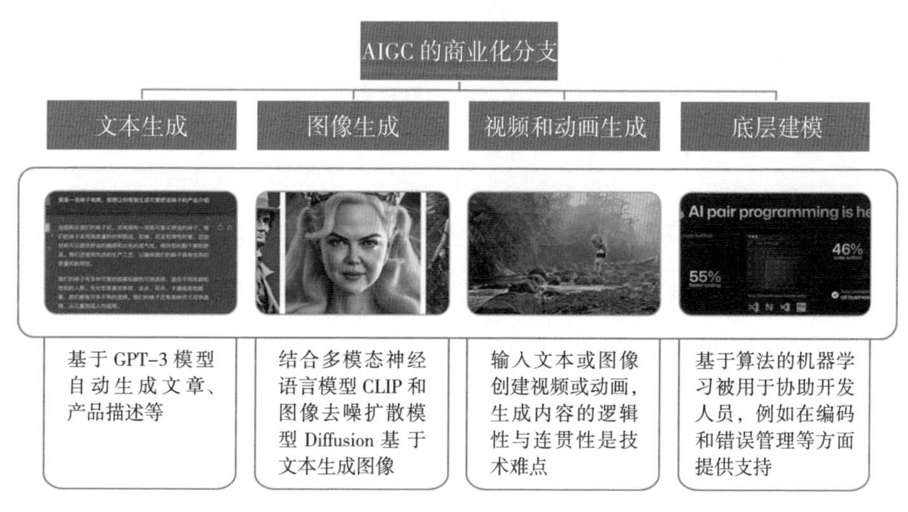

图 1–9　AIGC 的商业化分支

资料来源　OpenAI，Stable Diffustion，Github Copilot，民生证券研究院

从内容生产方式来看，AIGC 指使用人工智能技术生成解决方案。互联网内容生产方式经历了 PGC—UGC—AIGC 的过程（图 1–10）。专业生产内

容（professionally generated content，PGC）的其特点是专业、内容质量有保证。用户生产内容（user generated content，UGC）的特点是用户可以自由上传内容，内容丰富。AIGC 是由 AI 生成的内容，其特点是自动化生产、高效。AIGC 激发创意，提升内容多样性，并且在创作成本上具有颠覆性，具备降本增效的多重优势。此外，AIGC 有望改善目前 PGC 和 UGC 创作质量参差不齐以及有害性内容传播等问题。

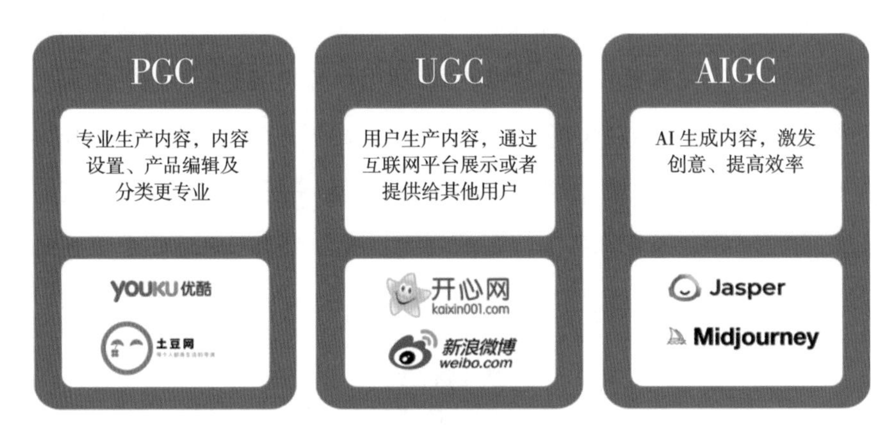

图 1-10　内容生产方式演变历史

资料来源　民生证券研究院

从技术角度来看，AIGC 分为三个层次，分别为智能数字内容孪生、智能数字内容编辑、智能数字内容生成。智能数字内容孪生是综合运用感知、计算、建模等信息技术模拟物理世界中的事物，在虚拟空间中进行映射、同步更新状态；智能数字内容编辑是在智能数字内容孪生的基础上，在物理世界控制和修改虚拟空间中的内容；智能数字内容生成是基于海量数据训练以及人工智能算法的迭代，掌握类人甚至超越人类的原创能力，实现文字、图像和音频视频等多模态创作。

AIGC 的问世会产生革命性的影响，有望打开海量空间，赋能千行百业。2022 年，依托百度 AIGC 技术的数字人主播度晓晓正式“上岗”，成为全国两会报道中一道独特的风景线。此外，2022 年冬奥会期间，百家号 TTV

技术验证了 AIGC 的发展潜力。人民网、中国青年网等多家媒体通过百家号 TTV 技术进行内容生产，持续发布实时赛况等题材的短视频作品，单条播放量超 70 万次。

1.4.2 AIGC 为何火爆

推动 AIGC 爆火的三大要素是数据、算力和算法。数据是训练模型参数的必备材料，我们认为可以将其理解成“燃料”；算力是训练大模型的底层动力源泉，一个优秀的算力底座在算法的训练和推理上具备效率优势；算法是机器学习的扩展子集，它告诉计算机如何学习自己操作。

海量的数据以及多种类的来源支持模型训练参数。以 ChatGPT 为例，其在互联网开源数据集（训练数据包括手册页、互联网现象信息、公告板系统和 Python 编程语言）上进行训练，引入人工数据标注和强化学习两项功能，实现来自人类反馈的强化学习（reinforcement learning from human feedback，RLHF）。因此，相比于之前的模型，ChatGPT 可以用更接近人类思考的方式，根据上下文和情景，模拟人类的情绪和语气回答用户提出的问题。

强大算力来源于超算平台、AI 服务器、芯片的快速发展。大模型需要的算力极其夸张，基于 Transformer 体系结构的大型语言模型（Large Language Models）涉及高达数万亿从文本中学习的参数，这推动了算力需求的增长。国内外厂商积极投资超算平台，主要用于大规模分布式 AI 模型训练。根据 IDC 数据，2021 年全球 AI 服务器规模达 156.3 亿美元，同比增速达 39.1%。AI 芯片是 AI 算力的“心脏”。伴随数据海量增长，算法模型趋向复杂，处理对象异构，计算性能要求高，AI 芯片在人工智能的算法和应用上进行针对性设计，可高效处理人工智能应用中日渐繁杂的计算任务。Frost & Sullivan 数据显示，2021 年全球人工智能芯片市场规模为 255 亿美元。预计到 2026 年，全球人工智能芯片市场规模将以 29.3% 的复合增长率增长。

自然语言处理、计算机视觉（CV）、多模态机器学习等 AI 技术累积、融合，催生了 AIGC 的大爆发。自然语言处理使用机器学习来处理和解释文本和数据，使计算机能够解读、处理和理解人类语言。近年来，随着预训练技术（大模型）升级、算力提升以及海量数据的存储，大模型预训练在该领域取得显著突破。计算机视觉是指让计算机和系统能够从图像、视频和其他视觉输入中获取有意义的信息，并根据该信息采取行动或提供建议。目前，主要以卷积神经网络和 Transformer 为支撑的预训练大模型处于快速发展阶段。多模态机器学习指使用多种不同的数据模态来训练模型，这些模态可能包括文本、图像、音频、视频等，将各种数据类型与多种智能处理算法相结合，提高模型的准确性和泛化能力。随着这些技术的不断改进，更复杂的人工智能系统能够在未来生成越来越复杂和逼真的内容（图 1-11）。

1.4.3 AIGC 应用场景细分

以 ChatGPT 为代表的 AIGC 作为当前新型的内容生产方式，已经率先在办公、电商、游戏、影视、教育等数字化程度高、内容需求丰富的行业取得重大创新发展，市场潜力逐渐显现。

1.AIGC+ 办公

AIGC 逐渐替代重复性和门槛较低的办公方式。办公与 AI 技术的融合主要应用在文字、语音、视频、办公系统等细分领域中。在文字上，主要是智能写作、智能汇编、检查和润色建议、智能排版和标注、AI 翻译；在语音音频上，主要是语音合成（文本转化为语音，并且赋予不同的声音形象）、语音识别（将语音转写为文字流数据）、语音分析（自动对语音进行评价，判定性别、年龄）；在办公视频上，主要是生成视频内容、摘要和字幕以及智能视频剪辑（直播高光集锦、在线课堂精彩回放等场景）；在自动化办公系

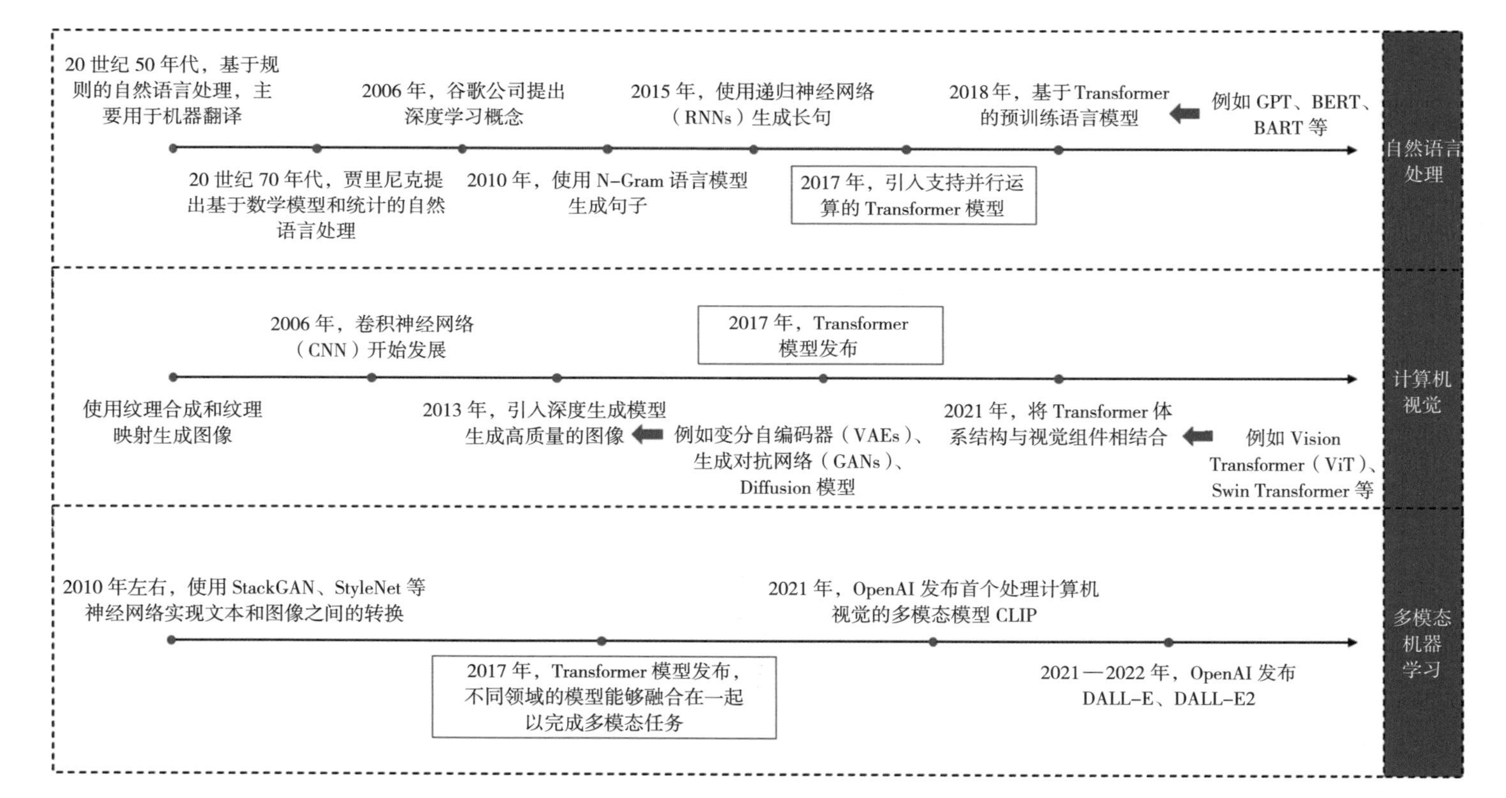

图 1-11　自然语言处理、计算机视觉、多模态机器学习时间线

资料来源　民生证券研究院

统中，主要是理解和生成办公邮件回复、智能客服系统（自动匹配知识库问题辅助回答）、智能会议管理、智能 ERP 系统等。目前，金山办公自主研发的文档图片识别与理解、文档转化技术已达到全球领先水平，光学字符识别（OCR）和机器翻译技术水平入列国内第一梯队。

AIGC 大模型会从人机交互、推理能力两方面改变办公软件行业。此前，微软公司发布的 Copilot 嵌入了 Office 365 下的各类办公软件，覆盖了大部分办公场景。用户可以通过自然语言实现与 AI 的交互，其推理能力体现在 Copliot 连接 Microsoft 各个工具，汇集多来源信息，从中提取信息并给出建议，比如 Copilot 可以发现数据的相关性，提出假设方案，并根据用户提出的问题给出公式建议，生成新的模型（图 1–12）。

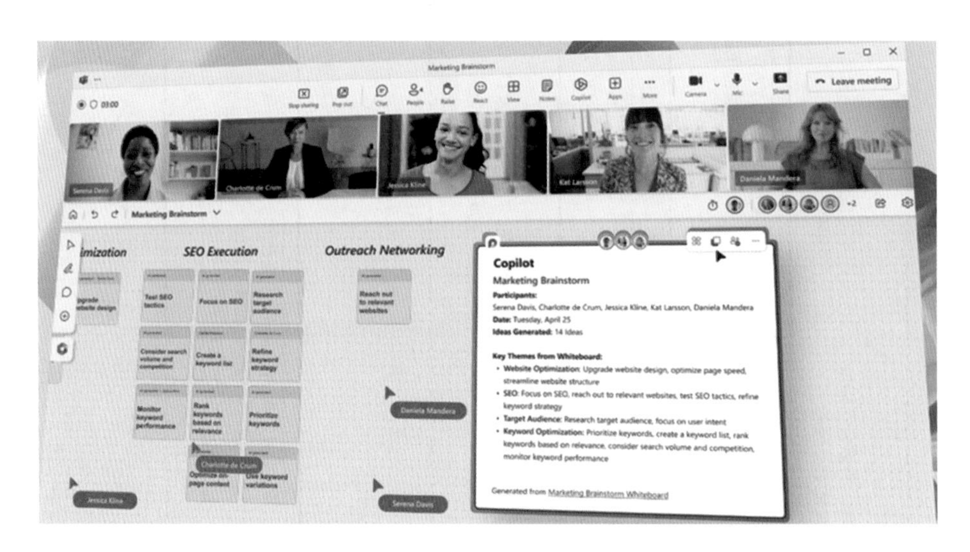

图 1–12　Copilot 自动生成会议总结

资料来源　微软公司官网，民生证券研究院

2.AIGC+ 电商

AIGC 支持商品展示和虚拟试用，提升线上购物体验。美图公司旗下美图设计室上线"AI 商品图"，作为美图 AIGC 在 B 端市场的又一场景落地，在 AI 技术的助力下，中小型电商团队、电商卖家、电商设计师等可以更加方便快捷地制作出高质量的商品图片，快速解决电商商品拍摄问题（图 1-13）。此外，不少品牌企业也开始在虚拟试用方向上开展探索和尝试。

图 1-13 美图公司 AI 商品图

当人工智能与电商直播相遇，虚拟主播应运而生，成为直播带货新助力。2022 年，京东平台创建的名为“小美”的美妆虚拟主播在 20 多个知名美容品牌直播间 24 小时全天直播。在直播过程中，“小美”的每一帧都由 AI 生成，“小美”手持产品，并配有真人语音的产品说明和模拟试用，使商品更加真实，为消费者带来更好的直播体验（图 1-14）。

对话式购物助手可根据客户提示生成个性化推荐。Shopify 已经接入 ChatGPT，用于提升用户购物体验。当用户搜索商品时，对话式 AI 导购会根据其需求进行个性化推荐，通过扫描数百万种商品来简化应用程序内购物，以快速找到用户正在寻找的商品。

图 1-14　京东平台虚拟主播"小美"

资料来源　芒信源，环球网，民生证券研究院

3.AIGC+ 游戏

在概念化阶段，人工智能可用于产生游戏机制和环境，并根据数据分析预测玩家的偏好和行为。其实时内容生成功能将带动游戏创新，比如微软公司的《模拟飞行》游戏模拟了一个完整的世界和真实的飞机，让玩家可以体验飞机驾驶，这个游戏世界使用了 Bing Map 来构建真实的地表，通过 Azure AI 技术实现了事物的详细呈现，并通过 Project xCloud 云服务实现了数据交互。与普通的飞行模拟游戏相比，其最大的不同在于实时生成内容，包括地图、景物和气象等，而这些内容是由 AI 技术支持实现的。另外，人工智能可以分析市场趋势、玩家喜好和其他数据等，为游戏设计提供指导。

在原型制作阶段，人工智能可用于模拟和测试游戏机制，也可以优化游戏体验，实现 NPC 对话及交互并丰富故事剧情等。人工智能可以帮助游戏设计师创建更真实灵活的虚拟环境和角色，可以随机生成关卡或设计独特的角色。例如,《FIFA 足球世界》中足球比赛使用 AI 创建逼真的物理模拟，为游戏增加更多的复杂性，帮助开发者测试和完善游戏机制。网易公司在《逆水寒》手游中应用了智能非玩家角色（NPC）系统，该游戏中 400 多名 NPC 都加载了网易伏羲人工智能实验室的 AI 引擎，有独立的性格特点和行为模式。智能 NPC 比以往的游戏 NPC 拥有更高的自由度、完全开放，可以触发不同的对话。

在开发阶段，人工智能可用于各种自动化任务，如虚拟创建和动画制作。人工智能帮助游戏设计师创建沉浸式的游戏世界，并通过机器学习算法提高游戏画面和性能，改善整体玩家体验。例如，腾讯 AI Lab 发布了自研的 3D 游戏场景自动生成解决方案，其中，人工智能通过学习卫星图、航拍图中的信息，帮助其理解真实城市的道路与建筑特征，从而快速生成富有真实感的城市布局画面，帮助开发者在极短的时间内打造出高拟真、多样化的虚拟城市场景（图 1–15）。过去往往需要多名美术师协作，花费数年时间才能完成虚拟城市建设，而结合 AI 只需要数周就能完成。

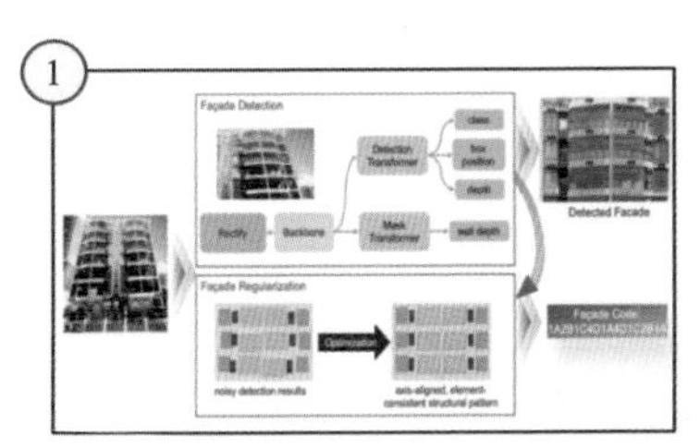

图 1–15　腾讯 AI Lab 使用 AI 从零开始迅速搭建一座 3D 虚拟城市的过程

资料来源　TechWeb，民生证券研究院在测试阶段，人工智能可用于自动化测试过程，检测和诊断错误，或根据玩家行为生成测试案例。**例如，游戏开发者可以使用 AI 模拟数百万种游戏场景，以在游戏发布前识别潜在问题;《天天跑酷》手游利用 AI 测试游戏中的各种动作和游戏中障碍物安排的合理性。**

4.AIGC+ 影视娱乐

在影视作品策划阶段，人工智能可用于剧本创作、角色设定、场景设计、海报制作、预算筹备等工作。**自然语言处理技术可以帮助编剧和导演更快地撰写剧本，并提供情节分析和改进建议。另外，光线传媒公司在推出动画电影《去你的岛》时，海报设计就用到了图片生成 AI 工具 Midjourney、Stable Diffusion 和 GPT4 模型。设计师首先提供设计理念和关键词，然后利用 ChatGPT 进一步完善指令，并将其输入 Midjourney 以生成海报。根据生成效果进行微调，并使用 Stable Diffusion 技术优化局部效果，最终在人工智能和设计师的协作下完成一张令人惊叹的海报（图 1-16）。**

图 1-16　光线传媒公司使用 AI 制作电影海报

资料来源　光线传媒公司，民生证券研究院

在影视作品制作阶段，人工智能可以自动完成对视频素材的剪辑和编辑，按照要求生成特效，提高制作效率和质量并节省时间和人力成本。例如，曾参与创建 Stable Diffusion 的 Runway 公司推出了一个新的人工智能模型 Gen–2，该模型通过应用文本 prompt 或参考图像指定的任何风格，可将现有视频转化为新视频。比如只需要一行自然语言提示就可以将视频中“街道上的人”变成“黏土木偶”。具体操作可以参考 Runway 官方网站上发布的样例。

在影视作品宣发阶段，人工智能帮助提供精准的营销和推广方案。例如，人工智能可用于基于影视内容快速生成 1 分钟以内的短视频，以短视频的方式展示可以引发观众共情的电影片段，形成口碑效应。另外，人工智能可以简化数据分析和预测流程，帮助影视公司找到最有效的宣传途径和目标受众。例如，北极九章公司推出的“DataGPT”，通过自然语言处理技术和人工智能技术，让用户可以轻松地提出问题并获得增强的数据分析结果。这种专家级的数据分析能力可以帮助企业更好地洞察业务，并做出更加明智的决策。

影视行业也需要关注版权保护、法律法规等方面。可以利用自然语言处理技术和图像识别技术，帮助影视公司识别侵权行为并采取相应的法律行动。另外，人工智能可用于自动添加视频水印，检测视频中是否出现其他品牌的商标，审核视频内容是否符合法律法规等。

5.AIGC+ 教育

对教育工作者而言，AIGC 可以帮助教育工作者自适应地分析学生的学习数据，包括学习成果和能力水平等，生成科学的评估与反馈。同时，通过收集和分析学生的学习数据，更深入地了解学生的学习情况和需求，自动生成符合学生需求的学习内容和主题，提供更好的教育策略和决策支持，同时也让学校和教育部门更好地监测教育质量和改进教育政策，从而实现教育的个性化、灵活化和高效化。另外，通过 AIGC 技术，教育工作者可以更快速地收集、整合、筛选和优化学习资料，使其更具有针对性和适应性。例如，教育公司 Coursera 在其学习平台中添加面向教师的 AI 课程构建工具，教师可以通过使用提示词生成课程内容、结构、描述、标签、阅读材料、作业和试卷等，并给出教学建议。

对教育场景而言，AIGC 可以提供交互式体验，如虚拟现实和增强现实等形式的交互内容，使教育内容更加生动、丰富和有趣。例如，百家云通过使用混合现实（MR）技术及人工智能技术，融合虚拟和现实世界，创造完全沉浸式的授课场景，提高学生的学习热情和兴趣。

对学生而言，AIGC 可以根据学生的学习风格和兴趣，为每个学生提供个性化的学习内容和教学，更好地满足学生的需求、发掘学生的潜力，提高学习效果。目前，Quizlet 推出了一款使用 OpenAI API 构建的人工智能导师“Q-Chat”，Q-Chat 利用 Quizlet 的海量教育内容库（其中包括数十亿个问题和定义），结合 OpenAI 的人工智能模型，为学生提供虚拟导师体验。Q-Chat 会自动对学生进行测验，并以对话和引人入胜的方式帮助他们加深对正在学习的概念的了解。国内厂商百家云目前也致力于帮助企业打造虚拟助教，将相关技术应用在机器辅助教学、学习辅导等方面，帮助学生更好地学习知识，学生可以自主提问，快速查漏补缺（图 1-17）。

1.4.4 受益厂商路径

AIGC 前景广阔，受益厂商可分为三类：一是 AIGC 相关技术储备的应用厂商，相关厂商有望在降本增效的同时实现创意激发、提升内容多样性并打开海量市场；二是具备存算基础的 AI 处理器厂商，具备自研 AI 处理器的厂商可以为 AIGC 的神经网络提供算力支撑，AI 处理器芯片可以支持深度神经网络的学习和加速计算，相比于 GPU 和 CPU 拥有成倍的性能提升和

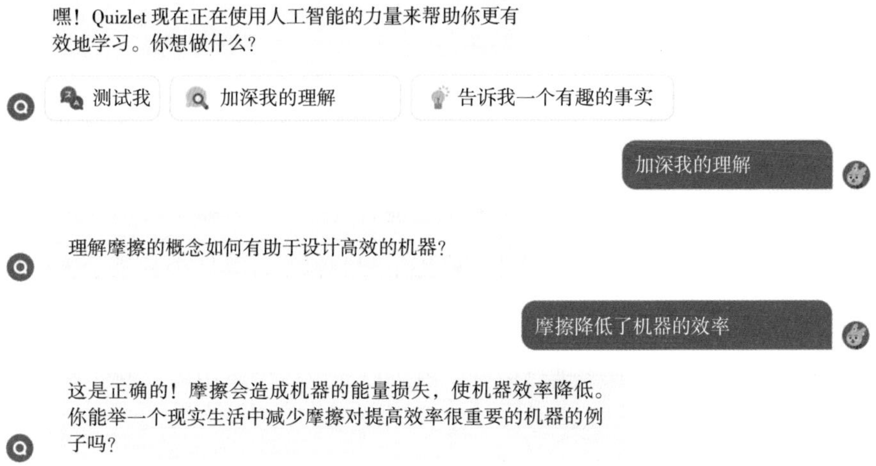

嘿！Quizlet 现在正在使用人工智能的力量来帮助你更有效地学习。你想做什么？

测试我　加深我的理解　告诉我一个有趣的事实

加深我的理解

理解摩擦的概念如何有助于设计高效的机器？

摩擦降低了机器的效率

这是正确的！摩擦会造成机器的能量损失，使机器效率降低。你能举一个现实生活中减少摩擦对提高效率很重要的机器的例子吗？

图 1-17　AI 聊天学习导师 Q-Chat 帮助学生理解物理概念

资料来源　Quizlet，民生证券研究院

极低的耗电水平；三是 AI 算法商业落地的厂商，原因是 AI 算法的龙头厂商在自然语言处理、机器视觉、数据标注方面都具有先发优势和技术领先性（图 1-18）。

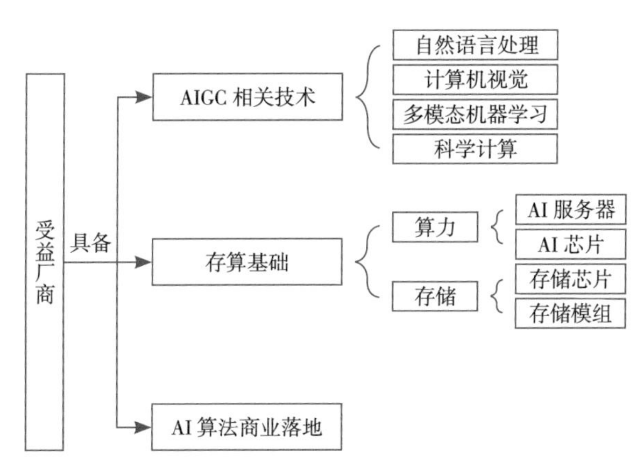

图 1-18　AIGC 受益厂商路径

资料来源　民生证券研究院

1. 具备 AIGC 相关技术的厂商

ChatGPT 的竞争本质即大模型储备竞赛，大模型实现了标准化 AI 研发范式，即简单方式规模化生产，具有“预训练 + 精调”等功能，显著降低了 AI 开发门槛，即“低成本”和“高效率”。**大模型是人工智能发展的必然趋势，也是辅助式人工智能向通用型人工智能转变的坚实基础。目前大模型基本分为自然语言处理、计算机视觉、机器学习和科学计算四类。基于大模型进行应用开发时，将大模型进行微调，如在下游特定任务上的小规模有标注数据进行二次训练，或者不进行微调，就可以完成多个应用场景的任务。**

2. 具备存算基础的厂商

存算一体的出现是人工智能发展的必然选择，算力是 AI 技术角逐“入场券”，AI 超算中心或大型数据中心是算力的基础设施，AI 服务器、AI 芯片是 AI 算力基础设施的关键组成。**AI 算力是 ChatGPT 模型训练与产品运营的核心基础设施，ChatGPT 的诞生将对科技产业的格局和商业模式形成颠覆，在“危”与“机”的共同作用下，全球科技互联网企业必将加速进入 ChatGPT 角逐，而 AI 服务器作为算力载体为数字经济时代提供广阔动力源泉，更加凸显其重要性。**

存算一体即数据存储与计算融合在同一个芯片的同一片区之中，极其适用于数据量大规模并行的应用场景，率先布局存储的厂商在介质上和技术上均具备先发优势。**过去二十年中，算力发展速度远超存储，“存储墙”成为加速学习时代下的一大挑战，原因是在后摩尔时代，存储带宽制约了计算系统的有效带宽，芯片算力增长步履维艰。因此存算一体有望打破冯·诺依曼架构，是后摩尔时代下的必然选择。**

3. AI 算法商业落地的厂商

AI 算法的龙头厂商在自然语言处理、机器视觉、数据标注方面都具有先发优势和技术领先性。AI 算法落地的厂商具备相关算法的领先性，从算法来看，数据标注属于 AIGC 算法的生成关键步骤，而在自然语言处理、计算机视觉等方面，AIGC 已经对此方向应用产生深远影响，例如已经实现的虚拟人与自然人的对话、AI 绘图、AI 底层建模，随着技术的进一步成熟，AIGC 势必会对该方向应用产生革命性影响。

AIGC 有望极大推动相关厂商商业化的发展，从而打开海量商业空间。相关娱乐、传媒、新闻、游戏、搜索引擎等厂商具备海量文本创作、图片生成、视频生成等需求，随着 AIGC 的逐渐成熟，相关 AI 算法不断成熟完善，结合相关应用，厂商在降本增效的同时，有望解决提升创作内容的质量、减少有害性内容传播等问题，实现创意激发，提升内容多样性，AIGC 有望极大推动相关厂商商业化的发展，从而打开广阔的商业空间。

第2章

OpenAI与ChatGPT

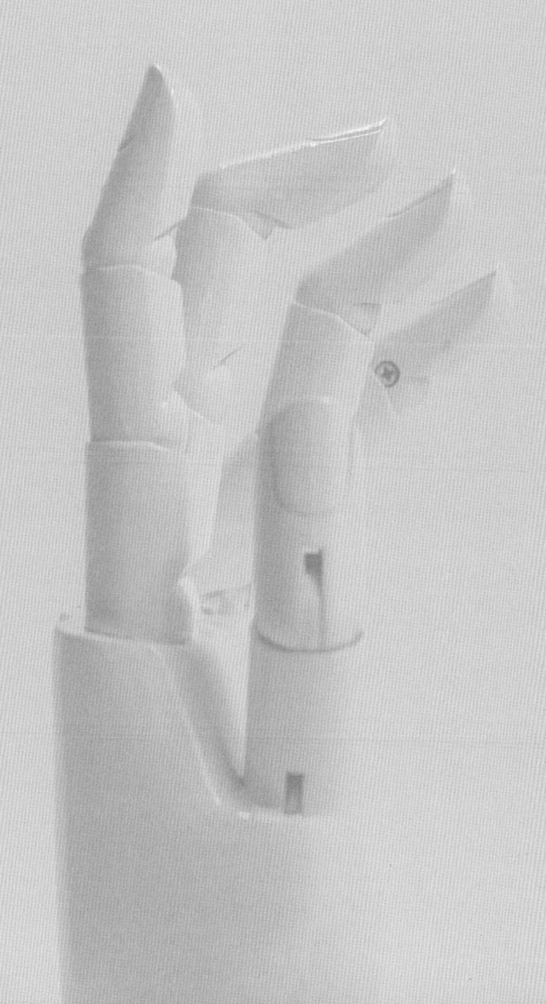

2.1 OpenAI 的发展历程

2.1.1 重大事件梳理

2015 年 12 月 11 日，OpenAI 由埃隆·马斯克、萨姆·奥尔特曼等人创立。该公司最初定位为一家非营利的人工智能研究公司，旨在通过与其他机构和研究者的“自由合作”，开发和引导人工智能的发展，以造福人类，该公司的目标是向公众开放专利和研究成果（图 2–1）。

OpenAI 组织结构

OpenAl 是一家人工智能研究实验室，于 2019 年转型为营利性组织。公司结构围绕两个实体组织：OpenAl 有限公司，这是一个由 OpenAl 非营利组织控制的单一成员特拉华州有限责任公司；OpenAI LP，这是一个有限营利性组织。OpenAl LP 由 OpenAl 有限公司（基金会）董事会管理，董事会作为普通合伙人。与此同时，有限合伙人还包括 LP 的员工，部分董事会成员，以及里德·霍夫曼的慈善基金会（Reid Hoffman's charitable foundation），科斯拉风险投资公司（Khosla Ventures）和 LP 的主要投资者微软（Microsoft）等其他投资者。

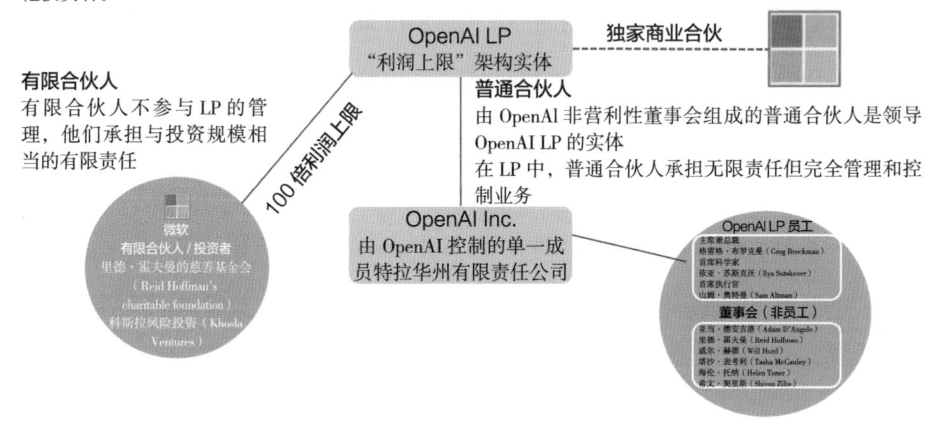

图 2–1 OpenAI 组织架构

资料来源 FourWeekMBA，民生证券研究院

2016 年 6 月 16 日，OpenAI 发布关于生成式模型（generative models）的文章，深入探讨了生成式模型的本质、训练过程、训练方法 [生成对抗网络（GAN）、变分自编码器（VAE）、像素递归神经网络模型（PixelRNN）] 和

未来发展方向。生成模型在机器学习中具有重要作用，因其能够在没有明确标签或指导的情况下学习，并生成新的数据样本。这篇文章也详细介绍了其在机器学习 - 无监督学习技术分支中的四个项目成果（改进 GANs、改进 VAEs、InfoGAN、VIME），这些项目均涉及生成式模型的应用和增强。

2016 年 11 月 15 日，OpenAI 宣布与微软公司合作，将 Azure 作为其大规模深度学习和人工智能实验的主要云平台。此合作使 OpenAI 能够访问更多更快的计算机，这对于加速新兴的人工智能技术如强化学习和生成式模型的发展至关重要。

2017 年 5 月 24 日起，OpenAI 开源了 OpenAI Baselines，这是一系列高质量的强化学习算法，旨在帮助社区复制、改进和识别新想法，并在此基础上进行研究。① 2017 年 5 月 24 日，OpenAI 发布 Baseline DQN 及其三个变体（Double Q Learning、Prioritized Replay、Dueling DQN）。DQN 是一种结合了 Q-Learning 和深度神经网络的强化学习算法，让强化学习适用于复杂的高维环境，如视频游戏或机器人。② 2017 年 7 月 20 日，OpenAI 发布了 Baseline PPO（Proximal Policy Optimization）。PPO 擅长仿真机器人任务，相较于现有的算法，PPO 实现和调整更为简单，而且表现相当甚至更好。由于其出色的性能和易用性，PPO 作为 OpenAI 默认的强化学习算法。③ 2017 年 8 月 18 日，OpenAI 发布了两个新的 Baseline：A2C 和 ACKTR。A2C 是 Asynchronous Advantage Actor Critic（A3C）的同步、确定性变体，具有相同的性能。ACKTR 是一种比 TRPO 和 A2C 样本效率更高的强化学习算法，每次更新只需要比 A2C 稍微多一点儿的计算量。④ 2017 年 11 月 16 日，OpenAI 更新了两个 Baseline：PPO2 和 ACER（Actor Critic with Experience Replay）。PPO2 是支持 GPU 的 PPO，速度比 PPO 快大约 3 倍。此外，ACER 是一种样本高效的策略梯度算法。

2018 年 8 月 20 日，人工智能 OpenAI Five 击败 Dota 2 世界冠军。OpenAI Five 是第一个在电子竞技比赛中击败世界冠军的人工智能，OpenAI

Five 是基于一个名为 Rapid 的系统开发的，仍然使用 PPO 强化学习算法。不久之后，OpenAI 开放了 Five Arena，支持用户在竞争或合作模式下与 OpenAI Five 进行游戏对战，在竞争模式下，OpenAI Five 胜率超过 99%。

2019 年 3 月 11 日，OpenAI 从非营利机构过渡为“封顶”营利性机构。正式名称为 OpenAI LP，由母公司 OpenAI Inc. 控制。同时，有限合伙人包括 OpenAI LP 的员工、部分董事会成员以及 Reid Hoffman 的慈善基金会、Khosla Ventures 和 LP 的主要投资者微软。

2019 年 7 月 22 日，微软公司向 OpenAI 投资 10 亿美元，以支持其构建通用人工智能（AGI）。微软公司和 OpenAI 将合作开发 Microsoft Azure 中的硬件和软件平台，该平台将扩展到通用人工智能。微软公司将成为 OpenAI 的独家云提供商，两者合作进一步扩展 Microsoft Azure 在大规模人工智能系统中的能力。

2019 年 10 月 15 日，OpenAI 训练了一组神经网络来模拟使用机器人的机械手解魔方。这些神经网络是在虚拟环境中训练的，使用了与 OpenAI Five 相同的强化学习代码，同时还使用了一种称为自动域随机化（automatic domain randomization，ADR）的新技术。

2020 年 6 月 11 日，OpenAI 开放人工智能应用程序接口（API），用于访问由 OpenAI 开发的 AI 模型。OpenAI 选择发布 API 而不是开源模型的主要原因包括：第一，商业化可以为其 AI 研究、安全和政策工作提供支持。第二，API 模型能够让小型企业和组织更容易访问强大的人工智能系统。第三，API 模型能够更轻松地应对技术的滥用，因为发布开源模型很难控制其下游用例，而 API 模型的访问权限可以随时进行调整，从而更加安全。

2021 年 5 月 26 日，OpenAI 成立了一个名为“OpenAI Startup Fund”的风险投资基金，支持在人工智能领域和工具领域进行创新的初创公司。该基金由专业团队管理，其成员具备在投资、机器学习、工程、人才和运营等方面的专业知识。基金投资者包括微软和其他 OpenAI 合作伙伴。OpenAI Startup Fund 不仅提供资金支持，而且还为入选的初创公司提供早期使用 OpenAI 系统的机会、基金团队的支持以及在 Azure 上的积分。该基金的目标是支持那些在医疗保健、气候变化和教育等领域具有变革性影响的人工智能创新公司。

2.1.2 重要成果发布梳理

1. 具有学习能力的机器人

2016 年 4 月 27 日，OpenAI 发布了第一个 AI 产品 OpenAI Gym，这是一个用于开发强化学习（RL）算法的开源工具包。在此后的两年里，OpenAI 专注于为视频游戏和其他娱乐目的项目开发人工智能和机器学习工具。

2016 年 12 月 5 日，OpenAI 发布软件平台 Universe，允许人工智能像人类一样使用计算机，训练 AI 在一系列应用程序、游戏和网站中完成各种任务。Universe 不需要访问程序，大多数环境都可以使用 Universe Python 库免费运行。

2017 年 5 月 16 日，OpenAI 宣布其创建了一个机器人系统，机器人完全在模拟环境中训练，并且支持部署到物理机器人上。基于"一次性模仿学习"的新算法，机器人可以模仿人类解决任务的方式来解决相同的任务。也就是说，此虚拟机器人具有学习能力。该系统由视觉网络和模拟网络驱动，视觉网络从机器人的摄像头获取图像并输出表示物体位置的状态，而模拟网络观察演示并处理任务意图，然后从另一个起始配置开始完成意图。模拟网络从训练示例的分布中学习如何泛化，通过监督学习来预测演示者在某个观察中采取的行动。

2017年10月11日，OpenAI发布了RoboSumo，支持在虚拟环境中训练机器人。RoboSumo是一个虚拟世界，其中人形学习机器人最初并不知道如何走路，但其目标是学会移动并将对手推出圈外。通过对抗性学习过程，机器人逐渐适应了不断变化的条件。

2018年5月25日，OpenAI发布Gym Retro，这是一个让研究人员能够将强化学习应用到游戏中的平台。该平台可通过一系列模拟器访问1000多款游戏，旨在帮助研究人员探索和研究强化学习算法中的泛化，Gym Retro提供了在概念相似但外观不同的游戏之间进行概括的能力。

2018年6月30日，OpenAI创造了Dactyl，它是一个机械臂，利用机器学习来操纵物理对象。它使用了与OpenAI Five相同的RL算法，完全在模拟中进行训练。Dactyl除了拥有运动跟踪摄像头外，还配备了RGB摄像头，使机器人能够通过观察任意物体来操纵它。

2022年6月23日，研究人员训练了一个神经网络，让它学会玩Minecraft这一款游戏。它们通过视频预训练（VPT），让模型在大量未标记的该游戏视频数据集上玩Minecraft。这个神经网络使用大量未标记的人类Minecraft游戏视频数据集进行预训练，并仅使用少量标记的承包商数据。通过微调，这个模型可以学会制作游戏中的金刚石工具，而人类通常需要超过20分钟的时间来完成这项任务。

2. 生成式人工智能模型

2018年6月11日，OpenAI提出生成式预训练Transformer模型（Generative Pre-Trained Transformer，GPT）。GPT是一种神经网络或机器学习模型，该模型为了在各种语言任务上取得最先进的结果，使用了无监督预训练与Transformer模型，其功能类似于人脑，并根据输入（大数据集）进行训练以产生输出（即对用户问题的回答）（图2-2）。

2018年7月9日，OpenAI发布Glow，这是一种可逆生成模型。Glow能

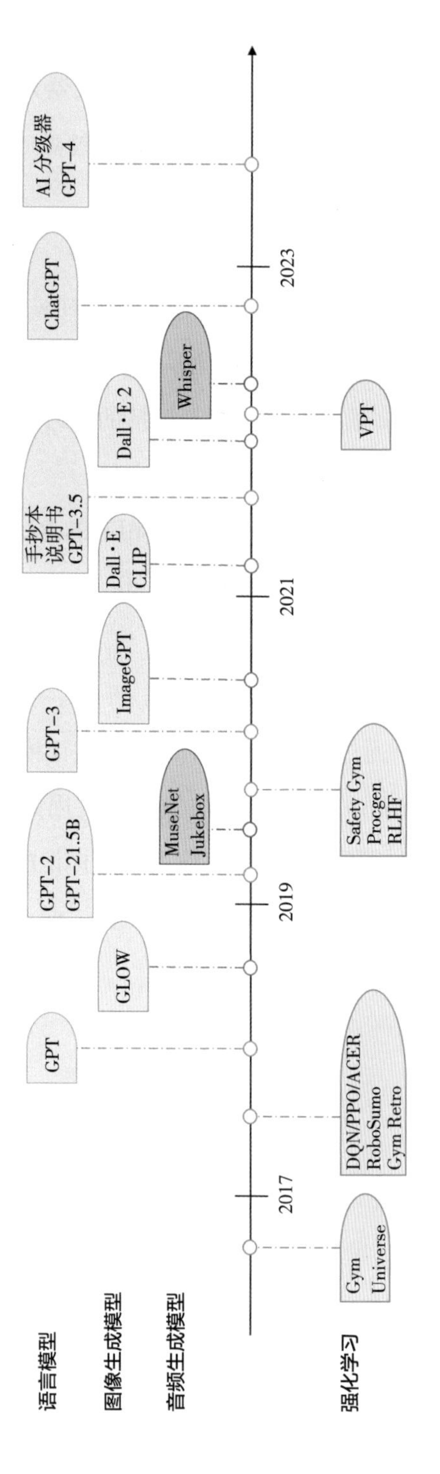

图 2-2 生成模型与强化学习时间线

资料来源 民生证券研究院

够生成逼真的高分辨率图像，支持高效采样和控制数据属性。该模型还支持潜在变量推理和对数似然估计。该技术具有广泛的应用，包括语音合成、文本分析和合成、半监督学习等。

2019 年 2 月 14 日，OpenAI 发布了无监督语言模型 GPT-2。GPT-2 是 GPT 的直接扩展，该模型具有 15 亿个参数，具有超过 10 倍于 GPT 的参数和数据量。GPT-2 展示了令人印象深刻的功能，例如生成高质量的合成文本样本，以及在没有任何特定任务训练数据的情况下执行阅读理解、机器翻译和摘要等任务。尽管该模型在这些任务上的表现不是最优的，但它表明无监督学习可以从大量未标记数据和计算中受益。

2019 年 4 月 25 日，OpenAI 发布了 MuseNet 音乐生成模型。MuseNet 是一个深度神经网络，它使用无监督学习生成音乐作品，支持使用 10 种不同的乐器，并且可以结合各种流派的风格。该模型通过预测数十万个 MIDI 文件中的下一个标记来学习和声、节奏和风格，而无须根据人类对音乐的理解进行明确编程。

2020 年 4 月 30 日，OpenAI 推出 Jukebox，这是一种神经网络，可以生成音乐和歌唱的原始音频。支持选择流派和艺术家风格，目前训练数据集中的音乐主要是西方音乐，且歌曲的歌词大多是英文。

2020 年 5 月 28 日，OpenAI 研究人员发布了一篇论文介绍 GPT-3，这是一种由 1750 亿个参数组成的自回归语言模型。GPT-3 在 Azure 的 AI 超级计算机上进行训练，GPT-3 支持输出非常像人类文本的回答。GPT-3 在许多 NLP 数据集上实现了强大的性能，包括翻译、问答和完形填空任务，以及一些需要即时推理或领域适应的任务，例如解读单词、使用新词造句或执行 3 位数的算术等。研究人员发现，GPT-3 可以生成新闻等文字内容，评估人员很难将这些文章与人类撰写的文章区分开来。

2020 年 6 月 17 日，OpenAI 研究人员提出 ImageGPT，ImageGPT 将 GPT-2 放在像素序列上训练。研究人员认为 GPT-2 在图像生成方面存在与卷积神经网络竞争的可能性，因为它可以通过分析样本质量和图像分类准确性，生成图像补全和图像样本实例。虽然与基于卷积神经网络的方法相比，GPT-2 面临着更高的资源成本和准确性限制，但此发现证明了基于 Transformer 的语言模型可以在新领域中展现更出色的学习能力，而不需要硬编码领域知识。

2021 年 1 月 5 日，OpenAI 推出基于 Transformer 的神经网络 Dall·E，可以根据文本标题为使用自然语言表达的各种概念创建图像，包括逼真的图像、绘画和表情符号。该模型具有多种功能，例如创建拟人化版本的动物和物体、生成多种风格的图像、以合理的方式组合不相关的元素、操纵和重新排列图像中的对象等。

2021 年 1 月 5 日，OpenAI 推出神经网络图像预训练（Constastive Language Image Pretraining，CLIP），可以通过给定图像和文本描述，预测与图像最相关的文本描述，无须对特定任务进行优化。CLIP 是一个开源、多模态、零样本的模型，其结合了自然语言处理和计算机视觉，可以从自然语言监督中有效学习视觉概念。CLIP 只需提供要识别的视觉类别名称，它可以应用于任何视觉分类基准，类似于 GPT-2 和 GPT-3 的“零样本”功能。

2021 年 8 月 10 日，OpenAI 发布 OpenAI Codex，OpenAI Codex，它们是为 GitHub Copilot 提供支持的模型，可以将自然语言翻译成代码。该模型精通十几种编程语言，现在可以用自然语言解释简单的命令并代表用户执行代码。这让现有应用程序构建自然语言界面成为可能。

2022 年 1 月 27 日，OpenAI 发布对齐语言模型 InstructGPT。InstructGPT 由 GPT-3 语言模型提供支持，使用来自人类反馈的强化学习来训练该模型。InstuctGPT 模型比 GPT-3 更擅长遵循指令，且回答更真实。

2022 年 3 月 15 日，OpenAI 在其 API 中提供了具有编辑和插入功能的 GPT-3.5 和 Codex（“text-davinci-002”和“code-davinci-002”）。GPT-3.5 是一组在 GPT-3 上改进的模型，可以理解并生成自然语言或代码。在所有 3.5

代模型中，GPT-3.5-turbo 功能最强大，其针对聊天进行了优化，成本仅为 text-davinci-003 的 10%。

2022 年 9 月 21 日，OpenAI 发布神经网络 Whisper。Whisper 是一个自动语音识别（ASR）系统，其英语语音识别已达到人类级别的稳健性和准确性，它使用从网络收集的 68 万小时的多语言和多任务监督数据进行训练，从而提高了对口音、背景噪声和技术语言识别的准确性。Whisper 的音频数据集约有三分之一是非英语的，它可以转录原始语言或翻译成英语。

2022 年 11 月 30 日，OpenAI 发布 ChatGPT，它被誉为世界上最先进的聊天机器人，因为它能够就看似无限的话题向用户提供答案。ChatGPT 是 InstructGPT 的兄弟模型，它经过训练可以按照提示中的说明进行操作并提供详细的响应，ChatGPT 是从 GPT-3.5 系列中的一个模型进行微调得来的，并且和 InstructGPT 一样，也使用来自人类反馈的强化学习来训练该模型。

2023 年 1 月 31 日，OpenAI 推出经过训练的 AI 分类器，可以区分人工智能编写的文本和人工编写的文本。将文本粘贴到分类器后（至少有 1000 个字符，150~250 个单词），AI 文本分类器将评估文本是否是使用 AI 生成的，用户将看到五个标签之一：Very unlikely，Unlikely，Unclear if it is，Possibly，Likely。

2023 年 3 月 14 日，OpenAI 发布 GPT-4 模型，GPT-4 是比以往更具创造性和协作性的语言模型，其高级推理能力超越了 ChatGPT。它可以生成、编辑和与用户一起完成各种创意和写作任务，如创作歌曲、编写剧本或学习用户的写作风格。GPT-4 还能够接受图像输入，生成说明、分类和分析结果。它可以处理超过 25000 个单词的文本，支持创建长格式内容、扩展对话以及文档搜索和分析等。OpenAI 对 GPT-3.5 与 GPT-4 进行了内部评估。

3.OpenAI API

2020 年 6 月 11 日，OpenAI 开放人工智能应用程序接口（API），用于访问由 OpenAI 开发的 AI 模型。OpenAI API 采用“文本输入、文本输出”界面，允许用户在英语语言任务上尝试，支持将 API 集成到用户产品中，开发全新的应用程序等功能。

2022 年 1 月 25 日，OpenAI API 引入嵌入端点，可以用于自然语言和执行代码任务，如语义搜索、聚类、主题建模和分类。嵌入端点对于处理自然语言和代码很有用，因为它们可以很容易地被其他机器学习模型和算法（如聚类或检索）使用和比较。

2022 年 8 月 10 日，OpenAI API 引入 Moderation 端点，可以帮助开发人员保护应用程序免受滥用。该端点提供了免费访问基于 GPT 的分类器的权限，可以检测无用或有害内容。该端点经过培训，可以快速、准确地在一系列应用程序中稳健运行。

2022 年 11 月 3 日，DALL · E 2 与 OpenAI API 集成。目前 DALL · E 方面，已有超过 300 万人在使用，每天生成超过 400 万张图片。

2023 年 3 月 1 日，ChatGPT 和 Whisper 与 OpenAI API 集成。

2.1.3 重要产品介绍

1. 面向企业：采购许可证模式

OpenAI 通过 OpenAI API 将其生成模型商业化，并提供了许可证给企业进行开发工作。OpenAI API 允许开发者访问和使用 OpenAI 的生成模型，从而为其产品或服务添加自然语言处理和生成能力。购买许可证后，企业可以根据其许可证的限制和使用条件来使用 OpenAI API，许可证可能包括有关使用量、并发请求、访问频率和数据存储等方面的限制（图 2-3、表 2-1）。

OpenAI 商业模式

OpenAI 已经建立了人工智能产业的基础层。通过像 GPT-3 和 DALL·E2 这样的大型生成模型，OpenAI 为那些希望在其基础模型上开发应用程序的企业提供 API 访问，同时能够将这些模型插入他们的产品中，并使用专有数据和其他人工智能功能定制这些模型。另外，OpenAI 也发布了 ChatGPT，围绕免费增值模式进行开发。

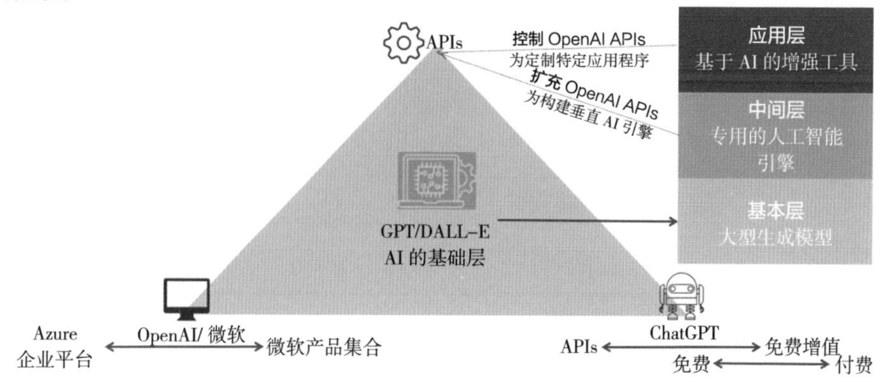

图 2-3　ChatGPT、OpenAI、API 关系图

资料来源　FourWeekMBA，民生证券研究院

表 2-1　许可证信息

类型	系列	模型
语言模型	GPT-4	8K context
		32K context
	ChatGPT	GPT-3.5-turbo
	InstructGPT	Ada
		Babbage
		Curie
		Davinci
	微调模型	Ada
		Babbage
		Curie
		Davinci

续表

类型	系列	模型
语言模型	嵌入模型	Ada v2
		Ada v1
		Babbage
		Curie
		Davinci
其他模型	图像模型	DALL · E
	音频模型	Whisper

资料来源 OpenAI，民生证券研究院

2. 面向用户：免费、购买积分以及订阅模式

核心产品—ChatGPT：通过网页界面与用户进行交互的 AI 聊天机器人，具备回答一系列问题、承认错误、质疑不正确的前提和拒绝不适当的请求等功能。

付费订阅计划—ChatGPT Plus：提供 ChatGPT 免费版本所不具备的多项功能。订阅用户将可以访问 GPT-4，它能够处理图像提示并参与更长的对话，更快地响应用户需求，并且支持在高峰时段使用。OpenAI 声称 GPT-4 比其前身 GPT-3.5 更可靠、更具创造性。

核心产品—DALL · E：DALL · E 2 是一个可以根据自然语言的描述创建逼真的图像和艺术的人工智能系统，用户可以通过网页使用。生成图片需要扣除 Credit，DALL · E 目前使用的是 DALL · E 2 模型，相比于 DALL · E 1，DALL · E 2 使用了一种改进的 GLIDE 模型，这种 GLIDE 模型以两种方式使用投影的 CLIP 文本嵌入，DALL · E 2 先验子模型和图像生成子模型都是基于扩散模型的，体现了其在深度学习中的能力（图 2-4、图 2-5）。

图 2-4　DALL · E 1 与 DALL · E 2 生成图片对比

资料来源　OpenAI 官网，民生证券研究院

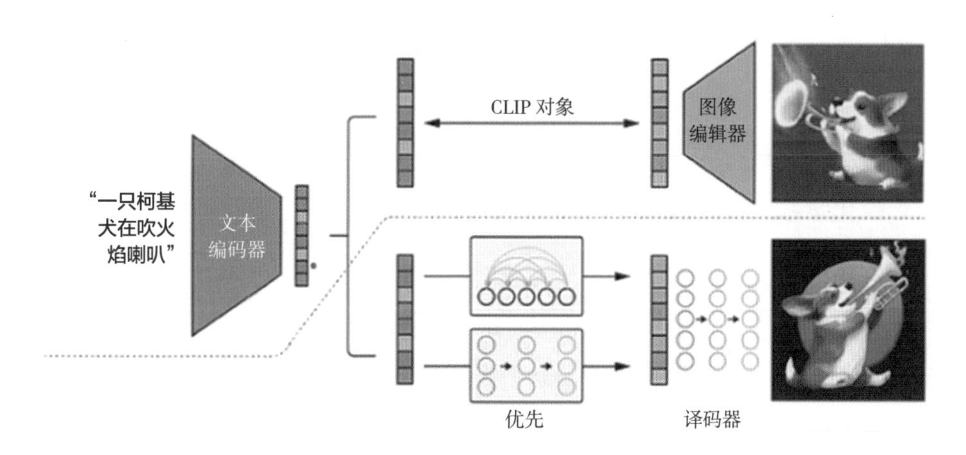

图 2-5　DALL · E 2 图像生成架构

资料来源　民生证券研究院

2.2 OpenAI 的研究方向

2.2.1 机器学习算法

监督学习：OpenAI 参与了监督学习项目，包括创建了一个机器人系统，完全在模拟中训练并部署在一个物理机器人上，并使用 CLIP 神经网络从自然语言监督中有效地学习视觉概念。CLIP 可以应用于任何视觉分类基准，只需提供要识别的视觉类别的名称。在监督学习中，模型通过对已标记的训练数据进行学习，以预测未标记数据的输出或目标。

无监督学习：OpenAI 参与了无监督学习项目，包括 GPT 系列模型、DALL·E、无监督异常检测、无监督表征学习等，这些项目专注于学习数据中的模式和结构，而不依赖于标记的示例。无监督学习允许模型发现数据中隐藏的模式和相关性等。

强化学习：OpenAI 在强化学习方面进行研究，其中涉及训练 AI 在动态环境中做出顺序决策，比如，训练 AI 玩 Minecraft 和 Dota 2。研究人员还开发了用于强化学习的新颖算法和技术，例如，近端策略优化（PPO）和 Soft Actor-Critic（SAC），以在复杂场景中实现高效且有效的学习。

深度学习：OpenAI 探索和开发深度学习架构，例如，基于 Transformer 的 GPT 系列模型以及 CLIP 和 DALL·E。这些架构有助于在执行各种任务中实现最先进的性能，包括图像识别、自然语言处理和强化学习。

对抗学习：对抗学习旨在通过探究模型的弱点和安全隐患来提高模型在面对对抗性示例时的表现和稳健性，OpenAI 致力于开发攻击方法来使模型对恶意攻击更加稳健，例如，用对抗样本攻击机器学习模型，创建欺骗神经网络分类器的图像作为对抗性示例等。

迁移学习与元学习：OpenAI研究项目包括Reptile、策略梯度、一阶元学习算法等，迁移学习和元学习技术使模型能够利用先前学习任务中的知识来提高新任务的性能。

2.2.2 软件工程

软件工具和平台：OpenAI发布了Gym、Universe等，可以帮助研究人员和开发人员处理AI模型和语言处理。其中包括用于文本生成、语言理解、强化学习和其他AI相关任务的库。

模型部署和服务：OpenAI专注于通过OpenAI API和部署工具让开发人员及用户访问他们的模型。OpenAI还开发了基础设施和软件系统来促进他们模型的部署和服务，允许其他人将它们集成到他们的应用程序和服务中。

协作和开源：OpenAI发布研究论文、共享代码实现，比如Spinning Up和Baselines，为更广泛的软件工程生态系统做出贡献。

2.2.3 语言处理与理解

语言模型：OpenAI在开发GPT系列等大规模语言模型方面取得了重大进展。这些模型根据来自互联网的大量文本数据进行训练，可以生成连贯且与上下文相关的文本。

文本生成：OpenAI探索了文本生成技术，专注于提高生成文本的质量、连贯性和控制。这包括研究特定提示或属性的调节模型、风格迁移以及特定任务的微调。

自然语言理解：OpenAI致力于提升对自然语言的理解能力，并进行了相关研究，包括对语义表示、问答系统、情感分析、命名实体识别以及语言理解和其他方面的研究。

对话系统：OpenAI 研究了关于开发可以与用户进行对话交互的对话系统，这包括对对话生成、上下文感知响应以及开发可以展示连贯性和适当性对话行为系统的研究。

偏见和公平：OpenAI 一直在积极研究语言模型中的偏见和公平问题。他们探索了减轻训练数据中存在偏见的技术，并开发了促进语言处理系统公平性和包容性的方法（表 2-2）。

表 2-2　OpenAI 具体研究内容和进展

研究内容	进展
无监督情感神经元	学习情感表达，实现了 91.8% 的情感分析准确性
实体消歧	解决同名实体存在一词多义歧义问题
通过无监督学习提高语言理解	目前 OpenAI 的监督学习方法与无监督预训练相结合效果非常好，预计将应用到更多样化的数据集中
学习通过人类反馈进行总结	应用强化学习，根据人类反馈训练出更擅长总结的语言模型
TruthfulQA	衡量模型如何模仿人类的谎言
用于自动证明定理的语言模型	OpenAI 开发了 GPT-f，是首个被 Metamath 接受的深度学习系统
WebGPT	通过网页浏览提高语言模型的事实准确性
自动驾驶技术	实现高精度地图制作和定位，还可以实现自主驾驶和自动泊车等功能
机器人技术	OpenAI 的机器人可以完成组装、焊接等工作

资料来源　OpenAI 官网，民生证券研究院

2.2.4　图像理解与生成

对抗样本攻击、OpenAI 显微镜、多模态神经元和 Point-E 是 OpenAI 专注于计算机视觉的研究项目。计算机视觉是人工智能的一个领域，它训练计

算机解释和理解视觉世界。计算机“看到”和识别图像或视频中的物体、面孔、书面文本等，然后处理并理解“看到”的内容。

DALL·E、CLIP、ImageGPT、Glow 是 OpenAI 专注于图像生成的项目。图像生成是计算机视觉的一个子领域，专注于创建新图像。这些图像可以从头开始创建，也可以通过修改现有图像来创建（表 2–3）。

表 2–3　计算机视觉：OpenAI 具体研究内容和功能

研究内容	功能
Glow	更好的可逆生成模型，实时交流、沉浸互动并建立情感羁绊的应用。用户可以探索关于 AI 的无限可能，并且可以创造和 AI 的专属开放世界，打破真实世界的边界
OpenAI 显微镜	一个神经元可视化图书馆，能够快速、方便、详细地研究这些神经元的相互作用，并分享这些观察结果
ImageGPT	ImageGPT 人工智能技术已进入 AI 绘画应用领域，可以和 AI 机器人“小数”深度对话，命令其完成相应的任务
CLIP	使用对比学习，将图像分类转换成图文匹配任务，用 4 亿对来自网络的图文数据集，将文本作为图像标签，进行训练。进行下游任务时，只需要提供和图像概念对应的文本描述，就可以进行 zero-shot 转换
DALL · E	从文本创建图像、人工神经网络中的多模态神经元。DALL · E 2 能够学习图像和用来描述文本之间的关系，识别自然界的植物、动物等元素
Point-E	可以跳过文本生成 2D 图像的阶段，用文本生成 3D 模型

资料来源　OpenAI 官网，民生证券研究院

2.2.5　语音技术

Whisper 是 OpenAI 的一个项目，它侧重于自动语音识别（ASR）。自动语音识别是一种旨在将口头语言转换为书面文本的技术，它使用机器学习算法和技术来分析，理解语音模式并将其转换为文本形式。

MuseNet 和 Jukebox 是 OpenAI 的专注于音乐生成的项目。音乐生成处于

人工智能、机器学习和音乐学的交叉点，它能够开发可以创作原创音乐或生成各种风格和流派音乐的模型和算法。该领域结合了音乐理论、信号处理和深度学习的技术，旨在捕捉音乐的本质并创作新的作品（表 2–4）。

表 2–4 语音技术：OpenAI 具体研究内容和功能

研究内容	功能
MuseNet	学习理解音乐的基本结构和模式，创作各种风格和流派的原创音乐作品； 结合了各种流派的风格； 与大模型 GPT-2 类似的大模型，训练预测时序数据； 将每个音符组成单独一个和弦，以实现更准确的预测
Jukebox	由人工智能驱动的音乐创作模型，它使用深度学习神经网络来制作各种流派的音乐，包括流行音乐、摇滚乐、爵士乐和古典音乐； 该模型可以创建与训练数据具有相似美感的新 MIDI 文件，因为它是在一组 MIDI 文件上训练的； Jukebox 是一个成熟的基于人工智能的音乐作曲家，因为除了旋律和和声之外，它还可以创作歌曲的歌词
Whisper	OpenAI 的 Whisper 是一种基于深度学习的语音识别模型，它是一种通用的语音识别模型，可以用于语音识别、语音翻译等任务； 通过收集来自多个数据源的多语言、多任务的数据进行训练； 这些数据包含了各种语言和口音的语音样本，以及各种不同的环境噪声和干扰； 它使用了一种称为“自注意力机制”的技术，它可以在处理不同的语音信号时，更好地捕捉到语音中的关键信息； 它还使用了一种称为“注意力机制”的技术，可以在处理不同的语音信号时，更好地捕捉到语音中的关键信息

资料来源 OpenAI 官网，民生证券研究院

2.3 GPT 的迭代过程

GPT 是一个人工智能领域的自然语言处理模型，简单来说就是让计算机

理解人类语言的模型。2018 年 6 月 11 日，OpenAI 提出 GPT-1，GPT-1 是一种神经网络或机器学习模型，该模型使用无监督预训练与 Transformer，以在各种语言任务上取得最先进的结果，其功能类似于人脑，并根据输入（大数据集）进行训练以产生输出（即对用户问题的回答）。

2019 年 2 月 14 日，OpenAI 发布了 GPT-2。GPT-2 是 GPT-1 的直接扩展，与 GPT-1 相比，具有超过 10 倍的参数和超过 10 倍的数据量，该模型具有 15 亿个参数。GPT-2 展示了令人印象深刻的功能，例如生成高质量的合成文本样本，以及在没有任何特定任务训练数据的情况下执行阅读理解、机器翻译和摘要等任务。同时在 GPT-2 阶段，OpenAI 去掉了 GPT-1 阶段的有监督微调（fine-tuning），成为无监督模型，证明无监督学习可以从大量未标记数据和计算中受益。

2023 年 3 月 14 日，OpenAI 发布 GPT-4 模型，GPT-4 是比以往更具创造性和协作性的语言模型，其高级推理能力超越了 ChatGPT。它可以生成、编辑，以及与用户一起完成各种创意和写作任务，如创作歌曲、编写剧本或学习用户的写作风格。GPT-4 的回答准确性不仅大幅提高，还具备更高水平的识图能力，且能够生成歌词、创意文本，实现风格变化。此外，GPT-4 的文字输入限制也提升至 2.5 万字，且对英语以外的语种支持更多优化。目前 GPT-4 虽然在许多现实世界场景中的能力不如人类，但在各种专业和学术基准上表现出与人类相当的水平（表 2-5、图 2-6）。

表 2-5　GPT 系列模型比较

信息	GPT-1	GPT-2	GPT-3	GPT-3.5	GPT-4
参数	1.17 亿	15 亿	1750 亿	1540 亿	10000 亿
训练数据	4.5GB，来自书籍	40GB，来自网页文档	570GB，来自网站、书籍和科学论文	同 GPT-3	文本
输入数据	文本	文本	文本	文本	文本和图像

续表

信息	GPT-1	GPT-2	GPT-3	GPT-3.5	GPT-4
上下文长度上限	1024 tokens	2048 tokens	2048 tokens	4096 tokens	8192 tokens
层数	12	48	96	96	未披露
模型数量	1	1	1	3	未披露
是否微调	否	是	是	是	是
是否RLHF	否	否	否	是	是
训练语言	英语	英语	多语言	多语言	多语言
生成结果	连贯文本	类似人类创作的文本	质量更高的文本	更少输出毒性文本	更可靠、更有创意且能够满足特定需求的文本

注：进行比较的模型是系列模型中的最终版本。GPT-3 系列的最终版本是 davinci，GPT-3.5 系列的最终版本是 GPT-3.5-turbo。

资料来源 OpenAI 官网，Medium，维基百科，民生证券研究院

2.3.1 重塑自然语言处理：机器学习、神经网络与 Transformer 的革新之路

2012 年左右，随着基础算力的提升，机器学习的发展得到显著推动，全球开启了以人工智能（artificial intelligence，AI）热潮引领的大数据时代。在这个时期，资本对 AI 的投资成为优先考虑的事项，从而丰富了 AI 应用场景。机器学习涉及开发算法，使计算机能够从数据中学习，在没有明确编程的情况下进行预测或采取行动，它包括自然语言处理和机器视觉等应用。自然语言处理专注于语言理解和生成，而机器视觉致力于使计算机能够处理和解释视觉数据。机器学习在各个行业中得到了广泛的应用，推动了医疗、金融、

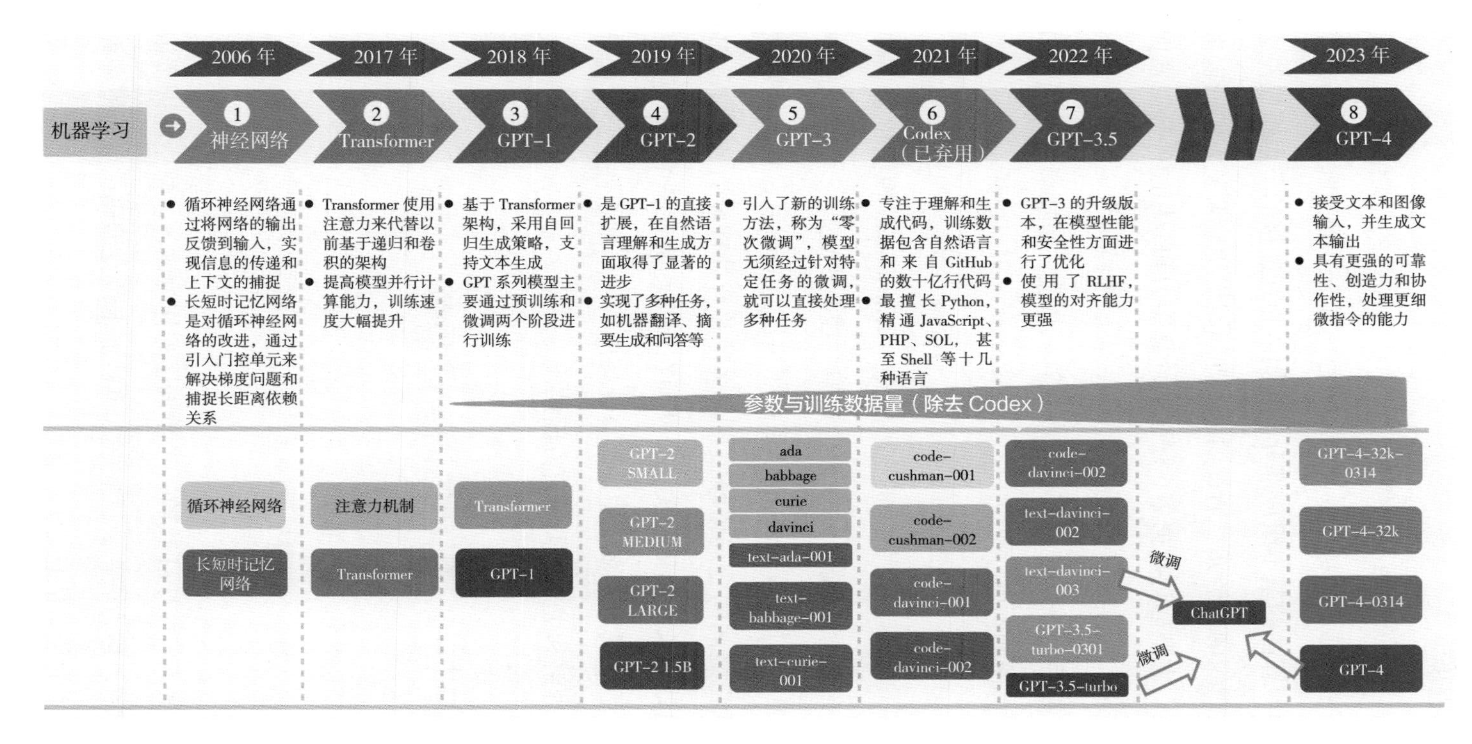

图 2-6　GPT 系列模型发展过程

资料来源　OpenAI 官网，民生证券研究院

交通等领域的进步。

2015 年左右，神经网络的兴起将机器学习提升到了新的高度，使复杂的人工智能系统能够在各种任务和领域中提高性能。受人脑启发的神经网络是许多机器学习算法的基本组成部分。它们由相互连接的节点组成，这些节点被称为分层组织的神经元。通过训练，神经网络学会调整它们的权重和偏差以优化性能。大型标记数据集、增强的计算能力和专用硬件等因素促进了神经网络的进步，尤其是在深度学习领域，多层神经网络更擅长从数据中提取复杂模式。神经网络的进步实现了在计算机视觉、自然语言处理、语音识别和游戏功能方面的突破。

2017 年，在神经网络发展的基础上，Transformer 模型应运而生，这是自然语言处理和机器翻译领域的重要突破。Transformer 模型也是一种神经网络，它是神经网络范畴中的一种特定架构或模型设计，与传统的神经网络（RNN/LSTM）不同，Transformer 采用了自注意力机制，使其能够捕捉序列中单词或标记之间的全局依赖关系，这种并行处理能力使得 Transformer 能够更有效地处理长距离依赖关系，从而在语言相关任务中表现更加出色。Transformer 模型已成为许多最先进语言处理应用的基础组件，显著提升了人工智能系统在理解和生成人类语言方面的能力。

2.3.2　GPT-1：出色的语言理解者

GPT-1 于 2018 年 6 月推出，主要用于完成语言理解任务。其架构源自 Transformer 模型，特别是 Transformer 的解码器部分。该架构可以分为四部分。

（1）输入嵌入：GPT-1 接收一个单词序列作为输入。每个单词都被转化为一个矢量表示，称为嵌入。这些嵌入也被加上位置编码，可为模型提供每个单词在序列中的位置信息。

（2）Transformer 解码器层：嵌入通过 12 层 Transformer 解码器，每层解码器由两个子层组成，即掩码自注意力层和位置式前馈神经网络。自注意力层允许模型在预测每个单词时关注输入序列的不同部分。掩码意味着在预测特定的单词时，模型只能注意到它之前的单词，而不能注意到它之后的单词，这是为了模拟生成文本的条件，因为模型不会知道下一个单词。在通过自注意力机制处理输入信息后，基于位置的前馈网络对这些信息进行进一步的处理，增加模型的复杂性，以及增加模型对输入的理解能力。尽管这个神经网络在每层中位置是相同的，但它的参数在不同的 Transformer 层之间是不同的，这意味着每一层都可以学习到不同的特征和表示。

（3）输出：每层 Transformer 输出一个向量序列，最后一层的输出需要经过线性层和 Softmax 激活函数，线性层将输出转化为与模型词汇表大小相同的向量，Softmax 函数接受一个未归一化的向量，并将其归一化为一个概率分布，也就是为每个单词的序列产生一个词汇表的概率分布，然后选择概率最高的单词作为模型的预测。在训练过程中，目标是调整模型的参数，使得正确的下一个单词（根据训练数据）得到最高的概率。

（4）微调阶段：基础模型（在预训练阶段训练）进一步针对特定任务进行训练，可能是分类任务、翻译任务、问答任务等。在此阶段，可能会根据手头的具体任务将分类层等其他组件添加到模型的末尾（图 2–7、图 2–8）。

2.3.3 GPT–2：无监督的多任务学习者

GPT–2 于 2019 年 2 月发布，是 GPT–1 的升级，拥有更大的参数量和训练数据量，其依然沿用了 GPT–1 的关键组件。不同的是，GPT–2 拥有更多层 Transformer 解码器，使得模型更加复杂，并且引入了“零样本”学习的概念，支持模型以对话方式生成响应，而不需要特定任务的训练数据。

任务调节构成了 GPT–2 零样本学习能力的基础，可以让模型处理不同

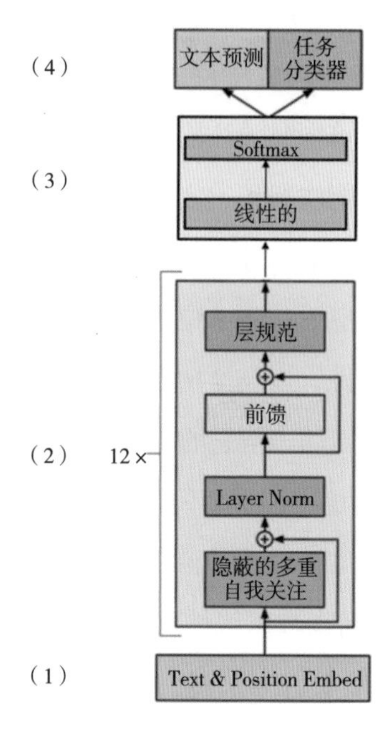

图 2-7　GPT-1 模型架构

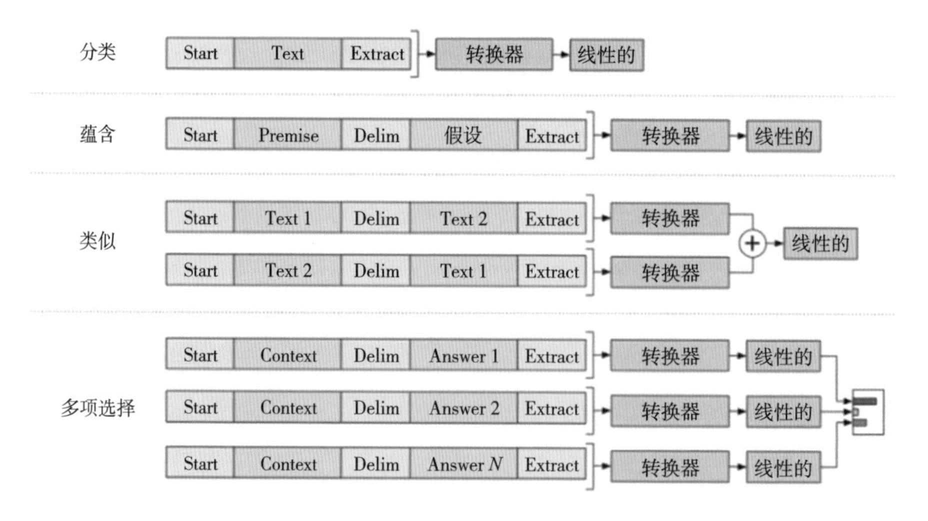

图 2-8　转换输入用于微调不同任务（分类、蕴含、类似、多项选择）

资料来源　Improving Language Understanding by Generative Pre-Training，民生证券研究院

的任务。像 GPT-1 这样的语言模型会尝试根据前面的单词预测序列中的下一个单词，它本质上是在给定输入 P（output/input）的情况下尝试计算输出的概率。然而，GPT-2 旨在处理各种任务，因此它需要一种方法来根据手头的特定任务调整其预测。这就是任务调节的用武之地，模型在进行预测时会同时考虑输入和任务。

零样本学习意味着 GPT-2 已经学会了对语言和任务的一般理解，它能仅根据给定的指令理解和执行新任务，即使之前没有见过该任务的任何示例。与 GPT-1 进行微调前要重新排列序列不同，GPT-2 的输入以一种格式给出，该格式期望模型理解任务的性质并提供答案，这样做是为了模拟零次学习过程。例如，对于英语到法语的翻译任务，给模型一个英语句子，然后是法语单词和一个提示符（ : ），该模型应该理解这是一项翻译任务，并输出法语对应的英语句子。

ImageGPT：GPT-2 模型的变体，旨在处理图像而不是文本。ImageGPT 的基本架构与 GPT-2 相同，使用基于 Transformer 的多层模型和注意力机制。然而，ImageGPT 不是处理表示文本片段的标记序列，而是处理表示图像中像素的标记序列。ImageGPT 是在图像数据上进行训练，用于生成图像、填充图像的缺失部分或在低分辨率输入后高分辨率输出。例如，如果给定图像的上半部分，ImageGPT 可以生成一个合理的下半部分。这类似于 GPT-2 在给定第一部分的情况下生成文本的延续。值得注意的是，虽然 ImageGPT 是 GPT 架构的强大功能和灵活性的展示，但它并非没有局限性。图像生成是一项比文本生成复杂得多的任务，ImageGPT 的输出虽然通常在视觉上很有趣，但有时可能缺乏连贯性或真实感。

2.3.4 GPT-3：表现更好的小样本学习者

GPT-3 于 2020 年 6 月发布，该模型明显优于 GPT-2，尤其在执行翻译、问答和完形填空等任务中表现更佳。GPT-3 支持 100 多种语言，并且支持 Python 等编程语言。此外，GPT-3 引入了一些新的深度学习概念，如小样本学习和提示工程，这些在 GPT-2 中是没有的。

GPT-3 的小样本学习并不是 GPT-2 的零样本学习的退步，相反，小样本学习是这一概念的更高级形式。与其期望模型在没有示例的情况下理解任务，不如为上下文提供一些示例。这让模型更好地了解它应该做什么，并允许它更准确地执行任务。在 GPT-3 的背景下，小样本学习体现在会话开始时通过少量示例理解和执行任务的能力。如果用户为 GPT-3 提供了一些任务示例，例如英语句子及其法语翻译，它就可以一直在对话中执行该任务。

提示工程（prompt engineering）是指精心设计提供给 GPT-3 以指导其输出的输入提示，目的是使模型更有可能产生所需输出。通过适当设计的提示，可以引导模型的输出更具体、更准确或与所需任务更相关，以避免不需要的主题或以特定方式处理敏感主题。

GPT-3 系列变体模型专为不同的任务而设计或具有不同的功能。有些模型接受过文本相似性、文本搜索或代码搜索方面的训练，有些则被训练设计用于特定说明或以聊天格式生成文本。GPT-3 系列主要包括四种可选子模型，包括 ada、babbage、curie、davinci，其中 ada 响应速度最快、davinci 功能最全面（表 2-6）。

表 2-6　支持 API 的 GPT-3 基本模型：可用于微调

模型	描述
ada	能够执行非常简单的任务，是 GPT-3 系列中最快的型号，而且成本最低
babbage	能够执行简单的任务，速度非常快，成本更低
curie	比 davinci 更快，成本更低

续表

模型	描述
davinci	功能最强大的 GPT-3 模型，能完成其他模型可以完成的任何任务，而且通常质量更高

资料来源 OpenAI 官网，民生证券研究院

WebGPT：WebGPT 是 GPT-3 的一个改进版本，在回答开放式问题的准确性方面进行了优化，它使用基于文本的网络浏览器。WebGPT 的工作方式类似于人类在线搜索答案的方式，它提供搜索查询、关注链接等，其页面可以实现滚动。

2.3.5 GPT-3.5/InstructGPT：更安全的指令执行者

InstructGPT 由 GPT-3 语言模型提供支持，是一种以遵循指令为目标的对齐语言模型。它比 GPT-3 更擅长遵循指令，且回答更真实，能够筛选部分有害内容。InstructGPT 的目标是解释用户的意图，然后生成尽可能满足该意图的响应。这与传统语言模型形成对比，传统语言模型只是预测句子中的下一个单词，不一定专注于理解或执行指令。

为了训练 InstructGPT，OpenAI 使用了来自人类反馈的强化学习的方法。最初，人类 AI 培训师提供 InstrustGPT 扮演双方角色的对话——用户和 AI 助手，他们还可以访问模型编写的建议，以帮助他们撰写回复。该对话数据集与转换为对话格式的 InstructGPT 数据集混合。多个模型响应的比较排名用于创建奖励模型，并使用近端策略优化对该模型进行微调。

ChatGPT：InstructGPT 的微调版本，数据收集设置略有不同并加入了强化学习近端策略优化，可以理解成在“人脑思维”的基础上加入了“人类反馈系统”，这是一种奖励模型。因此效果更加真实，模型的无害性实现些许提升，编码能力更强（表 2-7、图 2-9）。

表 2-7　支持 API 的 GPT-3.5 系列模型

模型	描述
code-davinci-002	特别擅长将自然语言翻译成代码。除了补全代码，还支持在代码中插入补全
text-davinci-003	与 curie、babbage 或 ada 相比，能够以更好的质量、更长的输出和一致的指令遵循来完成任何语言任务，还支持在文本中插入补全
GPT-3.5-turbo	功能最强大的 GPT-3.5 模型，在聊天方面进行了优化

资料来源　OpenAI 官网，民生证券研究院

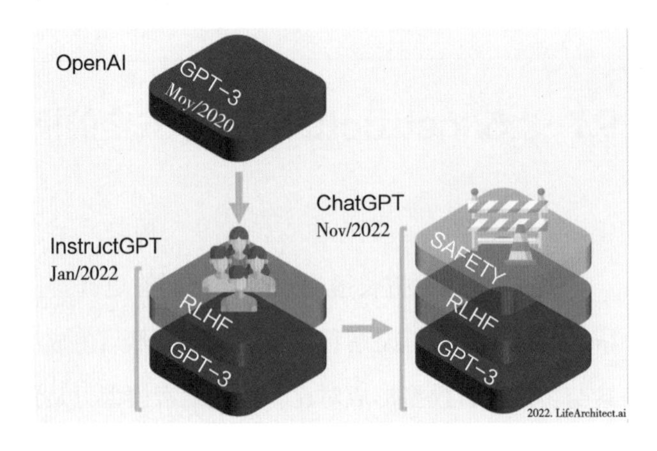

图 2-9　从 GPT-3、InstructGPT 到 ChatGPT

资料来源　lifearchitect.ai，民生证券研究院

2.3.6　GPT-4：高效的多模态学习者

GPT-4 于 2023 年 3 月发布，代表了自然语言处理和理解方面的重大进步。GPT-4 建立在其前身 GPT-3.5 之上，当任务的复杂性达到阈值时，差异就会出现——GPT-4 比 GPT-3.5 更可靠、更有创意，并且能够处理更细微的指令。根据研究人员在各种基准测试中的测试结果来看，GPT-4 的表现明显优于 GPT-3.5。例如，在美国律师资格考试（uniform bar exam，UBE）中，

GPT-4 得分在 90 左右，而 GPT-3.5 得分在 10 左右。在法学院入学考试（law school admission test，LSAT）、美国高中毕业生学术能力水平测试（scholastic assessment test，SAT）、留学研究生入学考试（graduate record examination，GRE）等其他考试中也可以看到类似的结果。

（1）GPT-4 可以浏览并理解图像。相比于 GPT-3.5 只能读写文本。GPT-4 可以处理图像，能够深度理解图像的含义并做出反应，而不仅仅是简单地描述图像内容。

（2）GPT-4 在真实性和可控性方面有了很大的改进。过去一两年中，GPT-4 接受了大量基于用户数据的训练，其中包括恶意提示。之前的版本容易受到误导，甚至在道德问题上陷入困境，但 GPT-4 在这方面有了明显的改进。

（3）GPT-4 在记忆力方面有了显著提升。GPT-3.5 在对话中的记忆限制为约 8000 个单词或 4~5 页的书本内容，而 GPT-4 的记忆限制为约 64000 个单词或 50 页的书本内容，这意味着在对话或生成文本时，GPT-4 可以更好地记住前面聊天中的内容。

（4）GPT-4 具有更强的可操纵性。用户现在可以在聊天中通过描述来规定 AI 的风格和任务，用户将能够个性化“固定的 ChatGPT 风格”（表 2-8）。

表 2-8　支持 API 的 GPT-4 系列模型

模型	描述
GPT-4-32k	与 GPT-4 模式相同的功能，但上下文学习长度是其 4 倍
GPT-4	比任何 GPT-3.5 模型都更强大，能够执行更复杂的任务，并针对聊天进行了优化

资料来源　OpenAI 官网，民生证券研究院

2.4 ChatGPT：改变文本交互方式的 AI 聊天机器人

ChatGPT 是一款基于 GPT-3.5 架构的聊天机器人软件，可用于各种复杂的语言任务。2022 年 11 月，OpenAI 推出了 ChatGPT。该软件使用方便快捷，只需向 ChatGPT 提出需求，即可实现自动文本生成、问答甚至编写和调试计算机程序等功能。其特点是支持上下文学习，可以记住早些时候与用户的对话，以及允许用户提供后续更正，并且它会拒绝不当请求。

ChatGPT 功能广泛，使用方便且免费，受到社区传播的推动，其用户数量飞速扩张。目前，ChatGPT 是最火爆的生成式 AI 应用，问世 2 个月便实现月活用户过亿，为史上增速最快消费级应用，远超抖音国际版（Tik Tok）的 9 个月与照片墙（Instagram）的两年半。大学生利用它来写论文，议员利用它来写演讲稿，学生利用它来完成作业甚至写代码，其强大的功能引发了用户体验需求的增加（表 2-9）。

表 2-9 ChatGPT 关键术语列表

术语	解释
人工智能	人工智能是计算机科学的一个领域，专注于构建可以像人类一样执行任务的系统。人工智能的典型形式包括语音识别、语言翻译和视觉感知
自然语言处理	自然语言处理是 AI 的一部分，致力于使用语言在人与计算机之间进行交互。通过算法和模型，NLP 可以分析、理解和使用人类的语言
神经网络	神经网络是一种机器学习算法，其功能类似于人脑。就像大脑有存储信息和执行功能的途径一样，人工智能使用神经网络来模拟解决问题、学习模式和收集数据的过程
Transformer	Transformer 是神经网络中的一种结构，用于 NLP 任务，这些任务使用机制来分析输入和生成输出
GPT-3	生成式预训练转换器（GPT-3）是由 OpenAI 开发的一种基于 Transformer 的语言生成模型

续表

术语	解释
预训练	训练神经网络在它准备好供公众使用之前按照它想要的方式工作
微调	微调（fine-tuning）是在预训练之后进行的。该程序接受一项任务，然后针对更具体的数据在更小、更具体的任务上进一步展开训练
PPO	近端策略优化（PPO）是强化学习中用于优化和改进策略模型的算法。它通过执行当前策略收集数据并观察结果状态、动作和奖励。然后使用此数据以最大化预期奖励的方式更新策略
API	应用程序接口（API）是程序保持统一的方式。它是有关构建每个应用程序的指南

资料来源 维基百科，民生证券研究院整理

2.4.1 特点

ChatGPT 功能强大，尽管其重点是文本交互，但 ChatGPT 能够执行一系列简单对话以外的任务。**ChatGPT 目前仍以文字方式互动，而除了通过人类语言交互外，还可以用于相对复杂的语言工作，包括自动文本生成、自动问答、自动摘要等在内的多种任务。具体来说，在自动文本生成方面，ChatGPT 可以根据输入的文本改写、扩写和总结；在自动问答方面，ChatGPT 可以根据输入的问题自动生成答案，不仅支持概念的解答，还支持复杂数学运算、简单表格和流程图生成等功能。此外，ChatGPT 还具有编写和调试计算机程序的能力（图 2-10、图 2-11）。**

集成网页浏览后，ChatGPT 有望在一定程度上替代搜索引擎。**除了现有的功能，OpenAI 于 2023 年 5 月发布了 ChatGPT 的测试版本，该版本为 ChatGPT Plus 订阅者提供了浏览网页的功能。新的网页浏览功能允许用户在聊天界面内连接网络，搜索互联网内容并查看网页（图 2-12）。**

第三方插件使 ChatGPT 能够与开发人员定义的 API 进行交互，从而增

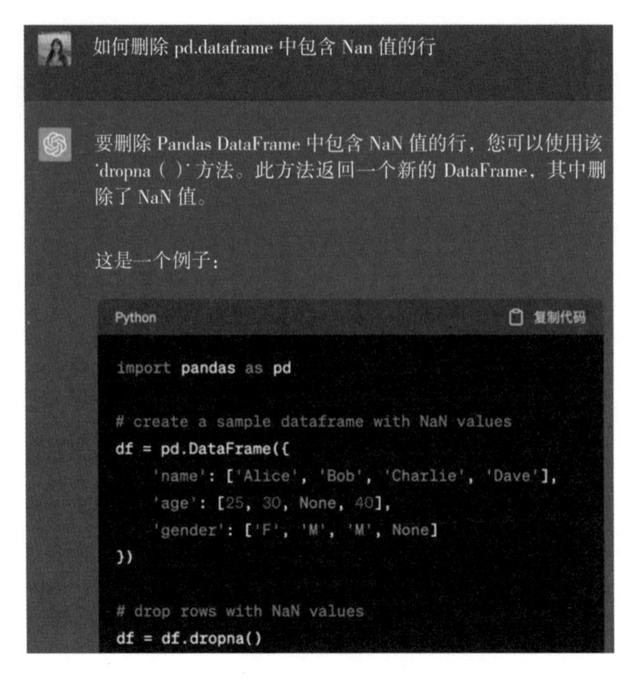

图 2-10　ChatGPT 回答代码问题

资料来源　OpenAI 官网，民生证券研究院

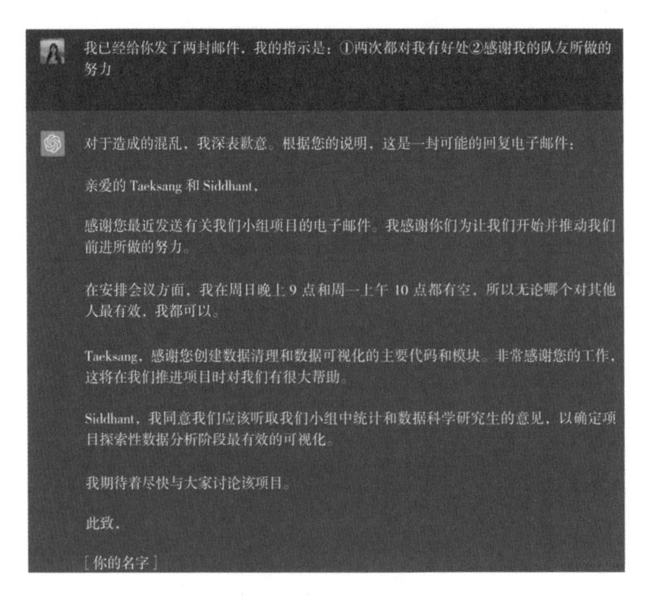

图 2-11　ChatGPT 根据要求生成回邮

资料来源　OpenAI 官网，民生证券研究院

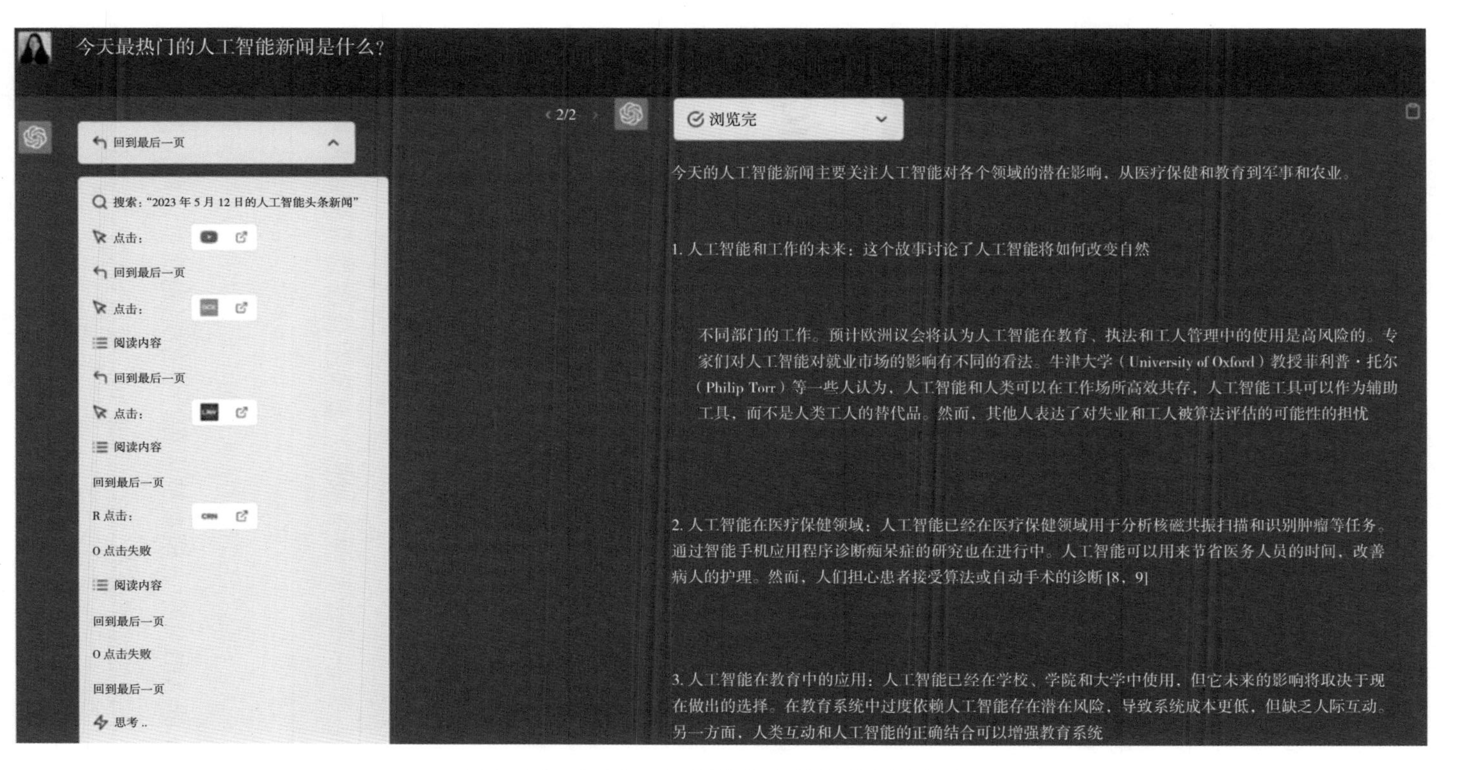

图 2-12 向 ChatGPT 询问有关特定主题的新闻

资料来源 OpenAI 官网,民生证券研究院强 ChatGPT 的功能并允许其执行范围广泛的操作。最新版本的 ChatGPT 为 ChatGPT Plus 用户提供 70 个插件，这些插件可以将 ChatGPT 连接到第三方应用程序，允许用户直接在 ChatGPT 聊天窗口中访问第三方服务和功能（表 2-10）。

表 2-10 ChatGPT 第三方插件

个性化操作	内容	插件
检索实时信息	体育赛事比分、股票价格、新闻等	KAYAK Milo Family AI Zillow
检索知识库信息	公司文件、个人笔记等	Wolfram FiscalNote ChatWithPDF
代表用户执行操作	订机票、订餐等	Expedia Instacart Klarna Shopping

资料来源 民生证券研究院

2.4.2 ChatGPT 的工作原理：机器人背后的模型

1. 实现原理：ChatGPT 是基于 Transformer 架构的自回归语言模型

Transformer 是一种神经网络架构，它使用自注意力机制来处理序列数据。自回归语言模型（auto-regressive language model）是一种机器学习模型，它使用自回归技术根据前面出现的单词预测单词序列中的下一个单词。在基于 Transformer 的 ARLM 中，模型被训练为在给定先前单词的情况下预测序列中的下一个单词的概率分布。在训练期间，模型被输入一系列单词，并且在每个时间段，它预测下一个可能出现的所有单词的概率分布。然后训练该模型最大化下一个正确单词的可能性。在推理过程中，模型通过从模型在每个时间段生成的概率分布中重复采样概率最大的词来生成文本。ChatGPT使用一种称为温度采样的方法，从分布中选择最有可能的词来生成连贯的文本序列。首先，输入文本被标记为单独的序列并编码为数字向量。这些向量输入模型的注意力机制，为每个词分配权重。这种方法使ChatGPT能够更有效地学习单词之间的上下文依赖关系。温度采样允许控制生成文本的随机性和创造性水平。温度越低，输出文本越可预测，反之亦然。

2. 训练策略：使用人类反馈强化学习

GPT-3.5比GPT-3更具优势，原因是GPT-3.5新加入了RLHF（人类反馈强化学习）。最初发布的ChatGPT是GPT-3.5系列模型的微调版本（几个月后GPT-4发布），ChatGPT是专门为对话交流而设计的，它的训练数据集和微调过程可能会针对对话式交互进行了特殊处理，以便更好地适应对话环境并生成连贯的对话回复。

训练分为三个步骤，其中第一步监督策略只运算一次，而第二步计算奖励模型和第三步策略模型可以不断迭代。也就是说，在当前最好的策略模型上收集更多的比较数据，用于训练新的奖励模型，然后基于新的奖励模型优化策略模型。相比于GPT-3模型，这种训练方法结合了监督学习和强化学习的优点，利用人类专业知识指导学习过程，以实现更好的性能（图2-13）。

第一步是包括收集演示数据以训练监督微调模型（supervised fine-tuning model，SFT model），在这一步中，预先训练好的语言模型会在由标注员创建的少量演示数据上进行微调。标注员提供了输入（提示）和相应的期望输出，语言模型被训练以模仿这些演示并根据给定的提示生成输出。生成的模型为监督微调模型，被作为基线策略（表2-11）。

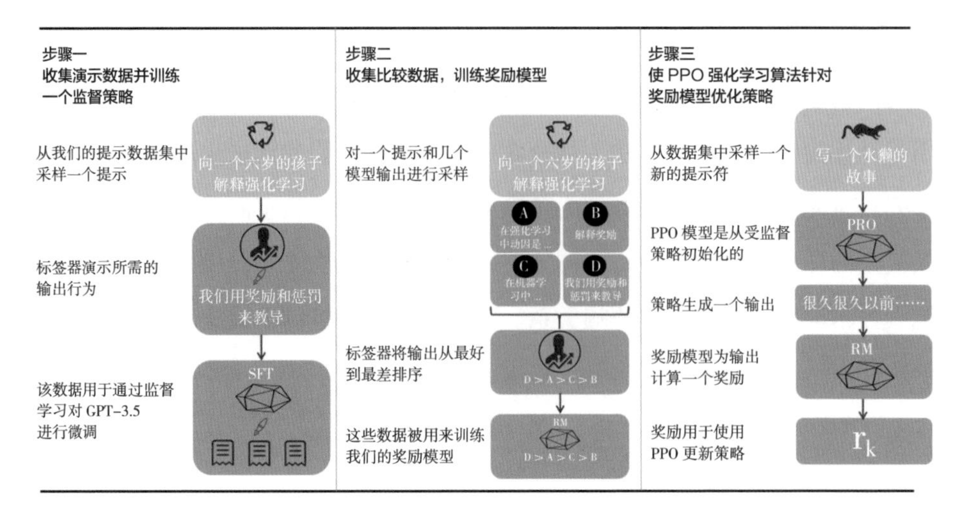

图 2-13　ChatGPT 训练过程

资料来源　OpenAI 官网，民生证券研究院

表 2-11　ChatGPT SFT 模型的训练细节

个性化操作	内容
数据收集	ChatGPT 使用了两种不同的提示来源：一些是直接从贴标者或开发人员处获取的，一些是从 OpenAI 的 API 请求（即来自他们的 GPT-3 客户）中采样的。整个过程缓慢且昂贵，因此使用一个相对较小的高质量精选数据集（有 12k~15k 个数据点），用于微调预训练语言模型
模型选择	ChatGPT 的开发人员没有微调原始 GPT-3 模型，而是选择了所谓的 GPT-3.5 系列中的预训练模型。据推测，使用的基线模型是最新的 text-davinci-003，主要在编程代码上进行了微调

资料来源　AssemblyAI，民生证券研究院

第二步是模仿人类偏好（mimic human preferences），在这一步中，将对监督微调模型的输出进行比较和排名。标注员会看到大量的输出，并被要求在一对输出之间选择偏好。通过收集这些成对比较，创建了一个称为比较数据或奖励模型数据集的新数据集。该数据集的目的是捕捉人类的偏好，并作为进一步训练的奖励信号。

第三步是近端策略优化（proximal policy optimization，PPO），由模仿人类

偏好生成的奖励模型数据集被用来训练一个新模型，被称为奖励模型（RM）。奖励模型使用监督学习或排序算法等技术来预测不同输出之间的相对偏好。然后，奖励模型与监督微调模型结合，以指导进一步的微调。近端策略优化是一种常用的 on-policy 强化学习算法。它在训练期间直接从当前策略中学习和更新，而不依赖过去的经验或单独的内存缓冲区，通过直接从当前策略中学习，近端策略优化避免了通常在离策略算法中看到的单独探索 - 开发权衡机制的需要。这使得近端策略优化更适合需要同时探索和微调策略的场景。在这里近端策略优化被用于根据奖励模型的指导来优化策略模型。这是一个经过改进的策略模型，它从人类的反馈中学习，并能生成更好的输出。

模型训练的评估侧重于三个主要标准：有用性、真实性和无害性。需要注意的是，通过强化学习从人类反馈中训练出来的模型的性能评估也基于人类输入。有用性评估模型有遵循和推断用户指令的能力。Truthfulness 评估模型生成虚假信息的倾向，特别是在使用 TruthfulQA 数据集的封闭域任务中。无害性以 Real Toxicity Prompts 和 CrowS-Pairs 数据集为基准，评估模型输出的适当性及其贬损或有害内容的可能性。

3. 过程拆解（图 2-14）

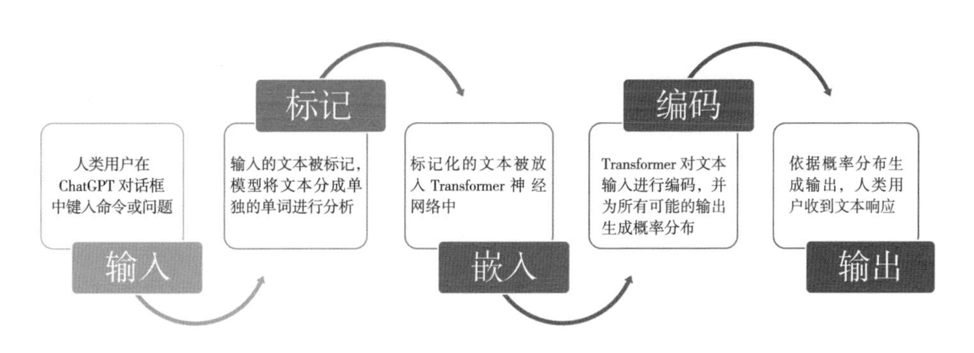

图 2-14　ChatGPT 生成内容过程

资料来源　民生证券研究院

2.4.3 应用场景

ChatGPT 应用场景广泛，拥有空前蓝海，其功能覆盖各个板块，包括问答、分类、对话、代码、生成、翻译、转换七部分。**基于其庞大的算力和算法分析，应用领域有望覆盖教育、科研、游戏、新闻等多重板块并持续拓展，市场潜力较大（图 2-15）。**

2.4.4 限制与不足

ChatGPT 有时会生成客观不准确或主观不适当的答案，即会出现荒谬性错误或者答案存在偏见，如歧视性别、种族和少数群体等。**这些问题的原因可能包括训练数据的不足、人类偏好的同质性假设、缺乏对照实验、监督训练对模型的误导，以及输入措辞的敏感性等（表 2-12）。**

表 2-12 ChatGPT 监督微调模型的训练细节

问题原因	具体解释
训练数据的不足	ChatGPT 使用一个相对较小的高质量精选数据集（有 12k~15k 个数据点），用于微调预训练语言模型
人类偏好的同质性假设	人类反馈强化学习假设所有人都拥有相同的价值观，将人类偏好视为同质和静态的。然而，这种假设可能不适用于所有主题，因此很难使模型与不同的用户偏好准确对齐
缺乏对照实验	对人类反馈强化学习方法而言，缺乏一个适当的对照研究来比较其性能改进和使用监督学习方法的效果。这意味着无法确定观察到的性能提升是否真正归因于人类反馈强化学习方法本身，还是受到其他因素的影响，抑或存在其他方法在相同标注工作量下能够取得类似或更好的结果
监督训练对模型的误导	监督训练依赖于人类标注的数据，数据中的主观偏见和错误标注可能会被模型学习并表现出来，例如，标注人员的偏好、研究人员设计的研究和标注指导的撰写以及提示的选择。这都会引入偏见，可能不会代表语言模型的所有潜在最终用户

资料来源 AssemblyAI，民生证券研究院

图 2-15 ChatGPT 功能及应用场景

资料来源 5gworldpro，民生证券研究院

ChatGPT 存在安全与隐私漏洞。2023 年 3 月，由于开源库中的一个错误，ChatGPT 服务出现了严重的漏洞。这个错误导致一些用户可以看到另一个活动用户聊天历史记录中的标题，意外共享了用户的聊天记录。此外，一些艺术家还担心他们的作品在未经本人同意的情况下被用于训练人工智能模型，这些可能出现的安全漏洞和隐私问题引发了人们对 OpenAI 如何处理用户聊天记录和训练数据的担忧。为了解决这些问题，OpenAI 已经采取了一些措施，例如，ChatGPT 目前支持用户管理自己的聊天记录，允许用户选择哪些对话可用于训练模型。然而，OpenAI 还需要更多的努力来解决这些问题，确保 ChatGPT 的安全和可靠性。

第3章

AIGC 产业生态

3.1 产业生态发展现状

3.1.1 产业上游——硬件层：为模型训练提供算力支持

服务器和数据中心提供了运行深度学习大模型所需的基础设施，数据中心通常装有大量的服务器，每个服务器都可能配置有多个 AI 芯片，高性能 AI 芯片是硬件层的关键组成部分。它们能够处理大量的数据，并进行快速、复杂的计算。图形处理器（GPU）和张量处理器（TPU）是目前常用的高性能 AI 芯片，它们有强大的并行处理能力，非常适合处理深度学习模型的大规模矩阵运算。服务器和数据中心则提供了运行这些模型所需的基础设施，以支持高性能的并行计算。这些设施为 AI 模型的训练提供了必要的计算资源和存储空间。

1.AI 芯片：在政策的支持下，国产芯片奋力追赶

AI 芯片是在人工智能的算法和应用上做针对性设计，用来加速执行 AI 相关任务（如深度学习、机器学习）的处理器，也被叫作 AI 加速卡。人工智能深度学习需要异常强大的并行处理能力，而 AI 芯片一般比通用的中央处理器（CPU）更擅长处理大量并行计算，对 AI 模型训练非常有用。例如，英伟达（NVIDIA）的图形处理器（CPU）和谷歌（Google）的张量处理器就是 AI 芯片。AI 芯片主要包括图形处理器、现场可编程门阵列（FPGA）、专用集成电路（ASIC）、神经拟态芯片（NPU）等。AI 芯片的类型非常多样，每种都有其特定的优点和适用的场景，以下是传统芯片与几种 AI 芯片的简要说明（图 3-1）。

芯片种类	中央处理器（CPU）	图形处理器（GPU）	现场可编程门阵列（FPGA）	专用集成电路（ASIC）	神经拟态芯片（NPU）
介绍	对计算机所有硬件资源（如存储器、输入输出单元）进行控制调配、执行通用运算的核心硬件单元	显卡（也称作图形卡或视频卡）的核心组件，负责执行图形运算和渲染图形，从而显示到用户的显示器	可被用户在硬件层面重新配置的集成电路，其硬件逻辑可以根据需要被定制和优化，以执行特定的任务	为特定应用或任务定制设计的芯片，其硬件逻辑被固定和优化，以执行这个特定任务	一种模仿人脑神经网络工作方式的芯片，能够更有效地执行神经网络算法
基本架构	60% 逻辑单元 40% 计算单元	30% 逻辑单元 70% 计算单元	门电路资源	固化的门电路	类人脑
架构图	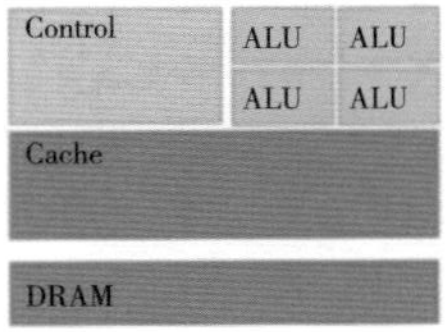 Control ALU ALU ALU ALU Cache DRAM	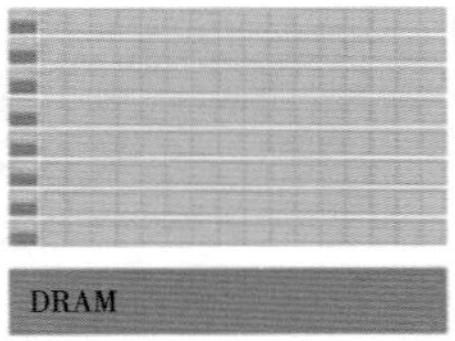 DRAM	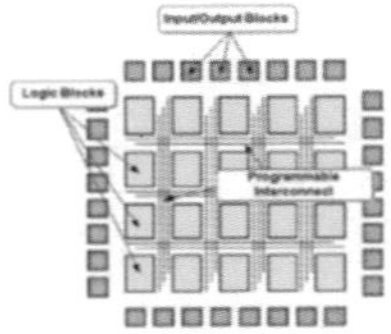 Input/Output Blocks Logic Blocks Programmable Interconnect	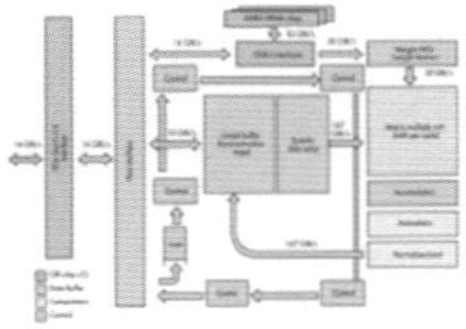	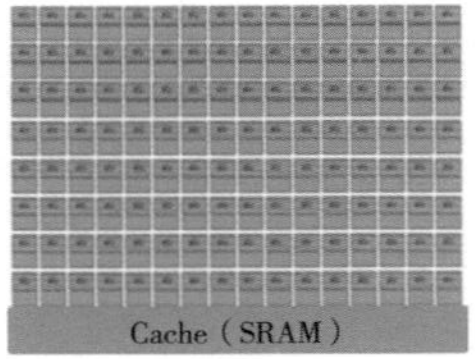 Cache（SRAM）
定制化程度	通用型	通用型	半定制化	定制化	
优势	复杂逻辑运算能力强	擅长并行运算， 擅长执行深度学习算法中的大规模矩阵运算	支持数据并行， 可编程，灵活性高	运算效率高， 性能好，功耗低，体积小	运算效率高， 生物模拟性高
AI 训练效果	效果较差	量产，可用于训练	效率不高	目前没有量产	目前没有量产
应用场景	推断	云端和边缘端训练	推断	推断	AI 任务，如处理模式识别、决策任务

图 3-1　芯片特点与比较

资料来源　快包，维基百科，CSDN，民生证券研究院整理随着大型算力中心的增加以及应用端的逐步落地，AI 芯片需求持续上涨。亿欧智库数据表明，2021 年，中国核心 AI 产业的市场规模达到了 1351 亿元，预计到 2025 年将增长到 4000 亿元（约 575 亿美元）。其中，AI 芯片市场预计将从 426.8 亿元（约 60 亿美元）增长到 1780 亿元（约 256 亿美元）（图 3–2）。

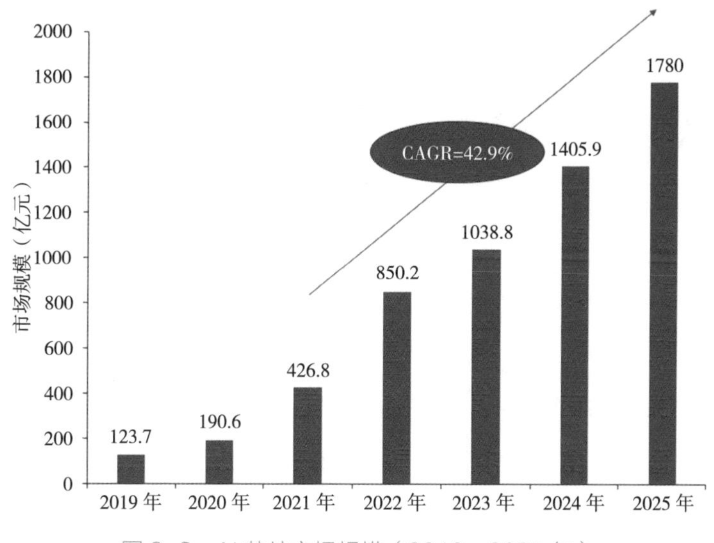

图 3-2　AI 芯片市场规模（2019—2025 年）

资料来源　亿欧智库，民生证券研究院

然而，目前 AI 芯片主要被国际厂商垄断。一方面，中央处理器芯片是 AI 计算的基础，根据 Counterpoint 半导体服务公司的最新研究，国际厂商 Intel 和 AMD 共占据全球中央处理器市场份额逾 90%，虽然阿里巴巴基于 ARM 的架构芯片具有一定发展势头，但 Intel 在该领域仍旧是绝对的市场领导者（图 3–3）。另一方面，我国加速服务器主要应用于互联网行业，英伟达是主要的加速卡供货商。根据国际数据公司（IDC）披露的 2021 年我国加速服务器行业数据显示，2021 年，中国加速卡数量出货超过 80 万片，其中英伟达占据超过 80% 市场份额，此外还包括超威半导体、百度、寒武纪、燧原科技、新华三、华为、英特尔和赛灵思等。

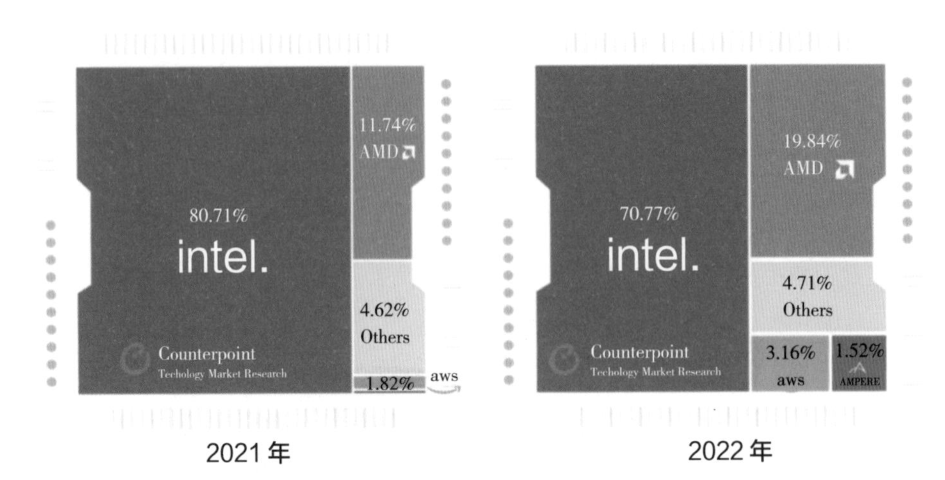

图 3-3　2021—2022 年中国芯片（CPU）市场规模

资料来源　Counterpoint，民生证券研究院

政策端：政府发布人工智能芯片产业扶持政策，中国人工智能芯片市场快速发展。**为了应对 AI 芯片行业面临的挑战，如 AI 芯片硬件和软件算法的结合以及相关公司人才短缺，国家高度重视人工智能产业和芯片产业发展，相继发布一系列产业支持政策，优化产业发展环境（表 3-1）。**

表 3-1　人工智能芯片产业扶持政策

发布时间	政策文件	发展目标
2017 年 7 月	《新一代人工智能发展规划》	将人工智能芯片纳入国家发展战略，重点发展智能计算芯片与系统、核心电子器件、高端通用芯片及基础软件产品，提出了类脑计算芯片、高端通用芯片等领域的具体目标。要求突破高能效、可重构类脑计算芯片和类脑视觉传感器技术，加快脑科学、量子信息、智能制造和大数据等领域的研究，为人工智能的重大技术突破提供支撑
2019 年 5 月	《关于加快中关村科学城人工智能创新引领发展的十五条措施》	支持企业用围绕人工智能芯片发起设立总规模 20 亿元的人工智能科学家创业基金，并设立 10 亿元的人工智能产业引导基金，加强对人工智能产业的早期投资、长期投资、分阶段连续投资和产业制组合投资

续表

发布时间	政策文件	发展目标
2021 年 3 月	《关于促进中国（北京）自由贸易试验区科技创新片区海淀组团产业发展的若干支持政策》	大力支持企业围绕人工智能芯片、核心算法等基础核心技术和关键共性技术开展攻关，大力支持智能网联汽车关键核心技术研发及产业化，支持企业加大研发投入，对企业新增研发经费给予最高 300 万元补贴
2021 年 3 月	《中共中央关于制定国民经济和社会发展第十四个五年规划和二〇三五年远景目标的建议》	加快推进高端芯片、操作系统、人工智能关键算法、传感器、通用处理器等领域研发突破和迭代应用
2021 年 6 月	《浙江省国民经济和社会发展第十四个五年规划和二〇三五年远景目标纲要》	提出重点开展智能计算、新一代通信网络、新一代智能芯片量子信息、精准医疗、新药创制与医疗器械、低碳能源、绿色化工与环境治理、农业生物性状、海洋资源绿色开发与灾害防治、数理力学等基础研究
2021 年 8 月	《上海新一代人工智能算法创新行动计划（2021—2023 年）》	围绕超算中心，向上游成立人工智能算力产业生态联盟，带动国产智能芯片和自主框架适配。向下游推进算法开发，打造面向城市数字化转型的智能应用，加快构建上下游协同的智能计算生态
2021 年 9 月	《江苏省国民经济和社会发展第十四个五年规划和二〇三五年远景目标纲要》	重点突破新一代高端通用计算芯片、面向特定领域应用的系统级芯片（SoC 芯片）等关键技术，加强高压功率集成电路、新一代功率半导体器件及模块等先进制备工艺的研发，加快攻克多芯片板级扇出封装、高纯度化学试剂、高端光刻胶等先进技术，培育高端中央处理器类型的自主服务器、集成电路 EDA 工具、刻蚀机核心部件等重大战略产品，基本实现关键领域的自主可控
2022 年 4 月	《“十四五”国民健康规划》	通过广泛应用人工智能芯片、大数据、第五代移动通信（5G）、区块链和物联网等新兴信息技术，实现智能医疗服务、个人健康的实时监测与评估、疾病预警以及慢性病筛查等关键领域的创新和进步
2022 年 9 月	《上海市促进人工智能产业发展条例》	市、区财政部门聚焦人工智能智能芯片首轮流片，人工智能首台（套）重大技术装备，人工智能首版次软件应用，人工智能首版次软件产品等新技术、新产品，对符合条件的创新项目加强专项支持，探索开展贷款贴息等支持方式

续表

发布时间	政策文件	发展目标
2018年6月	《福建省人民政府办公厅关于加快全省工业数字经济创新发展的意见》	推动算法创新与芯片设计联合优化，支持人工智能应用软件创新升级，开展针对垂直应用场景的专用人工智能芯片的研发的产业化
2022年12月	《广东省新一代人工智能创新发展行动计划（2022—2025年）》	加强人工智能基础处理器及智能传感器研究。发展人工智能计算架构，实现人工智能基础处理器自主研发，加强芯片工程能力建设，突破智能传感器关键核心技术，发展高精度、高可靠性和集成化的智能传感器，推进面向智能制造、无人系统等新兴领域的视觉、触觉、测距、位置等智能传感器研发及转化应用
2023年5月	《北京市通用人工智能产业创新伙伴计划》	支持企业加大研发投入，加强互联协议、网络传输、能耗优化等技术研发，提升片间互联速率，构建高速计算集群网络传输系统，提升芯片算力水平及集群表现。推进芯片制造工艺突破，加速工艺能力建设进程，以Chiplet技术进步弥补先进工艺技术代差，超前布局先进计算芯片新技术、新架构

资料来源 中国政府网，前瞻经济学人，民生证券研究院

产业端：国产芯片正努力迎头赶上国际厂商，通过不断创新和自主研发来提升算力和性能。**由于英伟达的高端图形处理器芯片受到出口管制许可的限制，国内企业需要寻找替代方案来满足计算需求，可能会考虑使用国产替代品进行研发，或者利用云计算服务来弥补算力上的不足。同时，中国还在推动基于 Chiplet 的芯片设计理念，该设计理念逐渐成为行业发展的趋势，并且中国已经发布了相应的芯粒互联接口标准（图 3-4）。**

2. 服务器：国产替代工作增速强劲，下游服务器制造商尝试进入上游芯片制造领域

服务器是计算机的一种，它比普通计算机运行更快、负载更高、价格更贵，主要用于在网络中为其他客户机提供计算或者应用服务。**服务器具有高速的中央处理器运算能力、长时间的可靠运行、强大的输入或输出外部数据吞吐**

华为昇腾 910
单芯片计算密度最大

寒武纪思元 590
对标英伟达 A100

百度昆仑芯 2
实现量产，已与国产 OS 适配

阿里含光 800
算力等于 10 个 GPU

图 3-4 国产 AI 芯片实例

资料来源 Counterpoint，民生证券研究院

能力和良好的扩展性。服务器一般具备承担响应服务请求、承担服务、保障服务的能力。其内部的结构与普通的计算机相差不大，主要包括：中央处理器、硬盘、内存、系统、系统总线等，其中中央处理器和存储是核心部件。

虽然近年来我国厂商在服务器制造和组装方面取得了显著进展，但下游服务器制造的技术门槛明显低于上游服务器芯片厂商。以中央处理器及图形处理器为代表的芯片占据服务器主要的成本，芯片厂商是服务器行业的主导者，议价权与毛利率也明显更高。服务器组装涉及选择和组装不同的硬件组件，例如，处理器、内存、硬盘、主板等，并确保它们正常运作和相互兼容。虽然服务器组装需要一定的技术知识和技能，但相对于芯片制造来说，它更倚重于成熟的标准化硬件和组件，并且有很多文档、指南和工具可供参考，所以说服务器组装的技术壁垒是小于芯片制造的。芯片厂商具有更大优势，涉及微纳加工工艺、晶圆制造、材料科学和电子器件设计等多个专业化的领域知识和技术。芯片制造的技术壁垒还体现在独特的专利技术、专有工艺和高投入成本上，一些先进的芯片制造工艺和设备只有少数几家公司掌握，而其他公司需要付出巨大的投资才能进入该领域。虽然近年来，服务器组装的国产化较为成功，新华三、浪潮等国内厂商的服务器制造组装水平位于世界前列，但在大模型时代的巨大算力需求下，服务器的计算能力、内存容量和存储速度是行业更加注重的方面（图 3–5、图 3–6）。

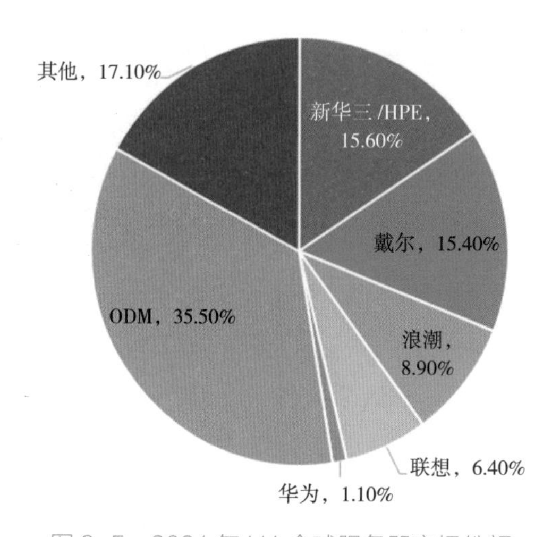

图 3–5　2021 年 H1 全球服务器市场份额

资料来源　芯八哥，Wind，民生证券研究院

目前主流中央处理器类服务器中 X86 架构仍旧占据主导地位，而 X86 服务器芯片方面，市场长期被 Intel 和 AMD 为代表的厂商垄断。截至 2021 年年底，X86 架构占比高达 97%，Power、Alpha 及 MIPS 为代表的部分服务器芯片日渐式微。国产 X86 架构中央处理器类服务器多为进口，以中科曙光旗下的海光信息为代表，其 X86 架构授权来自 AMD，中央处理器产品分为 7000、5000、3000 三个系列，分别面向高、中、低端算力需求（图 3–7、图 3–8）。

因此，对下游服务器制造商来说，尝试进入上游芯片制造领域是一种策略性的转型，这也是当前中国企业正在努力突破的方向。国内服务器厂商也

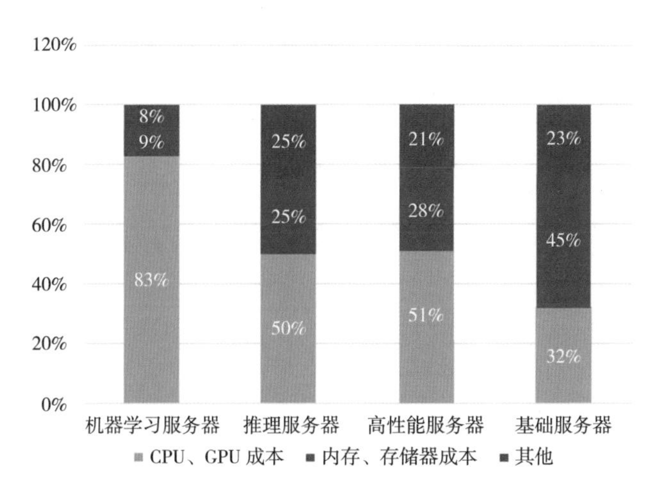

图 3-6　服务器成本构成

资料来源　芯八哥，Wind，民生证券研究院

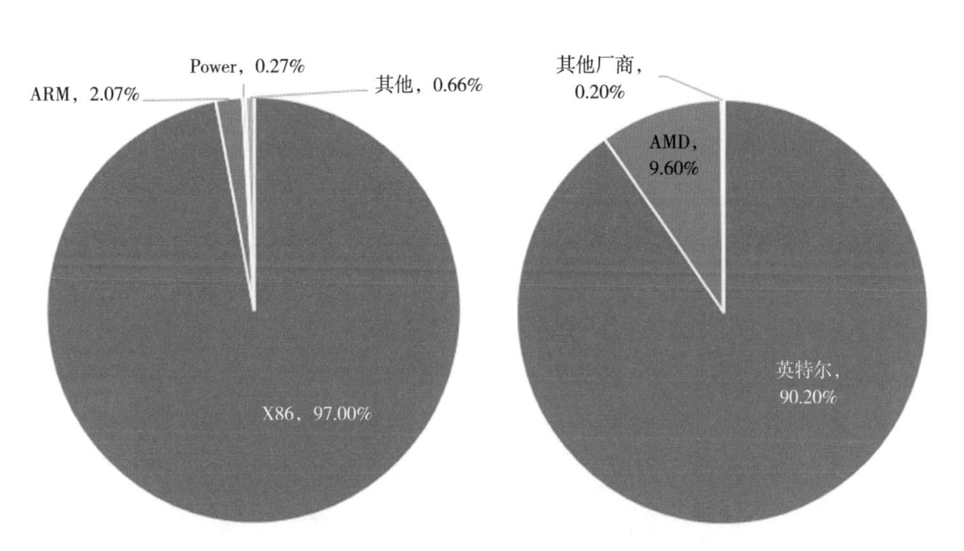

图 3-7　服务器 CPU 市场份额　　图 3-8　X86 服务器芯片厂商份额情况

资料来源　IDC，芯八哥，Wind，民生证券研究院

积极探索与研发新一代服务器技术，如基于 ARM 架构的服务器、定制化服务器等。这些技术的引入和发展有助于提高服务器的性能和效能，以满足不断增长的大规模计算需求。

AI 服务器是一种加速服务器，其使用特殊硬件来加速 AI 和机器学习的任务，可以并行处理大量数据，具有更大效率。**AI 服务器使用不同类型的加速卡（GPU、FPGA 或 ASIC 等）来处理复杂的 AI 计算任务，比如深度学习模型训练和推理，这些加速卡能提供大量并行计算能力，与通用服务器采用串行架构相比，AI 服务器拥有更出色的高性能计算能力。未来，随着算力的持续增长、自然语言处理和图像视频等 AI 模型的深入发展，AI 服务器将被更广泛地使用。**

目前，图形处理器类服务器是 AI 加速方案首选，图形处理器类服务器超强的计算功能可应用于海量数据处理方面的运算，如搜索、大数据推荐、智能输入法等。**图形处理器可作为深度学习的训练平台，优势在于图形处理器类服务器可直接加速计算服务，亦可直接与外界连接通信，图形处理器类服务器和云服务器搭配使用，对象存储可以为图形处理器类服务器提供大数据量的云存储服务（图 3-9、图 3-10）。**

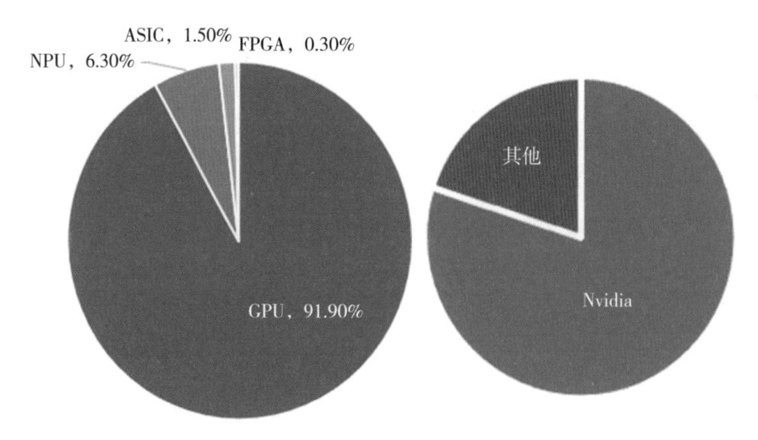

图 3-9　中国 AI 服务器加速卡使用情况　　图 3-10　2021 年中国 AI 加速卡市场份额

资料来源　IDC，芯八哥，Wind，CSDN，民生证券研究院

国产芯片的不断进步提高了服务器的性能和效率，进而推动了国产服务器领域的发展。**许多国内企业积极投入服务器领域的研发和制造中，推**

出了一系列性能强大、稳定可靠的国产服务器产品。其中，浪潮 AI 服务器在单机系统测试的全部 8 项固定任务中，获得 7 项冠军。其中，AI 服务器 NF5688M6 获得医学影像分割、目标物体检测、自然语言理解、智能推荐 4 项冠军；AI 服务器 NF5488A5 获得图像分类、目标物体检测、语音识别 3 项冠军（图 3-11）。

单机性能冠军榜单 MLPerf™V1.1 AI 训练基准测试			
冠军厂商	测试任务	模型	成绩（分钟）
Inspur	图像分类	ResNet50	27.568
	语义理解	BERT	19.389
	目标物体检测	SSD	7.979
	智能推荐	DLRM	1.698
	医学影像分割	U-Net 3D	23.464
	目标物体检测	MASK R-CNN	45.667
	语音识别	RNNT	33.377
NVIDIA	强化学习	Mini Go	264.868

图 3-11　浪潮 AI 服务器训练榜单

资料来源　MLPerf，《2021—2022 中国人工智能计算机力发展评估报告》，IDC，民生证券研究院

人工智能应用的加速落地在很大程度上推动了中国 AI 服务器的高速增长。互联网数据中心提供的数据表明，2021 年中国 AI 服务器市场规模达到 59.2 亿美元，与 2020 年相比增长了 68.2%，其中，浪潮信息、新华三、宁畅、安擎、华为等诸多中国厂商正加速推动人工智能基础设施产品的优化更新，探索赋能技术升级，为人工智能技术的用户带来价值。例如，在医疗健康领域，人工智能可应用于医学影像诊断、疾病风险评估等；在智能交通领域，人工智能可应用于智能驾驶、交通流量优化等。这些应用的推进需要大量的计算和数据处理能力，推动了 AI 服务器市场的快速增长。互联网数据中心调研显示，超过 80% 的中国企业将在未来一年持续增加人工智

能服务器的投资规模，中国人工智能服务器市场将在未来五年内保持稳定增长，预计到 2026 年，中国人工智能服务器市场规模将达到 123.4 亿美元（图 3–12）。

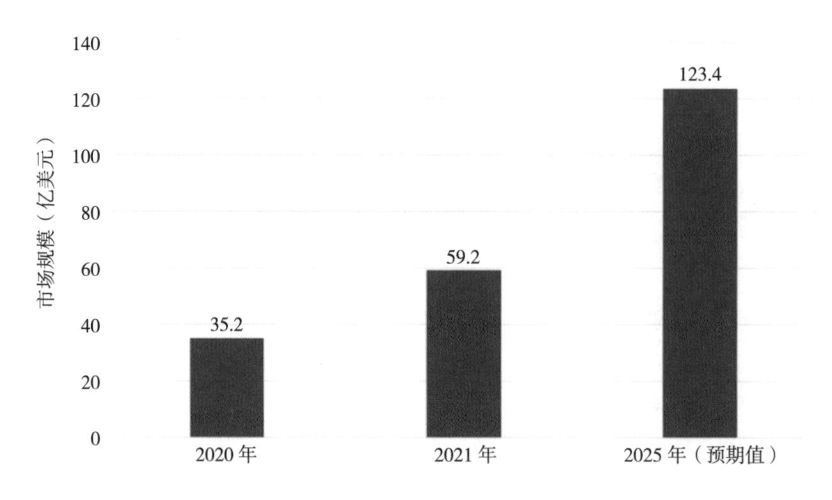

图 3–12　中国人工智能服务器市场规模

资料来源　MLPerf，《2021—2022 中国人工智能计算机力发展评估报告》，IDC，民生证券研究院

3. 数据中心

数据中心是存储计算机及其相关硬件设备的物理设施，它包含 IT 系统所需的计算基础设施。整体来看，数据中心的硬件分为两类：主设备和配套设备。主设备，包括服务器、存储设备和通信设备等，是数据中心的核心部分。它们执行计算和通信任务，支持各种应用和服务的运行。配套设备，如电源系统、冷却系统和网络基础设施等，是为了支持主设备的运行。这些设备确保数据中心的稳定运行，提供必要的电力、冷却和网络连接（图 3–13）。

目前，数据中心正处在云计算阶段，云计算是数据中心发展的重要阶段，它无须直接拥有和管理物理数据中心和服务器，便能使企业和个人能够

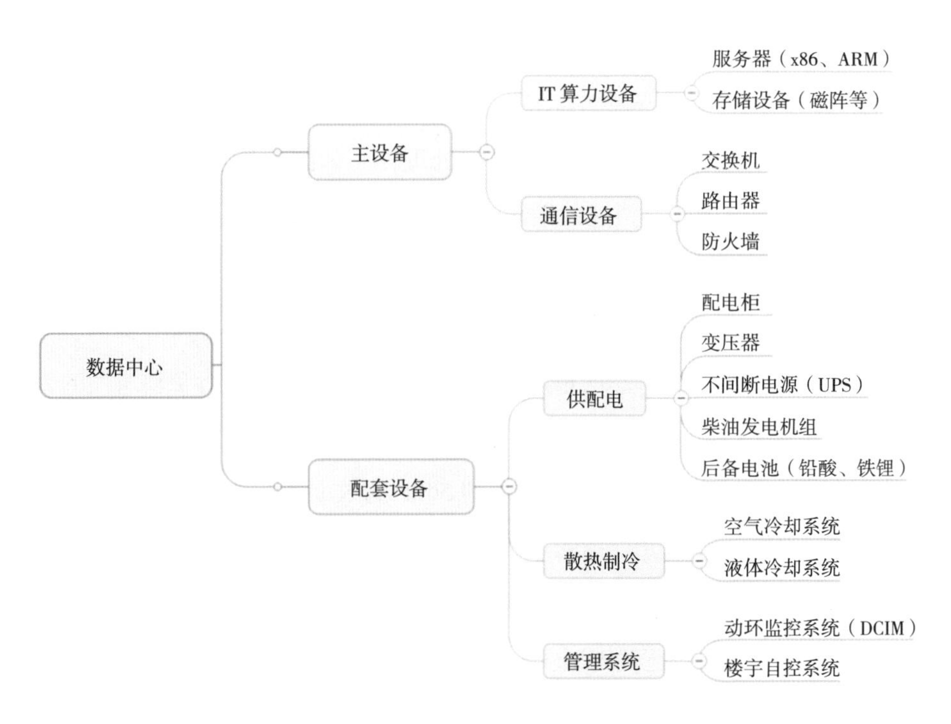

图 3-13　数据中心的组成结构

资料来源　51CTO，民生证券研究院

按需获取计算服务。在当前的云计算阶段，数据中心已经转型为云服务的提供者，云计算是一个以互联网为基础，提供按需分配的计算服务模型，其包含的服务范围广泛，从服务器、存储、数据库到网络、软件、分析，甚至人工智能等。这种模型的显著优势在于，使得企业和个人能够享用存储和计算资源，而无须直接购买和维护物理服务器和数据中心。数据中心在这个阶段内拥有大量的服务器和存储设备必备的网络基础设施，因此能够提供高效且可靠的计算服务。这些服务能够根据用户需求的变化进行弹性伸缩，从而实现对用户需求的快速响应。

数据中心在人工智能和机器学习领域的重要性日益显现，它提供了集中且高效的计算和存储资源，成了训练大规模模型的理想场所。随着人工智能和机器学习技术的进步，模型的规模和复杂性也在不断增长，GPT-3、

BERT、Transformer 等便是典型例证。这些模型通常拥有从数十亿到数万亿的参数，因此，对计算资源的需求也相应地显著增加。训练这类大规模模型需要强大的计算能力，这涉及高性能的处理器（如图形处理器或专门的 AI 芯片）、大量的内存以及快速的网络连接，以确保数据的高速传输。不仅如此，大规模模型的训练还需要大量的数据。这便需要相应的存储空间以保存这些数据，并且要求存储系统的速度足够快，以保证数据能够及时地供给模型训练。根据《财富》杂志的报道，用户每次与 ChatGPT 进行互动所需的云服务算力成本约为 0.01 美元，为了支持 ChatGPT 的运行，需要投资的总额为 30.2 亿元，至少需要七八个算力达到 500P 的数据中心。这些基础设施的投资金额都是以上百亿元计算的。

全球范围内，许多国际厂商正积极投资数据中心和超级计算平台，超级计算平台会被部署在数据中心内，为数据中心提供了处理和分析大量数据的能力。微软、谷歌、亚马逊、IBM 等大型科技公司在全球建设和扩展自己的数据中心以支持云计算服务，以微软公司为例，其在全球建立了 200 多个数据中心，而且也在超级计算平台上有所布局，如微软公司投资 10 亿美元与 OpenAI 合作打造的 Azure AI 超级计算平台，这是一个世界级的超算中心，性能位居全球前五，拥有超过 28.5 万个中央处理器核心、1 万个图形处理器、每个图形处理器拥有 400Gbps 网络带宽的超级计算机，主要用于大规模分布式 AI 模型训练。

随着算力需求的增加，中国已经开始在数据中心的建设上做出了积极的努力，以满足日益增长的计算和数据处理需求。算力资源方面，根据全球超级计算机评比组织 TOP500 于 2023 年发布的第 61 期的超算榜单，中国在榜计算机数目共 136 台，总量位居第二，其中排名最高的计算机为神威 · 太湖之光，以 93Pflop/s 位列全球第七。但是距离全球首款 E 级超级计算机，美国橡树岭国家实验室的边界超级计算机（Frontier），在算力上尚有 10 倍左右的差距。中国在超级计算上仍面临一定的挑战且具有较大的发展空间。

企业方面，中科曙光积极响应时代需求，在智能计算中心建设方面取得了显著进展。目前，中科曙光已经在广东、安徽、浙江等地建成了曙光 5A 智能计算中心，而江苏、湖北、湖南等地正在建设阶段。此外，公司也在其他地区紧张筹备和规划智能计算中心。

存储资源方面，存算一体技术的发展也在推动数据中心存储器的创新和进步。随着存算一体技术的发展，新型存储器技术和架构被引入数据中心中，用来满足存算一体架构对高速、低延迟和高容量存储的需求。存算一体技术在处理大规模数据和复杂计算任务时具有潜在的优势，可以提供更高的计算速度、更低的功耗和更高的能效。它是一种新型的计算架构和芯片技术，旨在将计算和存储功能融合在一起，以提高计算系统的性能和效率。存算一体技术可以缓解算力和存储之间的不平衡，减少数据传输瓶颈，并降低能耗和延迟，从而提升计算系统的整体性能。

存算一体芯片能够以较低的成本、低功耗和低延迟提供高算力，使得初创公司能够突破芯片大厂的生态壁垒。存算一体技术特别适用于如 ChatGPT 类型的大型模型计算，因为这些模型需要强大的算力支持。在边缘计算方面，存算一体技术可以实现即时响应，适用于实时输入和输出的应用场景。同时，随着存算一体技术的发展，存储内计算和逻辑处理已经能够完成高精度的计算任务。在云计算方面，随着大型模型的出现，参数数量已经达到上亿级别，对算力的能耗方面提出更高要求。随着 SRAM 和 PRAM 等存储技术的进一步成熟，存算一体技术有望成为新一代的计算力量，推动人工智能产业的发展。

3.1.2 产业中游——软件层：提供核心数据服务，开发与训练模型

数据处理、数据标注、数据治理共同构成了训练大型语言模型的核心步骤，对于模型的效果和适用性起到了决定性的作用。在科技公司进行大型语言模型的训练过程中，预训练数据集的预处理是一项关键任务，它涉及对原始数据进行清理、格式化和组织。在某些特定情况下，微调模型以适应特定的任务或环境，还需要进行数据标注。此外，数据治理是训练过程的重要组成部分，它确保了模型输出的适当性和输出的质量。

数据处理涉及清理、转换和分析原始数据以获取有用的信息。在 AIGC 领域的上下文学习中，数据处理可能需要执行诸如删除不相关数据、处理缺失数据以及将数据转换为适合模型训练的格式等任务。对于自然语言处理和图像识别等任务来说，这些预处理步骤是非常关键的。这个过程通常使用数据提取和转换工具来收集和格式化数据。通常使用 Python 等编程语言，因为它们具有强大的数据处理库，如 NumPy、Pandas 和 NLTK，这些数量处理库可以用来清洗数据、处理缺失值、删除特殊字符以及标记化文本。对于处理大规模数据，可能会使用 Apache Spark 或 Hadoop 等分布式计算框架。

数据注释是标记数据的任务，数据注释的质量极大地影响了 AI 模型的性能。在机器学习中，模型从标记数据中学习，提供给模型的数据包括输入数据、正确答案或标签。GPT 系列的大型语言模型使用无监督学习进行训练，从 GPT-3.5 开始，模型训练中增加了 RLHF，在 RLHF 环节，模型首先在大数据集上进行预训练，再与专业的人工智能训练师进行交互，专业的标注人员会对 ChatGPT 生成的回答进行标注。此外，在模型微调或进行监督学习任务时，可能也会使用到数据注释工具。数据注释工作不仅使用规则基注释技术的自动化工具，也可能使用了类似 Amazon Mechanical Turk 或 Appen 平台的人类注释员。

数据治理确保数据可靠、准确、安全并符合所有相关法规，它涉及数据质量管理、数据隐私和保护、数据生命周期管理等。适当的数据治理对于确保用于训练模型的适当、安全和负责任地使用数据至关重要。考虑到数据隐私和合规性，公司可能会使用匿名化和伪名化技术，以及用于保护隐私的数据挖掘工具。对于数据质量管理，他们可能会使用数据概况工具来检测数据的问题，也可能使用具有数据生命周期管理的政策和程序，包括数据保存和删除政策。此外，为了确保AI模型的道德使用，公司可能会有AI伦理委员会或使用AI审计工具。

国内厂商如百度、腾讯和阿里已在数据服务领域进行战略布局，提供核心数据服务（数据处理、数据标注和数据治理），以满足产业中游的需求。以百度为例，旗下产品EasyData可支持图片、文本、音频和视频四类数据的处理，其中图片数据支持了采集、清洗、标注一站式处理，且四类数据都已经支持将EasyData处理的数据应用于EasyDL模型训练，便于开发者直接使用。此外，百度智能云平台提供了大规模图像、视频、语音、文本以及其他特殊数据的数据清洗、评估、提取和特殊信息标注服务。其专业化的标注团队能够高效且稳定地提供数据标注服务。结合其高质量的内容审核解决方案，百度智能云帮助客户有效地进行算法模型训练和机器学习，从而在AI领域迅速提高竞争力（图3–14）。

国内已经成功地构建了一系列在人工智能领域中发挥着重要作用的研究实验室、企业研究院和开源社区。这些机构在推动大模型的研究和开发方面，发挥了至关重要的作用。大模型作为大算力与强算法结合的产物，已经成为人工智能发展的核心趋势。这些模型通常通过在大规模无标注数据上进行训练，学习出一种特征和规则，然后在特定任务上进行微调，甚至无须调整即可完成多个应用场景的任务。进一步而言，大模型的实现和应用增强了人工智能的泛化和通用性（图3–15）。

图 3-14　国内厂商数据服务布局

资料来源　百度云官网，阿里云官网，腾讯云官网，华为云官网，民生证券研究院

图 3-15　国内厂商 AI 服务布局

资料来源　民生证券研究院

3.1.3 产业下游——应用端：多领域应用拓展

1.AIGC+ 电商：虚实交互，打造沉浸式购物体验

赋能内容：电商内容智能生成

（1）使用 AI 生成产品名称：我是一名电商店主，想为我的产品命名。我的产品是儿童袜子，上面印着小花和小动物，请你为我设计一个孩子会喜欢的产品名称。

当然，我可以为你想一个孩子会喜欢的产品名称，以下是一些建议：

①花花小足：这个名称结合了花朵和脚丫，给人一种活泼可爱的感觉。

②动物奇足：这个名称强调了产品上的小动物图案，让孩子们觉得他们会受到动物们的欢迎。

③指味足迹：这个名称传达了产品的功能性，同时强调孩子在穿着这些袜子时留下的独特足迹。

④快乐小脚丫：这个名称给人一种快乐和温暖的感觉，同时暗示着孩子们在穿着袜子时会感到开心。

⑤小花丫：这个名称结合了花朵和脚丫，给人一种可爱和俏皮的印象。

⑥萌宝脚掌：这个名称强调了产品的性质。

（2）使用 AI 生成产品描述：请你为我生成儿童袜子的产品描述，使孩子的家长更有兴趣去购买，我的袜子是纯棉的。

让我来为你生成一段吸引孩子家长购买的产品描述：亲爱的家长们，您是否正在寻找一款既可爱又合适的袜子，为您的宝贝们带来无限的快乐和好感？那么让我向您介绍我们的全新儿童船袜系列！我们的儿童船袜是专为年幼宝宝设计的。每双袜子都注入了我们对孩子们的热爱和关怀。这些袜子采用纯棉材质，确保宝宝们的皮肤能够得到最好的呵护。纯棉材质柔软亲肤，同时具备透气性，让宝宝们每一步都感受到温暖和舒适。我们的儿童袜上印

有可爱的小花和小动物图案，色彩鲜艳、生动活泼，能够吸引宝宝们的注意力，让他们在看到袜子时倍感快乐。这些袜子采用船形的设计，能够完美贴合宝宝们的脚型，避免袜子滑落，同时适合各种场合穿着。

（3）使用 AI 生成营销邮件：我现在想要通过营销邮件的方式群发目标用户，开拓我店的袜子市场，请你帮我写一份邮件，我希望邮件中图片是简约风（图 3-16）。

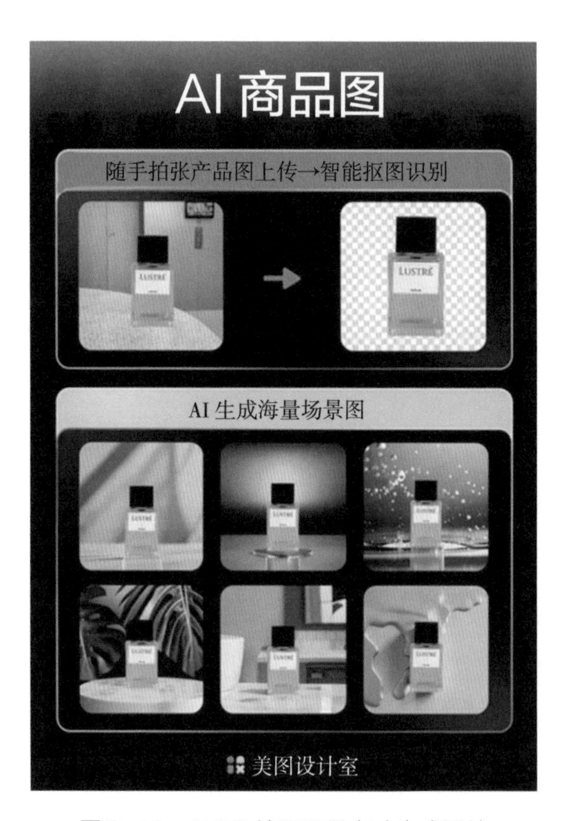

图 3-16　AIGC 绘画工具自动生成图片

资料来源　ChatGPT，美图工作室，Passioncy，36 氪，SocialBeta，民生证券研究院

亲爱的家长们好！作为一名电商店主，我非常兴奋地向您介绍我们店里最新的儿童时尚单品——炫彩袜子！这些袜子将为您的宝贝们带来全新的穿着体验，展现他们独特的个性。我们深知孩子们对时尚的追求从小就开

始了。因此，我们希望通过与您分享我们精选的产品帮助您的孩子们成为时尚先锋。我们的炫彩袜子注重设计和品质。这些袜子采用优质材料制成，确保舒适度和耐用性。它们不仅令孩子们感到舒适，还能为他们的整体造型增添亮点。我们的炫彩袜子系列拥有各种鲜艳多彩的图案和纹理，如花朵、动物、几何图案等。

Passioncy 注重 Text2Video 的技术研发，同时也采取 Video2Video 的产品化策略，利用 AI 大模型拆解用户现有视频的各项元素，以生成新的视频。Passioncy 还提供 AI 脚本生成功能，为真人创作者提供连接平台广告主与其他创作者的支持。广告主可以在 Passioncy 平台中输入商品参数、介绍、视频介绍风格和画面内容等信息，系统则会生成不同风格和类型的短视频拍摄脚本，Passioncy 还提供视频数据管理能力，利用数据驱动内容迭代，为品牌和广告商构建内容生产的完整闭合（图 3-17）。

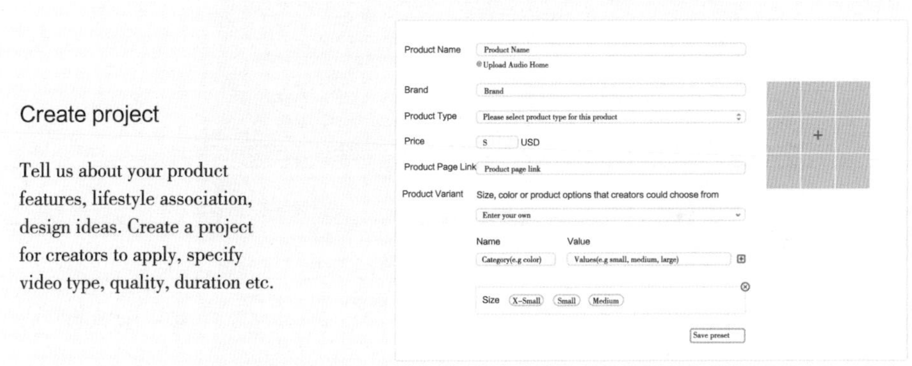

图 3-17　AIGC 视频生成：为视频创作打开想象空间

资料来源　民生证券研究院

在某品牌雪糕中，AI 的参与范围涵盖了从产品命名、口味设计到包装设计的全过程。这个系列包括四种口味。产品的名字“Sa Saa”是基于 AI 提供的背景信息创造出来的，寓意咬下冰棍、雪地漫步等舒心愉悦的声音，也可解读为“Satisfy And Surprise Any Adventure”的缩写，体现了年轻人敢于自我表达、追求乐趣、挑战创新的生活态度（图 3-18）。

图 3-18　AIGC 商品制作：AI 参与甚至主导商品设计

资料来源　ChatGPT，美图工作室，Passiony，36 氪，SocialBeta，民生证券研究院

AIGC 可以与其他技术结合赋能电商场景，增加用户与商品的接触时间和交互性，提升用户的购物体验，从而增加用户购买的可能性。

（1）增强现实（AR）技术：AIGC 可以结合 AR 技术，让用户在自己的生活环境中“试用”商品。例如，家具零售商可以使用 AR 技术，让用户在自己的家中看到新家具的效果；时尚品牌可以使用 AR 技术，让用户试穿新衣服或者饰品。

（2）虚拟现实（VR）技术：AIGC可以结合VR技术，创建一个虚拟的试用环境。例如，汽车制造商可以使用VR技术，让用户在虚拟环境中试驾新车。

（3）3D建模和渲染：AIGC可以帮助创建商品更精确、更创新、更多样化的3D模型，让用户在电脑或者移动设备上查看商品的各个角度和细节。

AI生成3D模型——交互性商品展示与试用：Revofim平台使用AI和3D建模技术转变了传统时尚行业的展示方式，将布料、金属、新材料等元素转化为可用于鞋履设计的“颜色”。这种设计方法的优势在于，设计完成后可以直接导出的3D渲染图与实物照片几乎无差异（图3-19）。

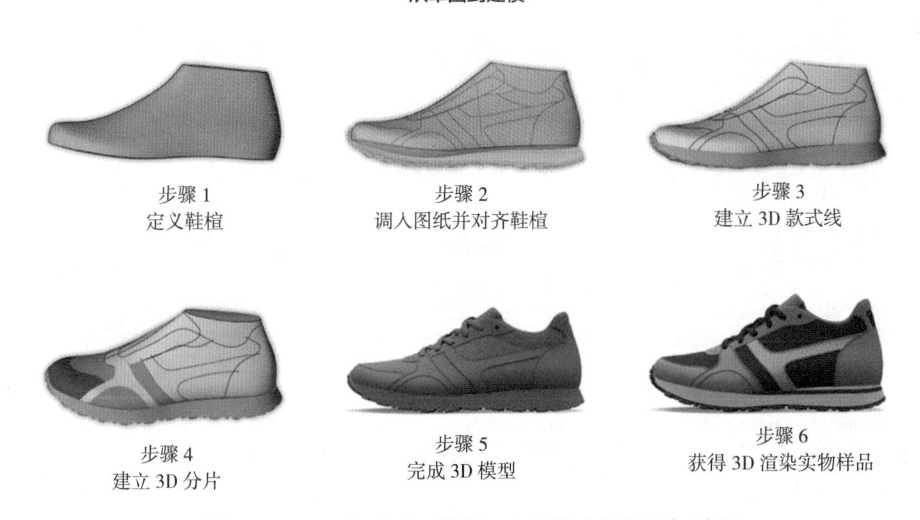

图3-19 AI生成3D模型：交互性商品展示与试用

资料来源 时谛智能，商迪3D，搜狐网，世优科技，民生证券研究院

商迪3D公司使用3D和VR技术生成商品模型，并为商品提供了720度全景的展示效果。这种展示不仅包括商品的外观，还包括商品的功能展示。通过这种交互过程，潜在客户与商品的接触时间得以增加，从而增加了购买

的可能性。

世优科技的全栈技术方案为虚拟商城的建设提供了新的可能性。该方案融合了虚拟场景定制、虚拟特效互动、虚拟录播或直播等技术，实现以人与虚拟场景、虚拟形象与实景等的实时无缝融合。此外，该公司还利用虚拟现实（VR）技术和增强现实（AR）特效设计，为用户提供了一种科技梦幻般的购物体验。世优科技已经与 TCL、京东手机、途虎养车、罗技、海信、鸿合等合作，帮助它打造符合品牌调性的虚拟商城（图 3–20、图 3–21）。

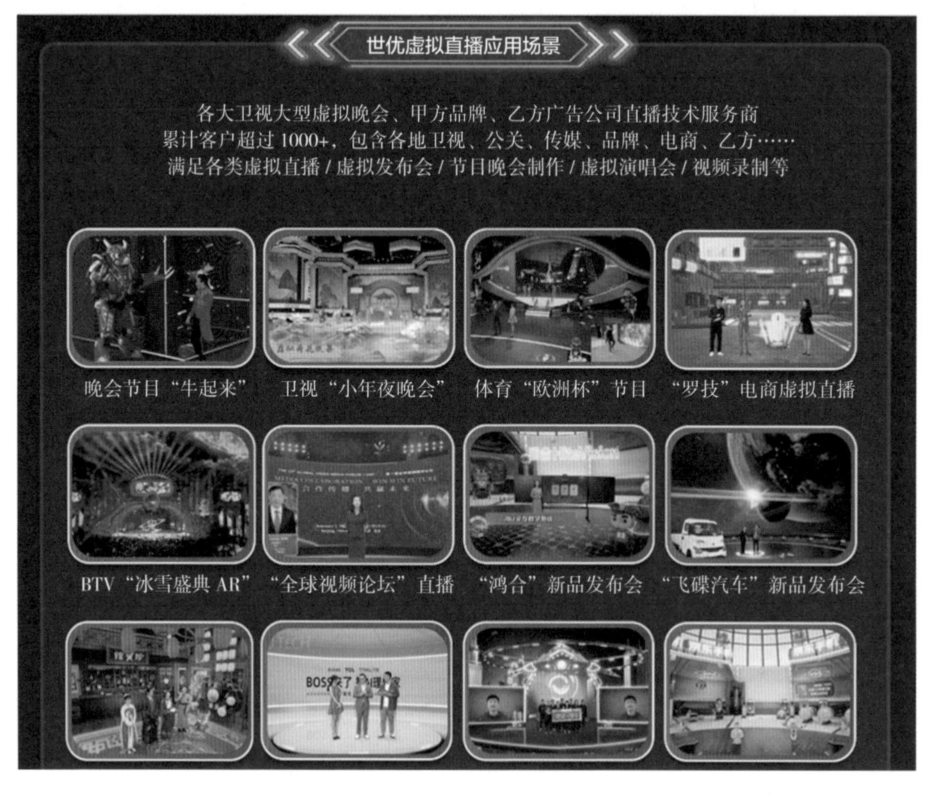

图 3–20　3D 与 VR 技术生成商品模型

资料来源　时谛智能，商迪 3D，搜狐网，世优科技，民生证券研究院

真人主播可展示独特的人格魅力和即兴反应，而虚拟主播则能提供稳定

图 3-21　AI 搭建虚拟商城：提供全景式虚拟购物场景

资料来源　时谛智能，商迪 3D，搜狐网，世优科技，民生证券研究院

的性能和真人主播无法达到的工作时长，两者的结合为直播行业带来了新的可能性。虚拟主播的优点主要有以下几点。

（1）全天候工作：由于虚拟主播是由人工智能驱动的，它们可以无休止地工作，无须休息或休假。

（2）一致性：虚拟主播的表现是一致的，其表现不受疲劳、情绪或其他个人因素影响。

（3）可定制性：虚拟主播可以根据需要进行定制和调整，包括外观、声音、性格等方面。这提供了极高的灵活性，可以定制各种特定的应用场景、目标受众或品牌形象。

（4）更低成本：虚拟主播不产生其他人力成本，也不会面临如疾病或意外伤害等真人可能面临的问题。因此，虚拟主播在很大程度上可以降低人力成本。

（5）交互性与创新性：虚拟主播使用先进的人工智能和计算机图形技

术，可以实现各种创新的互动形式和内容形式，如实时语音识别、情感分析、自然语言处理等。

（6）容易更新和改进：虚拟主播可以随时进行更新和改进，以反映新的信息、政策或技术进步，确保内容始终是最新和最准确的。

AI 虚拟偶像已经成了品牌代言的新宠。首先，AI 虚拟偶像不受时间和地点的限制，可以全天候、全方位地为品牌服务。其次，AI 虚拟偶像的形象和性格可以根据品牌的需要进行定制，更加符合品牌的形象和定位。再次，AI 虚拟偶像的行为和言论可以完全受控制，避免了真实偶像可能带来的负面影响。最后，还可以将真实偶像和虚拟偶像结合起来。真实偶像可以与虚拟偶像进行互动，创造出新颖有趣的内容，吸引消费者的注意。同时，真实偶像和虚拟偶像可以共同出演广告，各自代表品牌的不同面向群体，增加品牌的辨识度和影响力。

创建虚拟 IP 使得品牌在竞争激烈的市场中独树一帜，增强消费者对品牌的认知和记忆。虚拟 IP 不仅可以作为品牌的象征，也可以参与各种活动，如直播、广告、社交媒体互动等，与消费者产生更深入的联系。例如，一些品牌利用虚拟 IP 进行线上直播，向消费者展示产品，解答疑问，或者举办线上活动，吸引消费者参与。这种方式不仅可以增加品牌的曝光率，也能加深品牌与消费者的连接。此外，虚拟 IP 还可以通过故事化的方式，传递品牌的价值观和理念，增强消费者对品牌的情感认同。例如，一些虚拟 IP 拥有自己的背景故事和性格特点，这些元素可以帮助消费者更好地理解和接纳品牌（图 3-22）。

2.AIGC+ 娱乐：边界扩展，带来多重新奇体验

AIGC 赋能娱乐内容：生成新颖趣味的内容激发用户参与热情

利用 AI 技术生成有趣的、新的内容以增加用户的参与度和热情。例如，可以用 AI 生成照片、角色或挑战等来吸引用户。在这个过程中，用户可以

宁波银行数字人员工“小宁”直播推荐宁波银行的多种金融产品和优惠福利

虚拟偶像 Angie 阿喜化身钟薛高特邀品监官

天猫超级品牌数字主理人 AYAYI

欧莱雅集团上线虚拟偶像欧爷

图 3-22 虚拟 IP：增强品牌的辨识度和独特性，加深品牌与消费者的连接

资料来源 Ofweek，CBNData，SocialBeta，民生证券研究院

与 AI 进行互动，享受到独特和有趣的体验（图 3-23）。

AI 生成虚拟形象连接虚拟世界与现实世界：ReadyPlayer 对超过 2 万名用户进行了扫描，并成功收集了一个规模庞大且高质量的面部扫描数据库。该专有数据库的存在使其得以构建一种基于深度学习的解决方案，可以通过

AlLabTools 基于人工智能深度学习算法，在几秒内将人物照片动漫化

美图秀秀旗下美颜相机使用 AI 技术，保证了人物面部的光影效果更加出彩

图 3-23 AIGC 赋能娱乐内容：生成新颖趣味的内容激发用户参与热情

资料来源 AILabTools，《中国日报》，新浪新闻，Readyplayer，民生证券研究院

从任何设备上的单张自拍照片创建出完美的虚拟化身（图 3–24）。

图 3-24 AI 生成虚拟形象连接虚拟世界与现实世界

资料来源 AILabTools，《中国日报》，新浪新闻，readyplayer，民生证券研究院

AIGC 赋能游戏内容：释放游戏活力

通过提示工程，用户给 ChatGPT 设定场景，使 ChatGPT 在游戏创作模式下工作。**腾讯互动娱乐开发者社区中分享了使用 AIGC 制作游戏的实例，开发者使用动作捕捉、AI 绘画、AI 音乐、AI 配音和 ChatGPT，仅用 10 个小时制作出一款游戏。下表是此实例中游戏创作步骤概述（表 3–2）。**

表 3-2 AIGC 制作游戏步骤概述

步骤	使用技术	具体工作
游戏创意	自然语言处理	在游戏的设计初期，团队与ChatGPT进行头脑风暴，讨论游戏的设计方向。通过几轮问答，确定了游戏的玩法和主题——一款中世纪的 RPG 冒险游戏
对话脚本设计	自然语言处理	在 RPG 游戏中，与 NPC 对话是一个重要环节。团队将对话脚本设计的工作交给了 ChatGPT。在 GPT-4 上线后，它还能直接输出游戏配表
配音和音乐	语音合成和音乐生成	团队用 AI 语音合成技术，给每一个 NPC 的台词配上了音。同时，输入一段描述，AI 就能为团队创作出一段符合描述的旋律
美术效果	图像生成	团队使用 AI 绘画工具，如 Midjourney 和 NovelAI，输入文字描述或者参考图片，生成游戏相关的图像。对于不能满足特殊需求的问题，团队使用 AI 绘画软件——Lora 和 DreamBooth，进行定制化训练
模型动画	视频动捕和面部表情生成技术	团队使用 AI 技术的视频动捕方案，通过识别人物动作的视频，生成对应的动作，甚至还能生成面部表情
场景贴图	图像生成	团队使用 AIGC 技术制作了 360 度的场景贴图。输入场景描述，AI 就能生成对应的场景贴图
程序编写	自然语言处理、AI 编程	在游戏的对话模块和背包系统模块，团队得到了 GPT-4 的帮助。使用 AutoGPT，可以输出功能更复杂的代码文件

资料来源 腾讯独立游戏孵化器开发者社区，民生证券研究院

AIGC 游戏创作平台成为发展新方向。游戏创作平台 Roblox 是一个具有代表性的案例，2023 年 3 月 Roblox 在 Roblox Studio 测试版中推出了两个新的 AIGC 工具：材质生成（Material Generator）和代码辅助（Code Assist）。材质生成工具允许用户输入提示词以生成图像，并将人工制作的 3D 法线贴图与其他贴图附加到物体表面，从而获取反射率、粗糙度、金属参数等数据，此后游戏引擎可根据数值正确表现物体照明。代码辅助工具的目标是让用户更容易创建简单有效的代码。用户可以向系统下达指令，然后系统生成相应的 Lua 函数。如用户可以向系统下达“在玩家接触球体后 0.3 秒，球变

红并毁灭”的指令，系统随后生成了一段 7 行的 Lua 函数。在未来成熟发展之际，AIGC 游戏创作平台可能会存在潜在的优势（表 3–3）。

表 3-3 AIGC 游戏创作平台潜在优势

优势	具体说明
降低开发门槛	游戏创作平台通过提供图形界面、预设模板、拖拽编程等特性，使得不懂编程或者对游戏开发不熟悉的人也能制作出游戏
集成环境	游戏创作平台通常提供一整套的游戏开发工具，包括图形编辑器、音频编辑器、物理引擎、AI 工具等，这使得开发者可以在同一个环境中完成游戏的全部开发工作，无须在不同的工具和平台之间进行切换，大大提高了开发效率
社区支持	游戏创作平台通常有一个庞大的用户社区，开发者可以在社区中寻求帮助，分享自己的游戏，获取反馈，甚至可以与其他开发者合作制作游戏。这种社区支持不仅可以提高游戏的开发效率，也有助于创新和学习
商业化	一些游戏创作平台还提供了将游戏发布到市场的功能，开发者可以通过这些平台将自己的游戏发布到全世界，赚取收入。这对独立开发者和小型开发团队来说，具有很大的吸引力

资料来源 民生证券研究院

AIGC 赋能音乐内容：更新音乐体验

以 QQ 音乐为案例，深入探索人工智能如何通过赋能音乐内容，创新和优化了音乐的听觉体验（图 3–25）。

3.AIGC+ 教育：双管齐下，推动教育“数智”转型

AIGC 推动教育数字化转型

使用 AIGC 分析学习数据，赋能教育的数字化转型。AIGC 辅助教育工作者对学生学习数据进行自适应分析，生成科学评估和反馈。深度数据分析揭示学生的学习需求，为教育策略提供决策支持，同时生成符合学生需求的个性化学习内容。此外，该技术提供教育质量监控和政策改进依据，推动教育个性化、灵活化和高效化的实现。例如，华为在全球教育论坛上发布了基

视觉呈现

- 通过 AIGC，QQ 音乐推出了机械装甲、雪山白、积木游戏、工业灰等多款不同风格的播放器风格供用户选择
- AI 音乐视觉生成技术 MUSE 用于为曲库中的游离单曲生成适配的歌曲封面

社交分享

- “AI 歌词海报”功能，用户可以根据歌词一键生成对应画风的海报
- AI 动听贺卡功能：自行编辑祝福语和选择歌曲，获得 AI 生成的祝福语藏头歌词，并用所选歌曲的曲调演唱，生成定制祝福

听歌体验

- “AI · 次元专属 BGM”功能，用户上传照片后，可以生成动漫风格的对应图片，并配有专属背景音乐
- 用户在 QQ 音乐签到时，可以收到每日根据用户偏好及听歌记录的推荐歌曲

乐器弹唱学习

- AIGC 开发“智能曲谱”功能：可以根据用户需求生成吉他、钢琴、尤克里里等主流演奏乐器的曲谱
- “曲谱 OCR”功能基于图像识别的方法自动识别乐谱中的和弦、音高、休止符等音乐信息，然后结合 QQ 音乐高精度歌词信息，生成相应的智能曲谱

图 3-25　QQ 音乐 AIGC 应用实例

资料来源　音乐先声，民生证券研究院

于 Wi-Fi 7 和智能边缘设备的新一代智慧教室解决方案，其中华为智慧教室以华为 IdeaHub Board Edu 教育平板为课堂聚焦中心，打造健康安全的教学环境，简化老师操作步骤，内置全学科官方正版教材，帮助师生减负增效（图 3-26）。

AIGC 推动教育智能化变革

智能生成 3D 场景，实现虚实交互。AIGC 结合数字技术提供交互式体验，以丰富、趣味化教育内容。根据最新资讯，密歇根大学利用扩展现实（XR）已在知名在线学习平台 Coursera 上推出了一系列课程，课程都融入了可以令人身临其境的 360 度全景视频元素，这种教学模式将使得学习者有机会通过全新的视角和方式接触课程内容（图 3-27）。

更新体验：教学与学习体验的双重更新

AIGC 赋能教师，辅助备课、教学和作业批改。通过 AIGC 技术，教育工作者可以更快速地收集、整合、筛选和优化学习资料，使其更具有针对性和适应性。例如，教育公司 Coursera 在其学习平台中添加面向教师的 AI 课程构建工具，教师可以通过使用提示生成课程内容、结构、描述、标签、阅读材料、作业和试卷等，并给出教学建议。

AIGC 赋能学生，AI 虚拟导师带来全新教学体验。Quizlet 发布基于 OpenAI API 的 AI 导师 "Q-Chat"，利用大数据和 AI 模型，提供虚拟导师体验，实现自动化测验与深度理解。同时，百家云帮助构建虚拟助教，利用 AI 技术进行教学辅助与学习辅导，实现学生自主提问，快速查漏补缺。

国内教育科技厂商不断寻求利用大模型来开发和优化新的应用场景，包括教育、语言学习、问题解答，以及更具挑战性的数学解答和逻辑推理等领域。网易有道公布了一段基于其大模型“子曰”的 AI 口语教师的视频。在视频中，AI 演示了如何处理雅思口语考试的典型题目。尽管产品仍在开发阶段，但网易有道承诺将继续改进并在合适的时机推出。科大讯飞推出了“大模型 +AI 学习机”的解决方案。科大讯飞的认知大模型在生成长文本、跨语

图3-26 华为智慧教室三大场景解决方案

资料来源 华为官网，民生证券研究院

图 3-27 Coursera 上的沉浸式课程

资料来源 govtech，民生证券研究院

种语言理解、泛领域知识问答、逻辑推理、解答数学题、编写代码等多个方面都有出色的表现。此外，科大讯飞还发布了教育、办公、汽车和数字员工四大行业应用成果。

4.AIGC+ 工业：工具革新，工业设计模式迭代

AI 工具与人类设计师的专业能力相结合，将是未来工业设计领域的主要趋势。尽管 AI 在工业设计中的应用有着广阔的前景，但它不可能完全取代人类设计师。设计师的专业知识、创造力和对用户需求的深入理解是 AI 无法替代的。AI 应作为一个强大的工具，帮助设计师提升工作效率和创新能力，但最终的设计决策仍然需要设计师的专业判断。

AIGC 为设计师提供工具，辅助内容设计。ChatGPT 和 Midjourney 等 AI 工具可以构建高效的设计流程。具体而言，设计师可以利用 ChatGPT 生成包含产品功能、样式、用户群体、使用场景等信息的工业设计文本描述，进而

通过 Midjourney 等 AI 图像生成工具，将这些文本描述转化为实际的工业设计概念图。这种流程能够加速设计师的工作效率，以更直观的方式探索和迭代多种设计想法（图 3–28、图 3–29）。

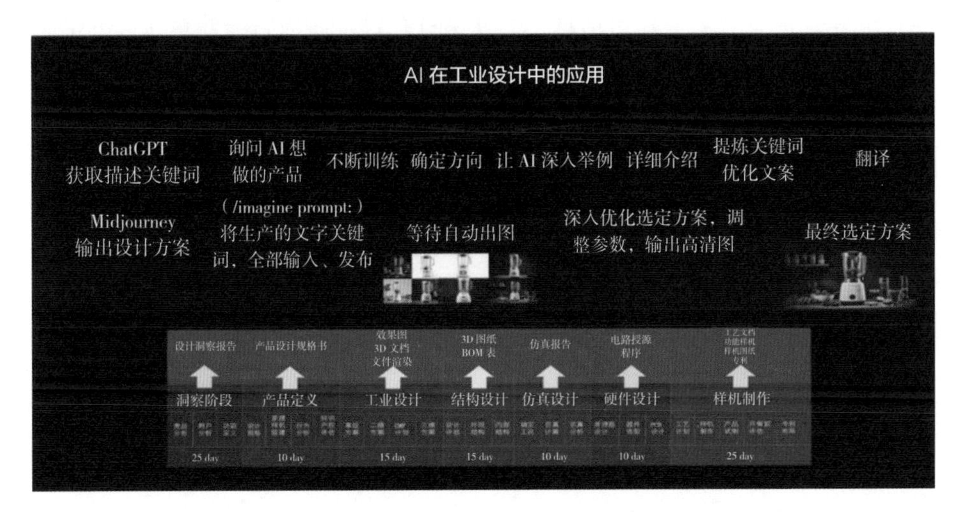

图 3–28　使用 ChatGPT 和 Midjourney 设计一款榨汁机

资料来源　深圳创新设计研究院，民生证券研究院

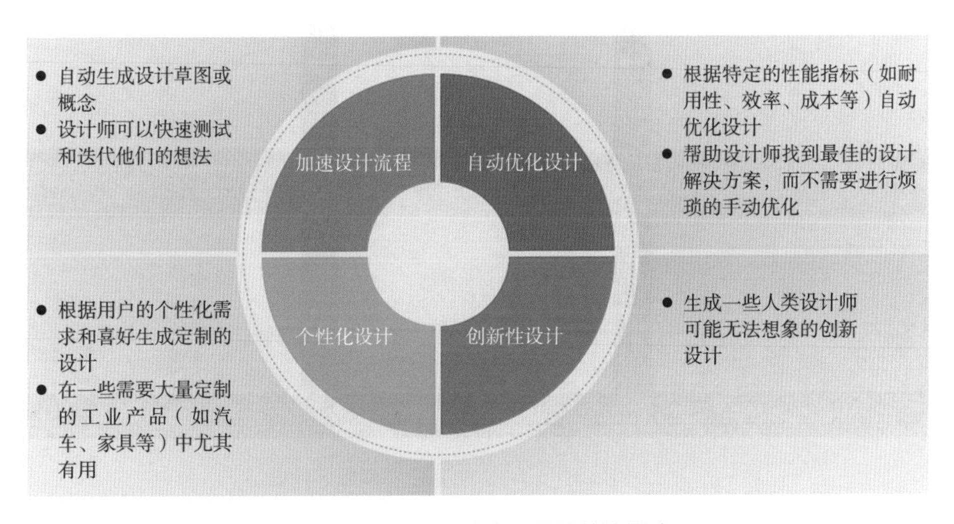

图 3–29　AIGC 改变工业设计的模式

资料来源　民生证券研究院

AIGC 重塑建筑行业，拓展建筑设计维度。根据建筑智能研究组（AIG）的观点，AI 在建筑学中有四种应用模式：①从“低信息量”到“高信息量”的生成：AI 在设计的某个阶段介入，帮助设计师将设计深化到下一阶段。②从“非建筑信息”到“建筑信息”的迁移：在设计阶段将与建筑无关的信息转化为建筑信息。③从“一个方案”到“多个方案”的扩展：设计师可以通过调整提示语的权重来选择合适的结果，多种方案在保持相似性的同时，也在设计风格上产生渐变效果。④从“二维图像评估”到“三维模型生成”的转变：原有的二维图像生成被替换为三维模型生成，为设计师提供了一种更贴合建筑设计需求的工具。OpenAI 近期发布的 Point-E 框架，为建筑行业的图纸设计维度带来了重要的进展。该框架能够通过算法将任意二维图片预测为点云，并通过点云进行三维结构的预测。虽然在精度和建筑材质识别方面仍存在一些缺陷，但其在拓展图纸设计维度方面具有显著的潜力（图 3-30、图 3-31、图 3-32、图 3-33）。

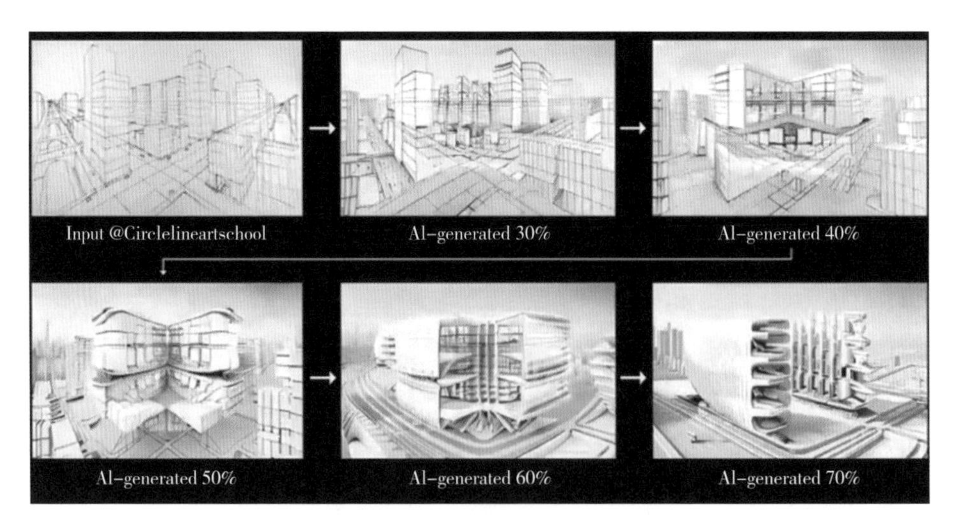

图 3-30 使用 AI 从草图生成建筑表现图

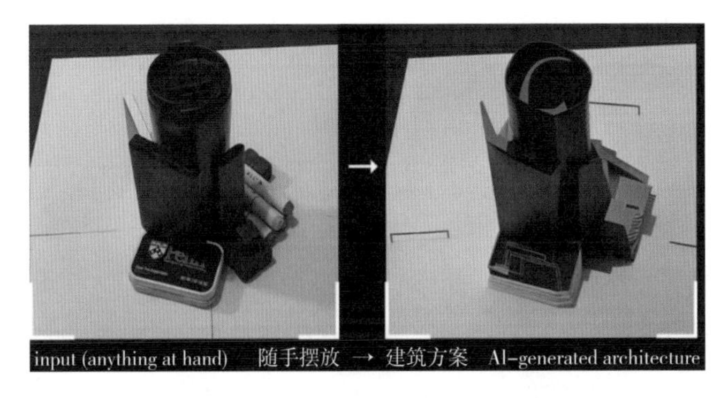

图 3-31 从随手摆放的物品生成人类城市

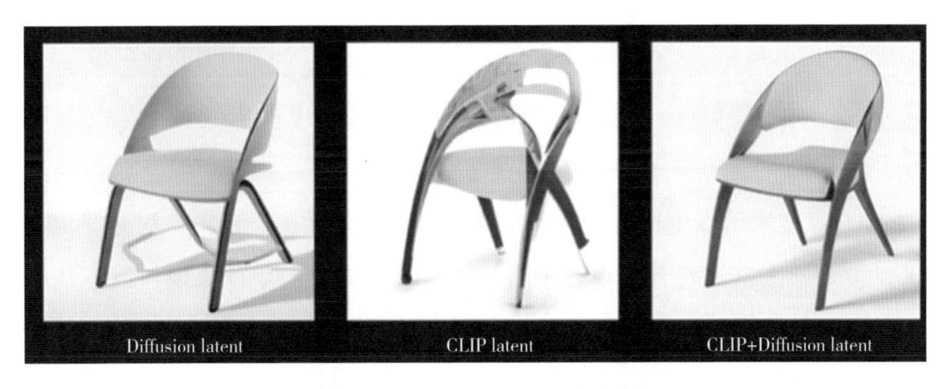

图 3-32 不同风格的多张椅子

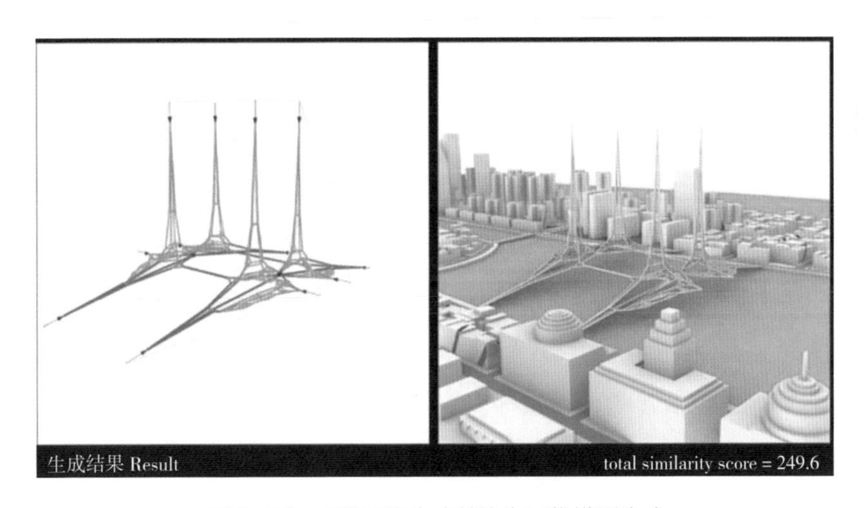

图 3-33 二维图像生成替换为三维模型生成

资料来源 建筑智能研究组，民生证券研究院

3.2 产业价值链：消费端 + 产业端 + 社会端

消费端、产业端和社会端在 AIGC 的产业价值链中相互依存。消费端的需求和反馈推动着技术的发展和内容的改进；产业端的创新和提供能够满足消费端需求的内容产品；社会端的规范和引导确保 AI 生成内容的道德性和社会价值。因此，消费端、产业端和社会端的协同是 AI 生成内容产业链可持续发展的重要因素。

3.2.1 消费端：AIGC 推动数字内容变革

AIGC 技术可以生成各种类型的数字内容，如文本、音频、视频等，这可以极大地丰富消费者的内容消费体验。具体而言，变革体现在以下几个方面。

个性化与定制化：AIGC 技术具备产生高度个性化和定制化内容的能力，它能够分析并学习用户的行为、喜好和历史数据，生成符合用户需求的定制化内容，例如新闻、文章、电影推荐等。这种新型的内容生成方式极大地提升了用户体验，满足了用户对个性化服务的强烈需求。

实时动态内容生成：AIGC 可以根据实时事件和数据变化生成对应的内容，如实时新闻报道、实时体育比赛评论等，这为用户提供了及时的信息服务，满足了用户对实时信息的迫切需求。

内容质量与多样性提升：AIGC 技术能够生成各类高质量的内容，不仅包括文本，也包括音频、视频等多媒体形式。这一技术的应用不仅提高了内容的质量，也极大地增加了内容的多样性，从而丰富了用户的内容消费体验。

互动性与参与度提升：AIGC 技术还能生成互动性的内容，如互动故事、互动游戏等，提升用户的参与度，使用户从被动接收信息的消费者转变为内容生成过程的参与者。

内容生产效率提升：AIGC 通过自动化生成内容，大大提升了内容生产的效率，满足了大规模、高频率的内容需求，如电子邮件营销、社交媒体发布等。

3.2.2 产业端：合成数据指引 AI 发展路径

合成数据正在推动 AI 在许多垂直领域的发展。这种数据是通过 AI 模型生成的，它可以模拟真实世界的数据，但不包含任何个人或敏感信息，这使得合成数据成为一个强大的工具，既能推动 AI 技术的发展，又能保护用户隐私。以下介绍合成数据在产业端推动 AI 发展的几个关键方面并辅以特定领域的实例。

数据丰富性与创新性：在训练 AI 模型时，需要大量的数据，然而，真实世界的数据获取往往受限于资源、成本和隐私等因素。通过使用合成数据，企业可以在虚拟环境中进行各种创新的实验和尝试，使得 AI 模型在各种情况下都能得到足够的训练。例如，NVIDIA Omniverse Replicator 是一款性能强大的合成数据生成引擎，它能够生成用于训练深度神经网络的物理模拟合成数据，使开发者能够在逼真的模拟环境中引导 AI 模型，填补现实世界的数据空白，并标记真值数据，这样即使在特殊时期也能生成丰富有用的数据集。目前国内尝试生成式 AI 应用探索的项目非常有限，一个典型的例子是鹰瞳 Airdoc 与北京大学临床研究所、爱康集团合作开展的视网膜研究。通过观察 40 万人的视网膜血管和神经的发展变化，研究人员让生成式 AI 自学，去判断受检者接下来的变化，增加数据的创新性。

数据隐私：在现代社会，数据隐私是一个重要的问题。通过使用合成数据，企业可以在不触及真实用户数据的情况下，进行 AI 模型的训练和验证。

这极大地降低了数据泄露的风险，同时也使得数据的使用更加合规。例如，在金融领域，合成数据可以用来模拟和生成大量的金融交易数据，这有助于训练和提升预测分析算法。同时，合成数据可以在不触及个人数据隐私法规的情况下被移动，简化了二次数据的应用，这也使得客户数据能在不同的司法管辖区内部或外部共享，以便相关利益方使用。

模型效果提升：合成数据可以通过模拟各种复杂的场景和情况，提升 AI 模型的鲁棒性和泛化性。这对 AI 在真实世界的应用至关重要，因为真实世界的情况往往远比训练数据集更复杂和多变。特别是在临床医疗领域，由于疾病的复杂性、长期性和病例数量的有限性，真实数据的匮乏可能导致训练模型的效果不理想。因此，合成数据在此领域表现出显著的优势。例如，初创公司 Curai 就利用 400 万个模拟医疗案例，成功训练了一个诊断模型。另一例证是深透医疗公司，它的核心业务是利用 AI 来加速 MRI 和 PET 成像过程，并提高其质量。这个过程本质上是利用生成式 AI 处理原始数据以获得合成数据，然后根据这些合成数据重构 MRI 和 PET 影像。目前，深透医疗成功地将 MRI 和 PET 的成像过程提速了 4 到 10 倍，并减少了 10 倍的造影剂的使用，基于更新的生成式 AI 模型，深透医疗预计其产品性能将持续提升。

3.2.3 社会端：解放人力，助力创造力提升

AIGC 解放人力，助力创造力提升，这不仅影响到产业链内部，还对社会环境、政策等方面产生影响。

解放人力，提高效率与创造力：指导 AI 完成繁重、重复和劳动密集的任务，使人们能够将更多时间和精力投入具有创造性和高附加值的工作领域，如内容策划、创意设计和战略规划等，提高了工作效率和社会生产力。此外，借助 AI 技术分析和学习大量的数据和信息，生成多种形式的内容，如文章、图像、音乐和视频等。这些生成的内容可以作为创作的起点、参考

或灵感源泉，为创作者提供新的视角并激发创意。

就业和职业结构：AI 生成内容可能对就业市场和职业结构产生影响。自动化生成内容可能取代一些传统的内容创作和制作工作，导致相关职位减少。同时，AI 生成内容也会催生新的职业需求，例如提示工程师、AI 内容策划师、内容审核者和 AI 算法工程师等。因此，社会需要适应这种变化，为就业者提供转岗培训和职业发展支持。

社会道德和伦理：AI 生成内容的应用需要考虑社会道德和伦理问题。例如，伪造的内容、侵权问题以及对隐私的关注等。社会需要建立相应的法律法规和规范，确保 AI 生成内容的合法性、透明度和道德性。同时，也需要加强对 AI 技术的监管和治理，保护用户和消费者的权益。

教育和培训：AIGC 的崛起可能对教育和培训领域产生影响。教育机构需要调整教育内容和课程设置，培养学生的创造力、批判思维和与 AI 技术的协同能力。同时，人们需要不断学习和适应新兴技术的发展，更好地使用 AI。

3.3 产业发展面临的挑战

3.3.1 知识产权挑战：生成内容存在版权风险（表 3-4）

表 3-4 生成内容可能存在的版权风险

风险	具体内容
创作权	原始数据和训练模型的版权归属权可能需要明确规定，以确定生成内容的版权归属和使用权限
原创性	如果 AI 生成的内容仅仅是基于已有的数据和模型进行复制和重组，可能难以满足原创性的要求

续表

风险	具体内容
数据合规性	AI 生成内容的质量和可靠性受到所使用的训练数据的影响，使用未经授权或受限的数据集可能涉及版权和使用许可问题，需要明确数据来源、使用许可和合规性
侵权	数字内容可以轻松地被复制并在全球范围内传播，这导致了盗版和侵权问题的加剧，版权保护跨国界变得更加复杂并具有挑战性。数字内容也可以被拆分成碎片并在不同平台和渠道上传播，使得版权的追踪和维护变得困难
版权纠纷	数字环境中，创作和改编的边界变得模糊，人们更容易创作衍生作品或转载他人的内容。这可能涉及版权法律的复杂问题，容易引发版权纠纷和争议

资料来源 民生证券研究院整理

3.3.2 安全挑战：存在多方面安全风险（表 3–5）

表 3–5 人工智能面临的安全挑战

发布时间	发展目标
内容本身的安全问题	使用 AIGC 生成的内容可能涉及法律和道德问题，如侵犯版权、侵犯隐私、造谣诽谤等
用户隐私数据泄露	不正确处理、存储或传输数据可能导致数据泄露，对用户和组织造成损害
攻击和滥用	AIGC 可能成为黑客攻击者的目标，用于进行网络攻击、网络钓鱼、恶意软件传播等活动
假新闻和虚假信息	容易生成虚假内容，包括虚假新闻、虚假信息等。这可能导致信息混乱、社会恐慌和舆论误导
欺诈和冒充	恶意使用 AIGC 可以生成虚假的身份、声音或图像，从而进行欺诈和冒充行为
偏见和歧视	AIGC 的训练数据可能包含偏见和歧视，导致生成的内容也具有类似问题。这可能加剧社会偏见、种族歧视等问题

资料来源 民生证券研究院整理

第 4 章

市场现状：巨头抢占市场新蓝海

4.1 新赛道崛起：AIGC 将迎来风口

AIGC 行业正在快速发展，专注于利用人工智能技术创造各种形式的内容，通过一些重要事件，不难发现，这个领域已经成为众人瞩目的焦点。在 2022 年，Midjourney 利用 AI 创作了被大众广为认知的“太空歌剧院”绘本。这一成就不仅标志着 AI 在艺术创作领域取得了显著的突破，同时也向外界展示了 AI 在创新和创作上的可能性。2022 年 11 月，OpenAI 以及其所推出的 AI 文本生成工具 ChatGPT 已然成为科技领域中的佼佼者，它们在 AI 文本生成技术的应用方面引领了该领域的发展，并塑造了新的可能性。值得注意的是，2023 年 3 月，OpenAI 发布了 GPT-4 模型，这一新模型的推出无疑进一步推动了 AIGC 领域的发展，使其成了科技焦点，引发了大量关注，中国人工智能具有庞大且快速增长的市场（图 4-1）。

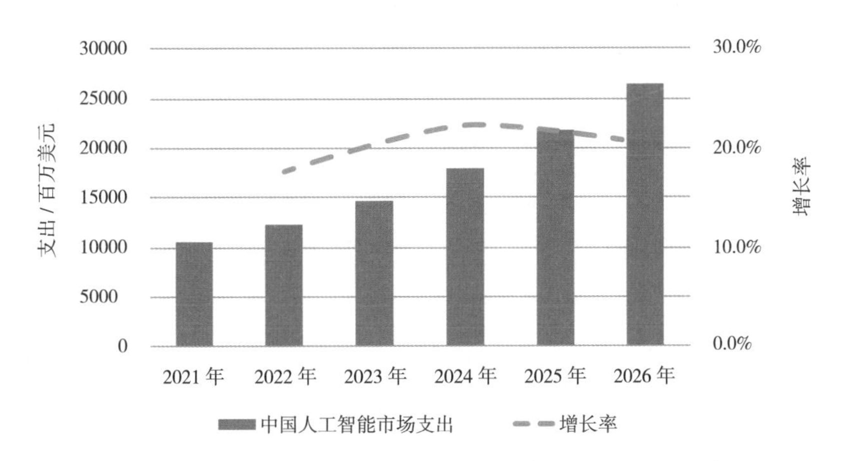

图 4-1　中国人工智能市场支出及预测（2021—2026 年）

资料来源　IDC 中国，民生证券研究院

4.1.1 技术创新

GAN、Transformers、GPT-3、GPT-4、DALL-E、CLIP、扩散模型等生成式人工智能模型的发展和创新，标志着 AIGC 行业的快速发展和高度活跃。业内人士认为，AIGC 真正迎来"春天"是从 2014 年起，以生成对抗网络（GAN）为代表的深度学习算法被提出开始。这些生成模型可以生成新的、有创意的输出，例如图像、文本、音乐或其他形式的内容。并且，Transformer 架构和 GPT 系列模型将 NLP 提升到一个更高的水平，同时 DALL-E 和 CLIP 等模型在理解和生成图像方面表现出非凡的能力。随着这些先进工具持续改进，更多的人和组织可以利用人工智能，使 AI 得到了更广泛的应用，并刺激了进一步的技术创新（表 4-1）。

表 4-1 AIGC 相关模型时间表

生成式模型	出现时间	特点
GAN	2014 年	由两个在零和博弈框架中相互竞争的神经网络系统实现，生成器生成图片，判别器来判别图片质量，两者互相平衡后生成结果图像
Transformer	2017 年	Transformer 模型旨在处理序列数据，但与以前的序列模型（RNN、LSTM）不同，它不会按顺序处理数据，而是高效地并行计算。关键创新是自注意力机制，这种机制允许模型权衡一个词与输入序列中其他词的相关性，使其能够更好地理解上下文和词之间的关系。Transformer 模型构成了 NLP 中许多最先进模型的支柱，例如 BERT、CLIP、GPT 系列等
GPT-1	2018 年	二段式训练，第一个阶段是利用语言模型进行预训练（无监督形式），第二阶段通过 Fine-tuning 的模式（监督模式下）解决下游任务
ERNIE1.0	2019 年	基于 BERT 模型做进一步优化，在中文的 NLP 任务上得到 SOTA 结果。具有与 BERT-base 相同的模型大小，使用 12 个编码器层，768 个隐藏单元和 12 个注意力机制。采用异质语料库进行预测练，抽取混合语料库中维基百科、百度百科、百度新闻和百度贴吧的内容，句子的数量分别为 21M、51M、47M、54M

续表

生成式模型	出现时间	特点
ERNIE2.0	2019 年	处理英文任务方面取得全新突破，在机器阅读理解等 16 个中英文任务上超越 BERT 和 XLNet，取得 SOTA 效果。借助百度 PaddlePaddle（飞桨）多机分布式训练优势，仅用 79 亿采集数据就完成了模型的训练，约等于 XLNet 数据的 1/4，实现效果仅使用 64 张 V100，约 1/8 的 XLNet 硬件算力
GPT-2	2019 年	使用同一无监督模型学习多个任务，对不同任务的相同输入产生不同的输出，GPT-2 使用自然语言处理执行 15 亿下游任务中，不进行任何训练而采用 ZeroShot 方法进行训练或微调，迁移能力更强
GPT-3	2020 年	具备 1750 亿参数量，训练文本数据量高达 45TB，支持小样本学习，减少了对标签数据的过分依赖，在没有模型精调的情况下也能在下游的任务中表现良好
DALL · E	2021 年	使用文本图像对数据集进行训练，模型使用具有 120 亿个参数的 GPT-3 模型的变体训练，能够从文字描述中生成独特的、有创意的图像，支持生成相同基本概念的不同风格，也可以生成不存在的物体或场景的图像，或将不同的元素组合在一个图像中
CLIP	2021 年	基于 Transformer 架构，在一个包含 4 亿对图像及其从互联网上抓取的文本数据的数据集上进行训练，旨在从自然语言的上下文中理解和解释图像，它可以获取文本描述并找到匹配的图像，反之亦然
LAMDA	2021 年	全新 AI 架构，可以让机器学习变得更加简单、高效且更易扩展，能够扩展到数千个节点并且支持许多类型的机器学习任务，如图像识别、自然语言处理
ERNIE3.0	2021 年	首次在百亿级和千亿级预训练模型中引入大规模知识图谱，提出海量无监督文本与大规模知识图谱的平行预训练方法，刷新情感分析、观点抽取、阅读理解、文本摘要对话生成和数学运算等 54 个中文 NLP 任务基准
Diffusion	2022 年	通过模拟随机过程来工作的生成模型，从一个简单、易于生成的数据点（图像噪声）开始，使用类似于扩散的过程慢慢地将这个简单的数据点转换为更复杂的数据
ChatGPT	2022 年	在 GPT-3 模型基础上加入了强化学习的人工反馈，人工评审员针对特定任务进行微调，这有助于提高模型在各种对话环境中提供安全、有用和合乎道德的响应的能力

续表

生成式模型	出现时间	特点
DALL · E2	2022 年	能够学习图像并将其用来描述文本之间的关系，使用一种称为“扩散”的过程，可识别自然界中的动植物、建筑物等元素，并依据用户输入的文字、图片自动生成对应的图画，效果非常逼真，使用 DALL · E2 可以使用户节省大量的时间，并获得更高质量的图画效果
PALM-E	2023 年	是一种多模态 VLM，能执行各种复杂的机器人指令而无须重新训练，有强大的涌现能力，训练数据包括视觉，连续状态估计和文本输入编码的多模式信息，具有将所学知识和技能从一个任务转移到另一个任务的能力
GPT-4	2023 年	大型多模态模型（接受图像和文本输入，输出文本），当任务的复杂性达到阈值时，GPT-4 比 GPT-3.5 更可靠、更有创意，并且能够处理更细微的指令
文心一言	2023 年	可进行文学创作、商业文案创作，支持数理逻辑推算，如计算鸡兔同笼问题，具备中文理解能力，支持多模态生成，如文字生成图片、视频等
书生 2.5	2023 年	是目前全球开源模型中 ImageNet 准确度最高、规模最大，也是物体检测标杆数据集 COCO 中唯一超过 650mAP 的模型

资料来源 腾讯科技，维基百科，Medium，百度，民生证券研究院

近两年 AI 核心技术领域高价值专利集聚明显，产学研合作稳步推进。根据上奇研究院公布的《2023 中国人工智能产业报告》，截至 2023 年 1 月 31 日，全国人工智能产业授权专利共 859843 件，其中授权发明专利 532604 件，占比 61.94%；授权实用新型专利 301135 件，占比 35.02%；授权外观设计专利 26104 件，占比 3.04%。根据调研机构北京研精毕智信息咨询有限公司整理，2021 年年末，中国人工智能行业专利公开数量达 6200 项，同比 2020 年增加了 2500 项左右，增速接近 70%，2022 年人工智能专利公开数量继续保持上升态势，超过 8500 项，较 2021 年增长约 37%（图 4–2）。

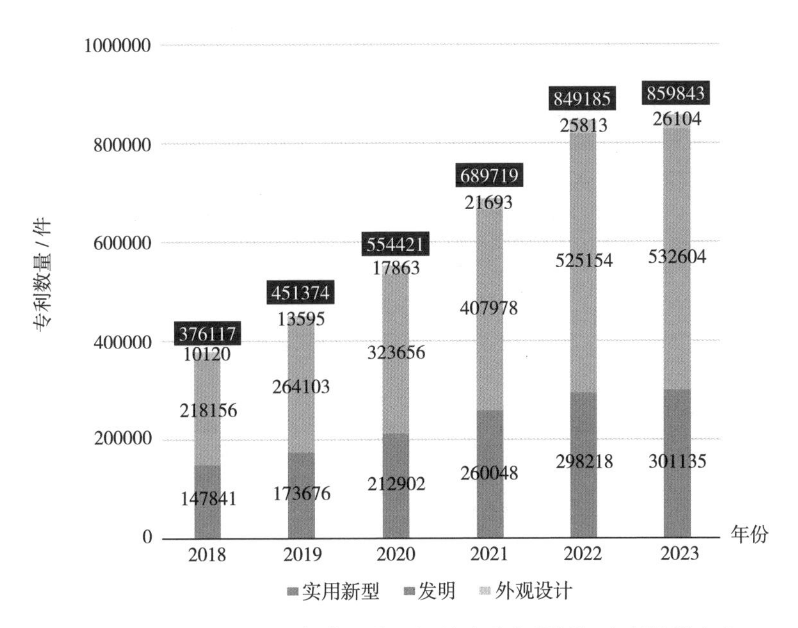

图 4-2　2018—2023 年全国人工智能产业存量授权专利数量变化

资料来源　上奇产业通，民生证券研究院

4.1.2　政策支持

无论是从全国层面，还是从地方层面，政府都在积极推动人工智能技术的研发、应用和产业化进程，为其发展提供了强大的政策支持。首先，从人工智能的发展规划、科研投入、基础设施建设等方面给出了明确的支持和指引。其次，明确提出要促进人工智能技术在各个行业，包括制造、农业、物流、金融、商务和家居等行业的应用。再次，鼓励并支持对人工智能技术用于重大科学研究和技术开发的应用场景的探索，尤其是在高校、科研院所、新型研发机构等地。最后，从地方政策层面也可以看出政府对于推动本地人工智能发展的决心和策略（表 4–2）。

表 4-2 人工智能政策

政策	年份	相关内容
《新一代人工智能发展规划》	2017 年	开放协同的人工智能科技创新体系：从前沿基础理论、关键共性技术、创新平台等方面强化部署。 前瞻布局重大科技项目：针对新一代人工智能特有的重大基础理论和共性关键技术瓶颈，加强整体统筹。 构建泛在安全高效的智能化基础设施体系：加强网络、大数据、高效能计算等基础设施的建设升级
《关于加快场景创新以人工智能高水平应用促进经济高质量发展的指导意见》	2022 年	鼓励在制造、农业、物流、金融、商务、家居等重点行业深入挖掘人工智能技术应用场景，促进智能经济高端高效发展；以更智能的城市、更贴心的社会为导向，在城市管理、交通治理、生态环保、医疗健康、教育、养老等领域持续挖掘人工智能应用场景；推动人工智能技术成为解决数学、化学、地学、材料、生物和空间科学等领域的重大科学问题的新范式。 支持高校、科研院所、新型研发机构等探索人工智能技术用于重大科学研究和技术开发的应用场景；鼓励行业领军企业、科技龙头企业、科技类社会组织、新型研发机构等以人工智能技术与产业融合创新为导向开展人工智能场景创新实践；推动创新型城市、国家自主创新示范区、高新技术产业开发区开展场景培育工作
《科技部关于支持建设新一代人工智能示范应用场景的通知》	2022 年	首批支持建设十个示范应用场景：智慧农场、智能港口、智能矿山、智能工厂、智慧家居、智能教育、自动驾驶、智能诊疗、智慧法院、智能供应链
《北京市促进通用人工智能创新发展的若干措施》	2023 年	强调了算力资源、数据要素、大模型技术体系等 AIGC，尤其是大模型发展的核心基础，还详细列出了政务、医疗、科研、金融、自动驾驶、城市治理等多个重点示范应用领域。 提升算力资源统筹供给能力。实施算力伙伴计划，与云厂商加强合作，提供多元化优质普惠算力。加快北京人工智能公共算力中心、北京数字经济算力中心等项目建设，形成规模化先进算力供给能力。实现异构算力环境统一管理、统一运营，提高环京地区算力一体化调度能力
《北京市加快建设具有全球影响力的人工智能创新策源地实施方案（2023—2025 年）》	2023 年	推动国产人工智能芯片实现突破。面向人工智能云端分布式训练需求，开展通用高算力训练芯片研发；面向边缘端应用场景的低功耗需求，研制多模态智能传感芯片、自主智能决策执行芯片、高能效边缘端异构智能芯片；面向创新型芯片架构，探索可重构、存算一体、类脑计算、Chiplet 等创新架构路线；积极引导大模型研发企业使用国产人工智能芯片，加快提升人工智能算力供给的国产化率

续表

政策	年份	相关内容
《深圳市加快推动人工智能高质量发展高水平应用行动方案（2023—2024年）》	2023年	推进“千行百业 + AI”：支持 AI 在多行业的应用升级，包括金融、商务、工业、交通等。推动 AI 在制造业如设备故障检测和诊断、视觉表面缺陷检测、智能分拣等领域的应用，并促进数据的采集和利用，建立企业数据的闭环机制，储备高质量数据集，孵化智能生产机器人；支持低空智能融合基础设施项目的建设，以推动低空经济产业的创新发展

资料来源　中国政府网，民生证券研究院整理

4.1.3　资本流入

2013 年 1 月 30 日，AIGC 板块的拓尔思、云从科技、科大讯飞、视觉中国等公司的股价涨停，万兴科技、中文在线、汉仪股份等多家公司的股份也上涨超过 10%。

智造前研的信息显示，2022 年以来，我国 AIGC 赛道投资事件数量开始出现明显增长。在已披露金额的融资事件中，大多为千万级和亿级的融资体量。其中融资体量达到亿级的项目包括国内最早开展 AIGC 商业化落地的小冰公司，以及超参数科技、光年之外、澜舟科技等科技公司。其余的公司，包括数字力场、TIAMAT、聆心智能、面壁智能、诗云科技等，则大多为千万级融资（图 4–3）。

4.1.4　市场需求

上游硬件端：人工智能大模型带来巨大算力需求，以芯片、服务器为核心的硬件设备需求激增。计算机视觉（CV），自然语言处理（NLP）和语音识别领域最新模型的训练运算量，以每两年大约翻 15 倍的速度在增长。Transformer 类的模型运算量的增长则更为夸张，每两年约翻 750 倍。这种接

项目名称 金额 投资方

小冰公司 跨平台人工智能机器人 10 亿元
超参数科技 游戏 AI 解决方案提供商 7 亿元
百川智能 通用人工智能服务提供商 3 亿元
光年之外 人工智能公司 3 亿元
Yahaha 元宇宙 UGC 平台开发商 3 亿元
Project AI 2.0 大语言模型平台 2 亿元
澜舟科技 认知智能平台 数亿元
衔远科技 产品参谋服务平台 数亿元
智谱 AI AI 知识智能技术开发商 数亿元
Fabarta 图智能难题解决方案提供商 超亿元

未披露
红杉中国
五源资本
高榕资本
王慧文
Temasek 淡马锡
阿里巴巴
三七互娱创投基金
创新工场
IDG 资本
中关村科学城
斯道资本
启明创投
经纬创投
君联资本
启明创投
朗玛峰创投
蓝驰创投
将门创投

图 4–3 国内 AIGC 领域融资体量达以亿级的十个项目

资料来源 智造前研，民生证券研究院

近指数增长的趋势驱动了 AI 硬件的研发。图 4–4 蓝线上的是 CV，NLP 和语音模型，模型运算量平均每两年翻 15 倍，红线上的是 Transformer 的模型，模型运算量平均每两年翻 750 倍，而灰线则标志摩尔定律下内存硬件大小的增长，平均每两年翻 2 倍。图 4–5 中的绿点表示 AI 硬件（GPU）的内存大小。大型的 Transformer 模型以每两年翻 240 倍接近指数级的速率增长，但是单 GPU 的内存却只是每两年翻 2 倍。

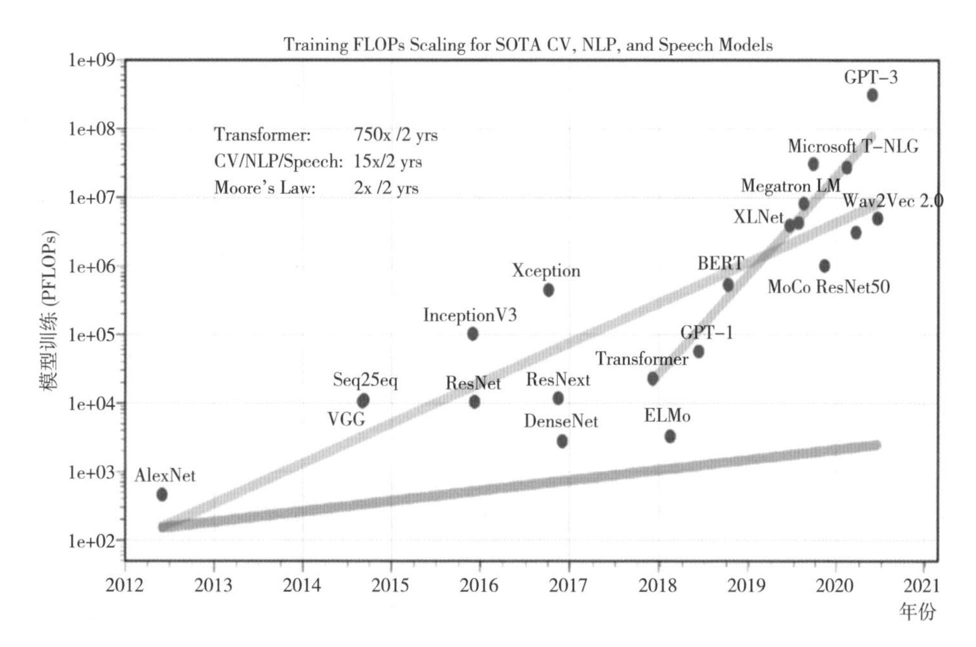

图 4-4　模型训练的浮点数运算量

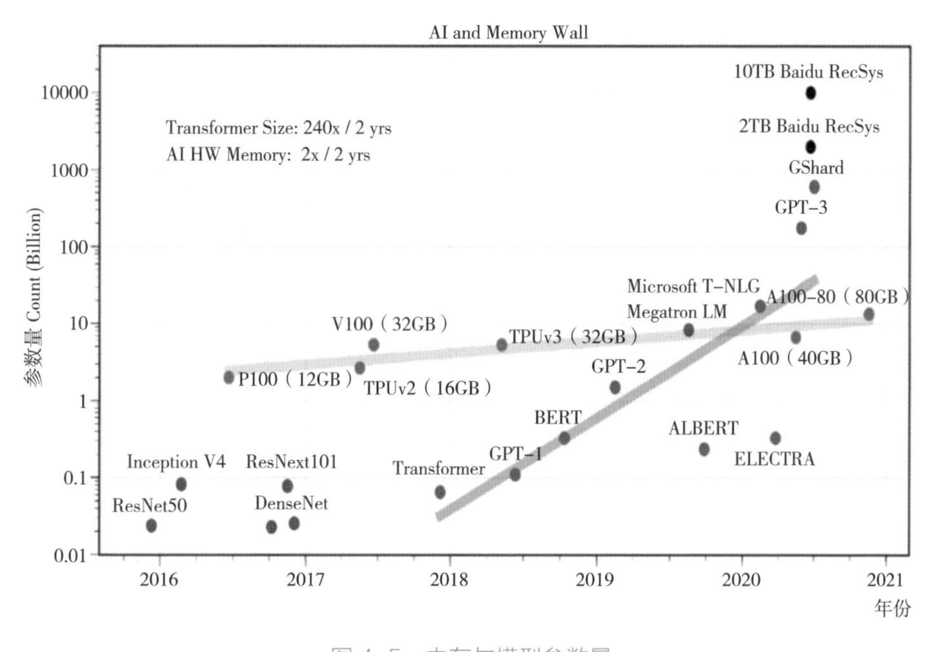

图 4-5　内存与模型参数量

资料来源　一流科技，民生证券研究院

中游软件端：以 ChatGPT 为代表的人工智能大模型引领新一轮全球人工智能技术发展浪潮，大模型相关新研究、新产品竞相涌现。**目前，中国在大模型方面已建立起涵盖理论方法和软硬件技术的体系化研发能力，形成了紧跟世界前沿的大模型技术群，涌现出多个具有行业影响力的预训练大模型。在 2023 中关村论坛上发布的《中国人工智能大模型地图研究报告》显示，当前，中国人工智能大模型正呈现蓬勃发展态势。据不完全统计，截至 2023 年 6 月 13 日，参数在 10 亿规模以上的大模型全国已发布了 79 个（表 4–3）。**

表 4–3　2023 年国内大模型重大事件

时间	事件
3 月 16 日	百度发布文心一言大模型
4 月 7 日	阿里巴巴发布阿里云“通义千问”大语言模型
4 月 9 日	华为“盘古系列 AI 大模型”更新研究进展 [系列包括 NLP 大模型、CV 大模型、科学计算大模型（气象大模型）]
4 月 10 日	商汤科技发布日日新大模型
4 月 13 日	知乎联合面壁智能发布中文大模型“知海图 AI”
4 月 17 日	昆仑万维发布“天工”3.5 大语言模型
4 月 11 日	毫末智行正式官宣首个应用 GPT 模型和技术逻辑的“雪湖 · 海若”自动驾驶算法模型
5 月 6 日	科大讯飞推出讯飞星火认知大模型
5 月 8 日	中科院自动化所：正在打造“紫东太初”2.0 全模态大模型
5 月 18 日	腾讯更新了混元 AI 大模型研发进展
6 月 13 日	360 发布智脑大模型

资料来源　36 氪，民生证券研究院整理

下层应用端：创新迭代的 AI 技术，例如 AIGC、数字人、多模态、大模型等正在开辟新的应用领域，为市场创造了更广阔的发展空间。AI 大模型逐渐与各行业任务和具体场景深度融合。**例如，ChatGPT 已发展成为一种具有**

竞争力的搜索引擎，其全球流量已超过了 bing.com、nytimes.com 和 cnn.com 等其他搜索引擎和新闻网站。Similarweb 的数据证实，截至 2022 年 11 月底，ChatGPT的全球访问量达到了约2.66亿次，与雅虎新闻的流量在同一数量级，并超过了大多数其他网站。到 2023 年 4 月，其访问量更是实现显著增长，达到了约 17.6 亿次。

4.1.5 公众关注

注册人数：2022 年 11 月底，人工智能对话聊天机器人 ChatGPT 一经推出，迅速在社交媒体上走红，短短 5 天，注册用户数就超过 100 万，推出仅两个月后，月活跃用户估计已达 1 亿，成为历史上增长最快的消费应用。

搜索关键字：ChatGPT 首次发布的一周内（2022 年年底），在中国引发了一波短暂但强烈的搜索热度。特别是在科技领域，ChatGPT 成了热议的焦点。值得注意的是，在 2023 年年初，微软增加对 OpenAI 的投资后，各国的投资者急速跟进，引发了互联网上的一波热潮，各大媒体纷纷抢先报道。此次热潮使 ChatGPT 在中文网络环境中迅速获得了广泛的知名度。与此同时，与 ChatGPT 相关的行业领域和科技术语也广受关注。百度的搜索数据显示，与 ChatGPT 和 AI 相关的术语，例如 AIGC（生成式人工智能）、Merlin（OpenAI 的访问插件）、Midjourney（AI 绘画软件）等成为搜索热词（图 4–6）。

话题传播：根据监测数据，自 2023 年 2 月以来的三个月中，GPT 和 AIGC 等相关信息的总传播量达到了 641 万，平均每日传播量超过 5 万，成为 2023 年上半年持续热议度最高的话题之一。从 2 月开始，ChatGPT 在全网快速崭露头角，大量自媒体人士在各大平台上参与测试并创作关于 GPT 的内容。此外，国内产品发布后，多次与 ChatGPT 进行对比测试，使其关注度持续不减（图 4–7）。

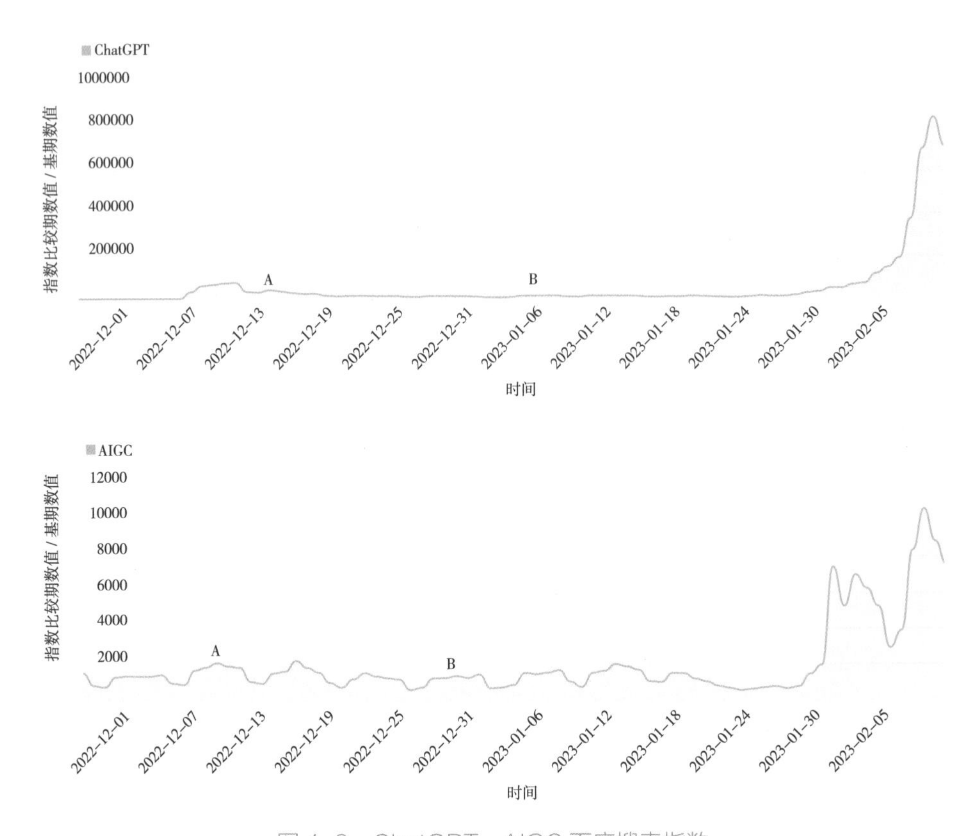

图 4-6 ChatGPT、AIGC 百度搜索指数

资料来源 百度指数，民生证券研究院

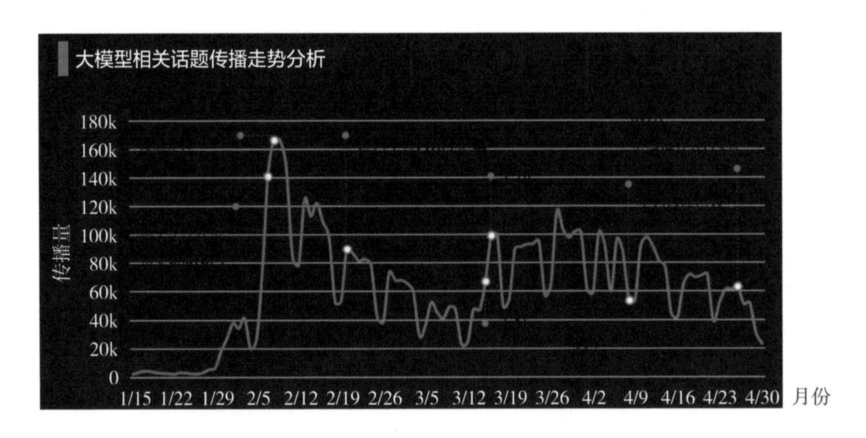

图 4-7 2023 年各月份大模型相关话题传播量

资料来源 苗健信息大数据检测平台，澎湃新闻，民生证券研究院

教育领域：2023 年 1 月的一项调查结果显现出 ChatGPT 在美国大学生中的普及程度。这项研究显示，有 89% 的美国大学生利用 ChatGPT 完成作业。该调查进一步指出，48% 的参与者承认使用 ChatGPT 参与家庭测试和测验，53% 的学生使用该工具撰写论文，22% 的学生用它编写论文摘要。在对大学网络环境的看法上，72% 的大学生认为应该禁止在论文写作中使用 ChatGPT。调查还探讨了大学教授和教育工作者对 ChatGPT 的认知及态度。结果显示，82% 的大学教授知晓 ChatGPT，而在这些了解 ChatGPT 的教授中，72% 对其可能带来的欺诈问题感到担忧。34% 的教育工作者认为学校和大学应该持禁止使用 ChatGPT，然而 66% 的教育工作者则支持学生使用 ChatGPT。此外，有 5% 的教育工作者表示他们使用 ChatGPT 进行课堂教学，7% 的教育工作者则利用该平台创建写作提示。

4.2 科技巨头布局 AIGC 已成趋势

4.2.1 百度

1. 百度高性能 GPU 集群为模型训练提供算力支持

高性能集群，就好比一个足球队，不仅需要好的球员（即计算能力），也需要有效的战术策略和良好的团队协作（即设计和优化），才能发挥出整个队伍的最大能力。在分布式训练中，GPU 就像是球队中的球员，他们需要在场内场外（机内和机间）不断地传递球（进行通信）。为了能让球员们（GPU）更好地传球（通信），我们需要使用像 IB、RoCE 这样的高速公路（高性能网络），这样球（信息）就可以在场地间快速传递。同时，我们还需要对球队的战术（服务器的内部网络连接以及集群网络中的通信拓扑）进行专门设计，以满足比赛（大模型训练）对传球（通信）的需求。要想做到极致的设计优化，需要深入理解 AI 任务中的各个步骤对基础设施（例如计算机硬件、网络等）的影响。分布式训练中不同的并行策略，即模型、数据、参数如何进行拆分，会有不同的数据通信需求：比如，数据并行和模型并行会分别引入大量的机内和机间 Allreduce 操作、专家并行会产生机间 All2All 操作、4D 混合并行则会将各类并行策略产生的通信操作都引入。为此，百度智能云从单机服务器和集群网络等多个方面优化设计，构建高性能 GPU 集群，目前该集群是国内最大的 IB 组网 GPU 集群，支持 1.6 万个 GPU 卡，2000+AI 服务器，能提供单集群 EFLOPS 级别的算力支持。

（1）AI 服务器 X-MAN：百度智能云定制的第四代超级 AI 计算机

在配置上，每台 X-MAN4.0 包含 8 张 A100-80G NVLink GPU，可支持 8 张 200Gb/s 的 InfiniBand 网卡，实现了高速存储，高速无阻网络，高性能计算于一体的超级 AI 计算机。在架构上，X-MAN4.0 全新设计的架构缩短了数据传输延迟，提高了数据传输带宽，有效解决本地数据传输的通信瓶颈，降低 AI 作业中 GPU 的闲置时间。在 MLCommons1.1 榜单中，X-MAN4.0 在同配置单机硬件性能名列 TOP2。

同时为了实现更高的集群运行性能，百度智能云专门设计了适用于超大规模集群的 InfiniBand 网络架构，此架构优化了网络收敛比，提升了网络吞吐能力，并且结合容错、交换机和拓扑映射等手段，得以将 EFLOPS 级算力的计算集群性能发挥到极致（图 4-8）。

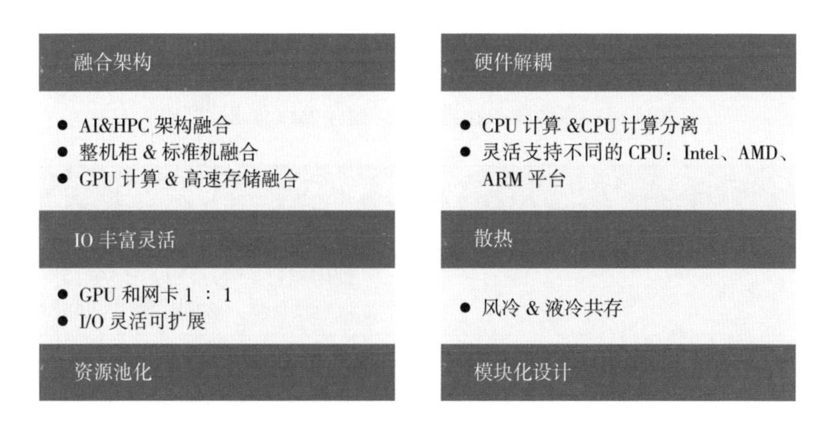

图 4-8　百度 AI 服务器 X-MAN 硬件架构

资料来源　百度智能云，百度开发者中心，民生证券研究院

（2）集群网络架构：依照大模型训练的实际需求设计

百度采用三层 CLOS 架构来确保在大规模训练时集群的性能和加速比。和传统方式相比，该架构经过八导轨的优化，让任一同号卡在不同机器中的通信中的跳步数尽可能少，为 AI 训练中网络流量占比最大的同号卡 Allreduce 操作提供高吞吐和低延时的网络服务。该网络架构最大能支持到 16000 卡的超大规模集群，这个规模是现阶段全 IB 网络盒式组网的最大规模。该集群的网络性能稳定，一致性能做到了 98% 的水平，接近一直在稳定通信的状态。经过百度内部 NLP 研究团队的验证，在这个网络环境下的超大规模集群上提交千亿模型训练作业时，同等机器规模下整体训练效率是普通 GPU 集群的 3.87 倍。

2. 两大 AI 工程平台加速大模型训练过程

百舸 AI 异构计算平台（AI IaaS 层）和 AI 中台（AI PaaS 层（飞桨））分别在开发和资源层面进行提效，完成对计算墙、显存墙和通信墙的突破。大模型在分布式训练的环境下进行，允许在多个处理器上并行运行模型，从而显著提高训练效率，训练周期从单卡几十年极大缩短至几十天，因此存在计算墙、显存墙和通信墙等各种挑战（表 4–4）。

表 4-4 百度解决计算机墙、显存墙和通信墙挑战

类别	挑战	解决方法
计算墙	单卡算力和模型总算力之间存在巨大差异	分布式训练 使用昆仑 AI 芯片和 X-MAN 超级服务器，使计算力达到超算中心的水平
显存墙	单卡无法完整存储一个大模型的参数	分布式训练 利用显存虚拟化技术突破单卡显存的限制
通信墙	分布式训练下集群各计算单元需要频繁进行参数同步，通信性能将影响整体计算速度。如果通信墙如果处理不好，很可能导致集群规模扩大，降低训练效率	使用百度自研的高性能通信库，降低了通信的延迟 CLOS 网络架构减少同号卡的通信跳步数

资料来源 百度智能云技术站，民生证券研究院

在每轮迭代中，分布式训练和资源调度不断进行，百度百舸为 AI 任务提供各类高性能的“算网存”资源，实时感知 AI 任务对资源的需求状态，为每个 AI 任务调度匹配的资源。百度飞桨根据百舸告知的集群最新变化，自动调整模型切分和 AI 任务放置策略，最终实现大规模训练的高效性，极大提升自适应分布式训练性能（表 4–5）。

表 4-5 百舸 + 飞桨：优化分布式训练和资源调度

类别	挑战	解决方法
并行策略和训练优化	模型拆分	实现对计算墙和显存墙的突破：飞桨为大模型训练提供数据并行、模型并行、流水并行、参数分组切片、专家并行等丰富的并行策略，可以满足从十亿到千亿，甚至万亿参数规模大模型的训练
	拓扑感知	百舸拥有专为大模型训练场景准备的集群拓扑感知能力：包括节点内架构感知、节点间架构感知等，如每台服务器内部的算力大小、CPU 和 GPU/XPU、GPU/XPU 和 GPU/XPU 链接方式，以及服务器之间 GPU/XPU 和 GPU/XPU 网络链接方式等信息

续表

类别	挑战	解决方法
并行策略和训练优化	自动并行	飞桨形成统一分布式资源图和统一逻辑计算视图：在大模型训练任务开始运行前，飞桨可以依据百度百舸平台的拓扑感知能力，对集群形成统一分布式资源图，同时根据待训练的大模型形成统一逻辑计算视图 飞桨自动为模型搜索出最优的模型切分和硬件组合策略：飞桨将模型参数、梯度、优化器状态按照最优策略分配到不同的 GPU/XPU 上，完成 AI 任务的放置以提升训练性能
	端到端自适应训练	百舸支持容错替换或者弹性扩缩容：可以应对在训练任务运行过程中集群发生的变化，比如资源出现故障，或者集群规模变化 飞桨百舸更新的集群信息调整：参与计算的节点所在位置发生变化后，节点之间的通信模式也许已经不是最优，飞桨将自动调整模型切分和任务布置策略
	训练优化	百舸平台中内置 AI 加速套件：AI 加速套件包括了数据层存储加速、训练和推理加速库 AIAK，综合考虑了数据加载、模型计算、分布式通信等系统维度的全链路优化
资源管理和任务调度	资源管理	百舸提供各类计算、网络、存储等 AI 资源：包括百度太行 · 弹性裸金属服务器 BBC、IB 网络、RoCE 网络、并行文件存储 PFS、对象存储 BOS、数据湖存储加速 RapidFS 等各类适合大模型训练的云计算资源 任务运行时合理组合以上高性能资源，实现全流程 AI 任务计算加速：在 AI 任务开始前可以提前预热对象存储 BOS 中的训练数据，通过弹性 RDMA 网络将数据加载至数据湖存储加速 RapidFS 中，弹性 RDMA 网络相比传统网络具备低时延特性，在高性能存储的基础上，加速 AI 任务数据的读取
	弹性容错	异构集合通库 ECCL：支持昆仑芯和其他异构芯片的通信，支持慢节点和故障节点的感知 百舸的资源弹性和容错策略：将慢节点和故障节点剔除，并将最新的架构拓扑反馈给飞桨，重新进行任务布置，对应训练任务调配至其他 XPU/GPU 上，确保训练的平滑高效运行

资料来源 百度智能云新闻资讯，民生证券研究院

百舸 · AI 异构计算平台是一种综合性的 AI 计算平台，能为 AI 场景提供软硬一体解决方案，加速 AI 工程化落地。**百舸提供了千卡规模、单集群 EFLOPS 级别的算力，配备了 1.6Tbps 的高速网络，提供百万 IOPS 的并行文**

件存储系统。通过 AI 容器提供的容错、架构感知等手段，为文心大模型的训练提供了高效稳定的运行环境，满足长时间周期的业务需要。

百舸 · AI 异构计算平台包含四个核心组件：AI 计算、AI 存储、AI 加速和 AI 容器，这些核心组件可以独立提供服务，也可以兼容已有的基础设施。具体来说，该平台的四个核心组件分别提供了以下功能。

（1）AI 计算：包括支持百度自研昆仑 AI 芯片，多规格商业 GPU、FPGA 的异构计算能力，以及基于自研 GPU 硬件架构 X-MAN 的高性能实例，满足 AI 单机训练、分布式集群训练、AI 推理部署等需求。

（2）AI 存储：基于 AI 存储架构，从数据上云、数据存储、数据处理和数据加速为计算提供全链条的支持。

（3）AI 加速：存训推一体化加速，通过对存储访问、模型训练和推理的加速，进一步提速 AI 任务。

（4）AI 容器：提供 GPU 显存和算力的共享与隔离，集成飞桨（Paddle-Paddle）、TensorFlow、Pytorch 等主流深度学习框架，支持 AI 任务编排、管理等（图 4-9）。

业务场景	城市大脑	工业互联网	产业金融	智算中心	生命科学	自动驾驶
AI 容器	GPU 调度	AI 作业调度	弹性训练	可观测性		
AI 加速	数据湖存储加速 RapidFS	分布式训练加速 AIAK-Training	推理加速 AIAK-Inference			
AI 存储	海量数据湖存储 对象存储 BOS	高性能存储 并行文件存储 PFS				
AI 计算	异构芯片 昆仑芯 GPU	高速互联 RDMA InfiniBand	AI 服务器 X-MAN			

图 4-9 百度百舸 2.0 架构

资料来源 百度智能云，民生证券研究院

飞桨：制定并行策略，实现模型训练全周期管理。百度 AI 中台支持软硬件全栈的自主创新方案，内置了百度自主研发的产业级深度学习平台飞桨

（PaddlePaddle）作为其深度学习技术的核心组成部分，以支持各种 AI 应用的开发和部署。适配飞腾、鲲鹏等主流 CPU 处理器和麒麟、统信等国内操作系统，支持百度自研昆仑 AI 加速卡（图 4–10）。

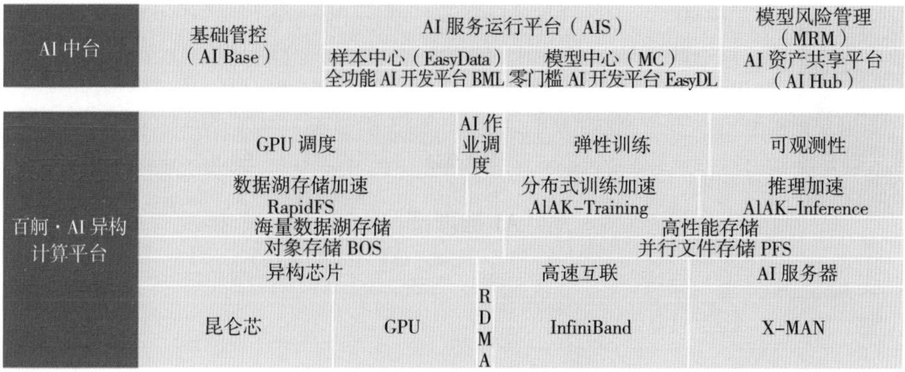

AI 中台
基础管控（AI Base）
AI 服务运行平台（AIS）
样本中心（EasyData） 模型中心（MC）
全功能 AI 开发平台 BML 零门槛 AI 开发平台 EasyDL
模型风险管理（MRM）
AI 资产共享平台（AI Hub）

百舸 · AI 异构计算平台
GPU 调度
AI 作业调度
弹性训练
可观测性
数据湖存储加速 RapidFS
分布式训练加速 AIAK–Training
推理加速 AIAK–Inference
海量数据湖存储 对象存储 BOS
高性能存储 并行文件存储 PFS
异构芯片
高速互联
AI 服务器
昆仑芯
GPU
RDMA
InfiniBand
X–MAN

图 4–10　百度飞桨 2.0 架构

资料来源　百度智能云，民生证券研究院

飞桨助力产业智能化，它是产业级深度学习开源平台，能够降低深度学习创新和应用的技术门槛。开发者可在飞桨上像搭积木一样构建自己的 AI 应用，飞桨的主要特点包括：①易用性：飞桨提供了 Python API，使得开发者可以更方便地编写深度学习代码。同时，飞桨还提供了丰富的深度学习模型库，包括计算机视觉、自然语言处理、推荐系统等多个领域的产业级深度学习框架。②支持超大规模并行训练：飞桨支持多机多卡的并行训练，能够处理大规模数据和模型。③多硬件环境支持：飞桨支持多种类型的硬件，包括 CPU、GPU 以及百度自研的昆仑 AI 加速卡。④端到端的 AI 开发工具：飞桨提供了从数据处理、模型设计、训练优化到多平台部署的全流程 AI 开发工具（图 4–11）。

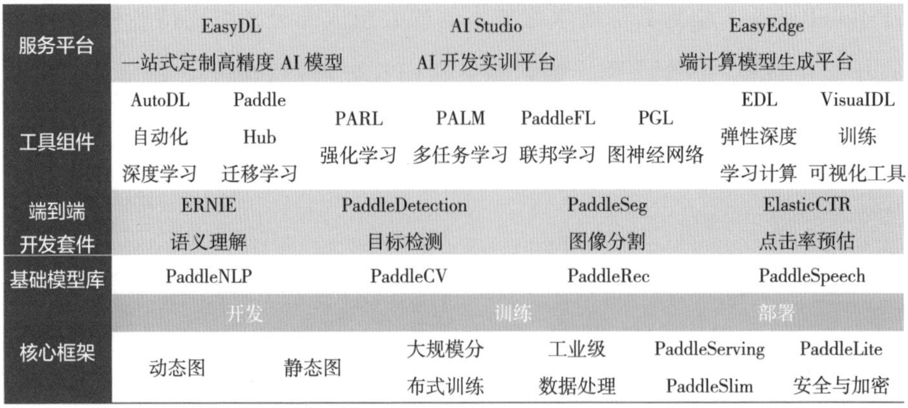

服务平台	EasyDL 一站式定制高精度 AI 模型；AI Studio AI 开发实训平台；EasyEdge 端计算模型生成平台
工具组件	AutoDL 自动化深度学习；Paddle Hub 迁移学习；PARL 强化学习；PALM 多任务学习；PaddleFL 联邦学习；PGL 图神经网络；EDL 弹性深度学习计算；VisualDL 训练可视化工具
端到端开发套件	ERNIE 语义理解；PaddleDetection 目标检测；PaddleSeg 图像分割；ElasticCTR 点击率预估
基础模型库	PaddleNLP；PaddleCV；PaddleRec；PaddleSpeech
核心框架	开发：动态图；静态图　训练：大规模分布式训练；工业级数据处理　部署：PaddleServing；PaddleSlim；PaddleLite；安全与加密

图 4-11　飞桨介绍示意图

资料来源　飞桨官网，民生证券研究院

3. 文心大模型

文心大模型是百度飞桨（PaddlePaddle）平台发布的一系列大模型，该系列大模型以深度学习技术为基础，作为“产业级知识增强”大模型实现了高效生产并真正为产业所用。目前文心大模型更新至 3.0 版本，一次性发布了 10 个大模型，形成了基础大模型、任务大模型、行业大模型的三级体系，满足产业应用需求（图 4–12）。

飞桨还发布了大模型开发套件、API，以及内置了文心大模型能力的 EasyDL 和 BML 开发平台，全方位降低应用门槛（表 4–6）。

表 4-6　文心大模型支持工具与平台

NLP 大模型：工具与平台		介绍
大模型 API	ERNIE 3.0 文本理解与创作	预置作文生成、文案创作、情感分析等任务提示（prompt），支持用户自定义 prompt，模型根据零样本或小样本的输入提示生成结果
	PLATO	提供基于 PLATO 大模型的生成式开放域对话服务，生成内容逻辑清晰、知识多元、情感丰富，闲聊能力接近真人水平

续表

NLP 大模型：工具与平台		介绍
大模型套件	ERNIEKit	文心大模型开发套件 ERNIEKit，面向 NLP 工程师，提供全流程大模型开发与部署工具集，端到端全方位发挥大模型效能
NLP 大模型：工具与平台		介绍
EasyDL	EasyDL 文本	面向 AI 应用开发者，基于 ERNIE 3.0 零代码定制文本类模型。目前已支持文本分类、情感倾向分析、短文本相似度分析、文本创作等任务
BML	Notebook	面向 AI 算法开发者，通过交互式开发环境使用大模型开发套件，使用内置的 ERNIE 3.0 系列模型，完成一站式 AI 开发
	预置模型调参	面向 AI 算法开发者，无须关注算法细节即可应用预置的 ERNIE 系列大模型，并通过简单的网络与参数配置，快速构建高精度模型
CV 大模型：工具与平台		介绍
EasyDL	EasyDL CV	面向 AI 应用开发者，零代码实现基于文心大模型定制专属的 AI 模型，可一键发起模型训练、模型效果校验，支持多端部署
BML	BML	面向 AI 算法开发者，提供集成化的开发环境，支持基于文心大模型的高效定制开发，一站式完成 AI 模型全生命周期管理
跨模态大模型：工具与平台		介绍
大模型 API	ERNIE-ViLG 文生图	文生图领域的大模型服务，输入一段文本描述，并选择生成风格和分辨率，模型就会根据输入的内容自动创作出符合要求的图像
大模型套件	ERNIEKit	面向 NLP 工程师，提供全流程大模型开发与部署工具集，端到端全方位发挥大模型效能
EasyDL	EasyDL 跨模态	面向 AI 应用开发者，基于知识增强的跨模态语义理解关键技术，零代码定制跨模态能力。目前已支持图文匹配任务
生物计算大模型：工具与平台		介绍
PaddleHelix	生物计算平台	基于飞桨深度学习框架开发的生物计算平台，提供 AI+生物计算能力。简单易上手，满足新药研发、疫苗设计、精准医疗场景的 AI 需求
	开源工具集	位于 Github 的高性能并且专为生物计算任务开发的机器学习框架，可以为制药和生物领域的研究人员和工程师提供最新和最先进的 AI 工具

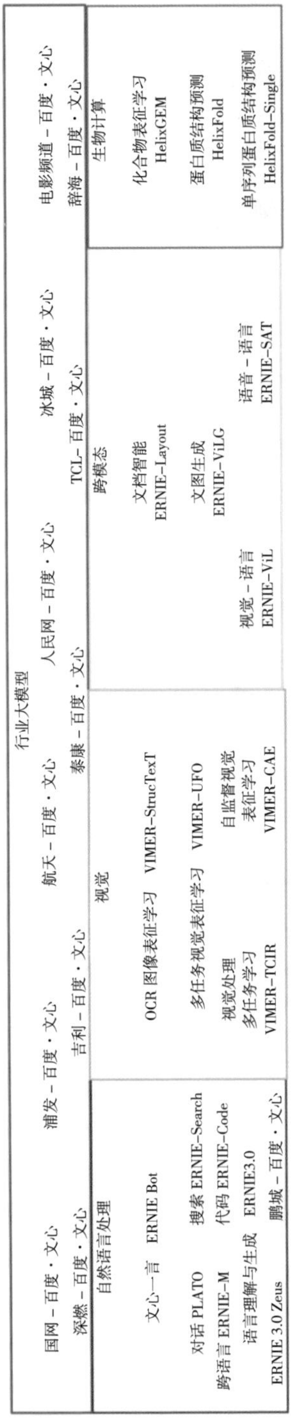

行业大模型

国网 – 百度・文心　浦发 – 百度・文心　航天 – 百度・文心　人民网 – 百度・文心　冰城 – 百度・文心　电影频道 – 百度・文心

深燃 – 百度・文心　吉利 – 百度・文心　泰康 – 百度・文心　TCL– 百度・文心　辞海 – 百度・文心

自然语言处理	视觉	跨模态	生物计算
文心一言 ERNIE Bot 对话 PLATO　搜索 ERNIE-Search 跨语言 ERNIE-M　代码 ERNIE-Code 语言理解与生成 ERNIE3.0 ERNIE 3.0 Zeus　鹏城 – 百度・文心	OCR 图像表征学习 VIMER-StrucTexT 多任务视觉表征学习 VIMER-UFO 视觉处理 多任务学习 VIMER-TCIR 自监督视觉 表征学习 VIMER-CAE	文档智能 ERNIE-Layout 文图生成 ERNIE-ViLG 视觉 – 语言 ERNIE-ViL 语音 – 语言 ERNIE-SAT	化合物表征学习 HelixGEM 蛋白质结构预测 HelixFold 单序列蛋白质结构预测 HelixFold-Single

图 4-12　文心大模型全景图

资料来源　文心大模型官网，民生证券研究院

资料来源 百度智能云，民生证券研究院

文心 NLP 大模型

文心 NLP 大模型面向语言理解、语言生成等 NLP 场景，具备超强语言理解能力以及对话生成、文学创作等能力。创新性地将大数据预训练与丰富多源的知识相结合，通过持续学习，不断吸收海量文本数据中词汇、结构、语义等方面的新知识，从而实现模型效果不断进化（表 4-7、表 4-8）。

百度文心 NLP 方向算法储备齐全且功能强大：①知识增强大模型——文心 ERNIE 系列：是基于知识增强的千亿级模型，用于智能创作、摘要生成、问答、语义检索、情感分析、信息抽取、文本匹配和文本纠错等各类自然语言理解和生成任务。②对话生成模型——文心 PLATO 系列：是全球首个超百亿参数规模的中英文对话训练模型，可以让机器人像人一样有逻辑性地对话。

文心 ERNIE 使用持续学习框架不断从不同的数据和知识上学习，而且持续地构建新任务，比如执行文本分类任务、问答任务、完形填空任务等。大模型从不同任务中持续学习，使能力得到持续提升，从而拥有更多知识。在这个基础上形成了知识增强的预训练模型，这个模型主要有三个特色：①能够从大规模知识图谱和海量无结构数据中学习，突破异构数据统一表达的瓶颈问题。②能够融合自编码和自回归结构，既可以执行语言理解，也可以执行语言生成。③基于飞桨 4D 混合并行技术，能够更高效地支持超大规模模型的预训练（图 4-13）。

PLATO 模型使用了知识外用和知识内化两个概念。知识外用指的是把知识作为一个库，外挂在生成模型之外，通过检索的方法，检索知识加入生成模型中，能够很好地增强回复生成的信息量。知识内化是指把各种异构的数据和知识加入这个聊天语料中一起训练，然后把知识信息融入模型参数中。通过这样的方法，我们能够把知识的准确率提升到 90% 以上（图 4-14）。

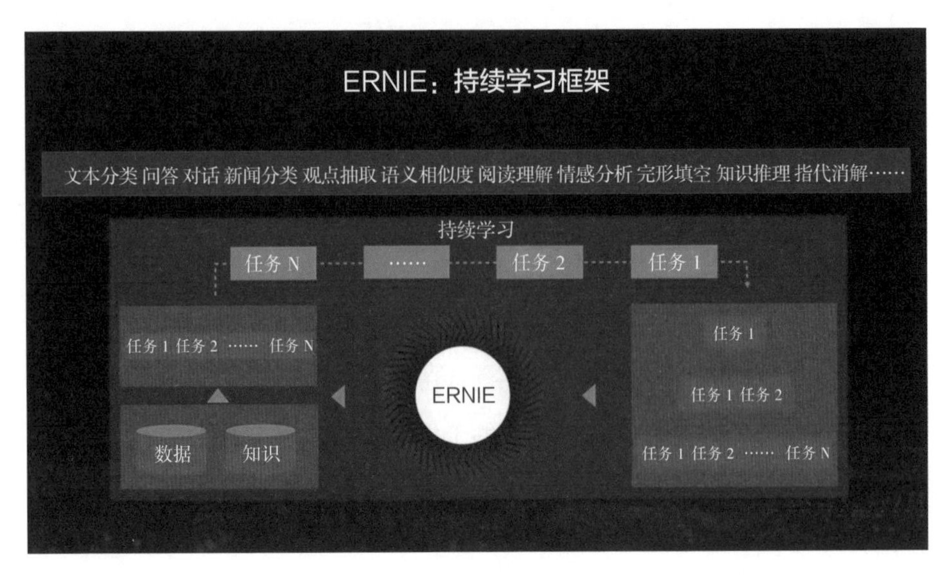

图 4-13 ERNIE 持续学习框架

资料来源 百度大脑 AI 开放平台，民生证券研究院

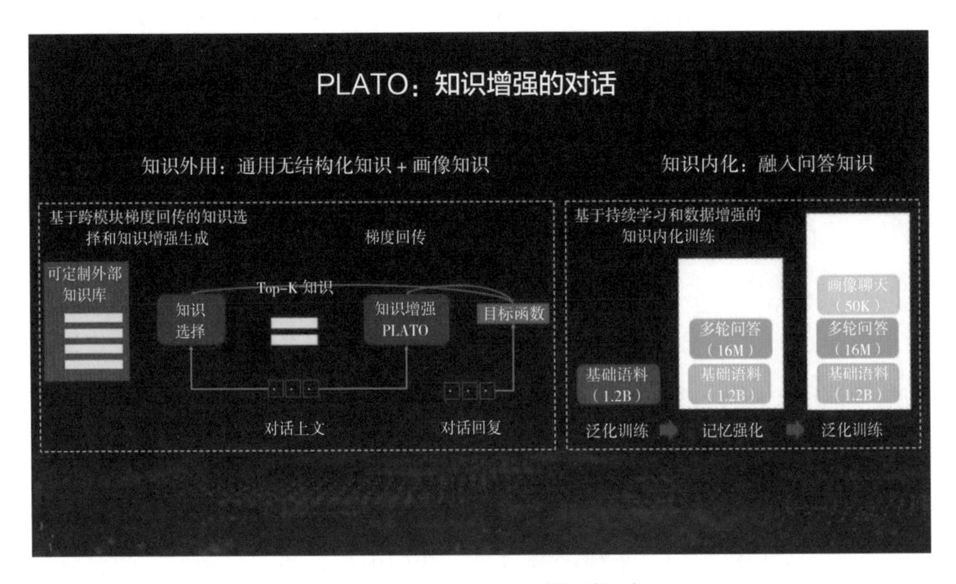

图 4-14 PLATO 知识增强的对话

资料来源 百度大脑 AI 开放平台，民生证券研究院

表 4-7 文心 NLP 系列大模型介绍

系列	模型	特点
ERNIE	ERNIE 3.0	基于知识增强的百亿参数模型：在包括纯文本和知识图谱的 4TB 语料库上预训练 多范式统一预训练框架：自回归和自编码网络被创新性地融合在一起进行预训练 成就：刷新 54 个中文 NLP 任务基准，并登顶 SuperGLUE 全球榜首，同时具备超强语言理解能力以及写小说、歌词、诗歌、对联等文学创作能力
	ERNIE 3.0 Zeus	ERNIE 3.0 系列模型的最新升级：千亿参数，其除了对无标注数据和知识图谱的学习外，还通过持续学习对百余种不同形式的任务数据学习。实现了任务知识增强，显著提升了模型的零样本或小样本学习能力
	ERNIE 3.0-Tiny	首个基于多任务知识注入的下游无关蒸馏模型：在兼顾模型的效果与性能同时，表现出了出色的泛化性优势。在 16 个英文公开数据集以及 11 个中文数据集上取得 SOTA 效果
	ERNIE-M	跨语言模型：通过大规模的单语语料和双语语料捕捉多语言知识，可以同时建模 96 种语言，适用于各项多语言任务，跨语言任务，小语种任务
	ERNIE-Sage	图语义神经网络模型：融合语义与图结构提升文本图理解能力
	ERNIE-UIE	开放域信息抽取模型：统一支持了十多种信息抽取任务，在 7 个公开数据集上效果领先，同时具有卓越的零样本、小样本抽取能力
	ERNIE-Code	多自然语言多编程语言代码大模型：支持 100 多种自然语言和 15 种编程语言。采用多语言多任务联合训练，在代码补全、代码搜索、代码摘要、代码修复等任务上取得领先效果
	ERNIE-Health	医疗领域模型：通过学习海量的医疗数据，精准地掌握了专业的医学知识，并登顶权威中文医疗信息处理挑战榜 CBLUE 榜首
	ERNIE-Finance	金融领域模型：从海量金融数据中学习了金融领域专业知识，在执行多个金融领域任务上优于通用模型
	ERNIE-Search	搜索大模型：提出了使用预训练阶段细粒度交互向粗粒度交互蒸馏的策略。通过在训练过程中进行自蒸馏，节省了传统方法中训练教师模型的开销，并提高了 ERNIE-Search 的模型效果

续表

系列	模型	特点
ERNIE	鹏城 - 百度文心	全球首个知识增强超大模型：参数规模 2600 亿，在 60 多项典型任务中取得了世界领先效果，在各类 AI 应用场景中均具备极强的泛化能力
PLATO	PLATO-XL	百亿参数的预训练对话生成模型：利用隐变量建模开放域对话中的一对多关系（一个输入对应多个正确输出），采用 Unified Transformer 框架共享生成模型中的编码器和解码器参数，通过课程学习方式提升模型训练效率，在精细化构建的大规模高质量对话语料上基于飞桨深度学习框架训练的对话大模型

资料来源 百度智能云，民生证券研究院

表 4-8　文心 NLP 系列大模型应用

模型	应用场景
ERNIE 3.0	智能创作、摘要生成、问答、语义检索、情感分析、信息抽取、文本匹配、文本纠错等各类自然语言理解和生成任务
ERNIE 3.0 Zeus	智能创作、摘要生成、问答、语义检索、情感分析、信息抽取、文本匹配、文本纠错等各类自然语言理解和生成任务
ERNIE 3.0-Tiny	通用语言理解
ERNIE-M	跨语言的各类任务
ERNIE-Sage	搜索、推荐、问答
ERNIE-UIE	知识抽取、文本解析
ERNIE-Code	代码补全、代码搜索、代码生成、代码摘要、代码翻译、代码修复、缺陷检测、克隆检测
ERNIE-Health	围绕医疗场景的各类 NLP 任务
ERNIE-Finance	金融场景相关的 NLP 任务
ERNIE-Search	围绕检索场景的多种任务
鹏城 - 百度文心	舆情分析、智能创作、文本解析

续表

模型	应用场景
PLATO	情感陪伴、智能助手、智能音箱、车载对话、智能虚拟人、智能硬件

资料来源 文心大模型官网，民生证券研究院

文心 · CV 大模型

文心 · CV 大模型基于领先的视觉技术，利用海量的图像、视频等数据，为企业和开发者提供强大的视觉基础模型以及执行一整套视觉任务的定制与应用能力。① VIMER-CAE：为视觉自监督预训练大模型，创新性地提出“在隐含的编码表征空间完成掩码预测任务”的预训练框架，在图像分类、目标检测、语义分割等经典下游任务上刷新了 SOTA 结果。② VIMER-UFO 2.0：多任务学习模型，行业最大 170 亿参数视觉多任务模型，覆盖人脸、人体、车辆、商品、食物等细粒度分类 20+ CV 基础任务，具备支持各类任务、各类硬件的灵活部署等优势，可以有效解决大模型参数量大、推理性能差等问题。③ OCR -VIMER-StrucTexT 2.0：为表征学习预训练模型，解决了训练数据匮乏和传统 OCR + NLP 链路过长导致的模型表达能力不足、优化效率偏低等问题，能够广泛应用于文档、卡证、票据等图像文字识别和结构化理解，例如泛卡证票据信息抽取应用、政务办公文档还原应用等场景。④ VIMER-UMS：是行业首个统一视觉单模态与多源图文模态表征的商品多模态预训练模型，在实现统一图文表征预训练同时，覆盖商品视觉单模态、多模态识别与检索任务，可以显著改善商品视觉检索和商品多模态检索体验（表 4-9）。

表 4-9　文心 CV 系列大模型应用

模型	应用场景
VIMER-CAE	图像分类、图像检测、图像分割
VIMER-UFO 2.0	智慧城市

续表

模型	应用场景
VIMER-StrucTexT 2.0	OCR 识别和结构化
VIMER-UMS	商品识别、多模态搜索与推荐、零售快消数字化

资料来源 文心大模型官网，民生证券研究院

文心·跨模态大模型

文心·跨模态大模型是基于知识增强的跨模态语义理解关键技术，可实现跨模态检索、图文生成、图片文档的信息抽取等应用的快速搭建，助力落实产业智能化转型。① ERNIE-ViLG2.0 是知识增强的 AI 作画大模型，在公开权威评测集 MS-COCO 上取得了当前该领域的领先效果，在语义可控性、图像清晰度、中国文化理解等方面均展现出显著优势。② ERNIE-VIL 是首个融合场景图知识的多模态预训练模型。在执行视觉常识推理、跨模态图像检索、跨模态文本检索等典型多模态任务中刷新了世界纪录。③ ERNIE-Layout 基于布局知识增强技术的跨模态文档智能大模型，融合文本、图像、布局等信息进行联合建模，在文档抽取、布局理解等 5 类 11 项任务刷新业界 SOTA。④ ERNIE-SAT 采用语音 - 文本联合训练的方式在中文和英文数据集上进行预训练，使得模型学到了语音和文本的对齐关系，从而让生成频谱的精度更高，合成声音的质量更高。⑤ ERNIE-GeoL 是“地理 - 语言”跨模态预训练大模型。为了有效建立并充分学习地理和语言之间的关联，ERNIE-GeoL 在预训练数据构建、模型结构以及预训练目标三个方面进行了有针对性的设计和创新（表 4–10）。

表 4–10 文心跨模态系列大模型应用

模型	应用场景
ERNIE-ViLG2.0	图像生成、艺术创作、虚拟现实、AI 辅助设计
ERNIE-VIL	视觉常识推理、视觉问答、跨模态检索、引用表达式理解

续表

模型	应用场景
ERNIE-Layout	文档分类、信息抽取、文档问答
ERNIE-SAT	语音编辑、语音生成、语音克隆、带语音克隆的语音到语音翻译
ERNIE-GeoL	POI 检索、POI 推荐、POI 信息处理、Geocoding

资料来源 文心大模型官网，民生证券研究院

文心・生物计算大模型

文心・生物计算大模型融合自监督和多任务学习，并将生物领域研究对象的特性融入模型。构建面向化合物分子、蛋白分子的生物计算领域预训练模型，赋能生物医药行业。具体模型有：① HelixGEM-2，业界首个考虑原子间多体交互、长程相互作用的模型，融合量子力学第一性原理，创新性地提出多轨机制，每个轨道对化合物的不同阶的多体集合进行长程建模，在量子化学属性预测和虚拟筛选双场景上达到领先效果。② HelixFold-Single，秒级别的蛋白结构预测模型，也是首个开源的基于单序列语言模型的蛋白结构预测大模型。在 90% 的单体蛋白场景上预测效果持平 AlphaFold2，在抗体结构预测场景下比 AlphaFold2 预测结果更优。③ HelixFold，借鉴 AlphaFold2 的组合多轨模型结构，基于飞桨框架，联合国内多家超算中心，构建蛋白结构分析模型，完整实现从蛋白序列—蛋白结构—蛋白功能的预测（表 4-11）。

表 4-11　文心生物计算系列大模型应用

模型	应用场景
HelixGEM-2	小分子药物研发
HelixFold-Single	蛋白结构预测
HelixFold	蛋白结构预测

资料来源 文心大模型官网，民生证券研究院

文心 · 行业大模型

文心大模型与各行业企业联手，在通用大模型的基础上学习行业特色数据与知识，建设行业 AI 基础设施。该模型技术原理是以通用文心大模型为基础，从海量数据中挖掘行业数据，并且输入行业特色数据与知识，打造专业领域知识增强的行业大模型。目前百度已经发布了与专业领域客户合作开发的 11 个行业大模型（图 4–15、图 4–16）。

4. 大模型落地产品

文心一言：类 ChatGPT 大规模语言模型

文心一言基于文心 NLP 大模型系列中预训练模型 ERNIE3.0 开发，能够与人对话互动、回答问题、协助创作，高效便捷地帮助人们获取信息、知识和灵感。可以说，文心一言是 ERNIE3.0 的具备多轮交流能力的变体模型，其基础模型的训练逻辑是：学习通用知识 + 专门知识，能显著提升模型泛化能力。一方面，从题材丰富的无标注数据中学习，包括百科、小说、新闻、戏剧和诗歌等，同时在学习的过程中融入了知识图谱，指导模型学习世界知识和语言知识，以提升学习的效率；另一方面，通过持续学习，从百余种不同形式的任务中学习知识，比如学写摘要、对联和执行翻译、分类、阅读理解等任务（图 4–17、图 4–18）。

文心一言有文学创作、商业文案创作、数理逻辑推算、中文理解、多模态生成五大能力，在 ToB 和 ToC 端均已有落地应用。在 ToB 端，一方面，文心一言目前已经和相关企业合作打造行业专属大模型，应用于政务、金融、旅游、工业和城市建设等专业领域；另一方面，基于文心千帆大模型平台，专注为更多企业提供先进的生成式 AI 生产及应用全流程开发工具链。文心千帆根据企业模型和数据安全需求提供公有化和私有化部署两类大模型服务，目前该平台提供文心一言的推理服务，支持企业测试模型效果，并支持定制或微调大模型，在平台完成模型训练后还可一键部署至百度云在线服

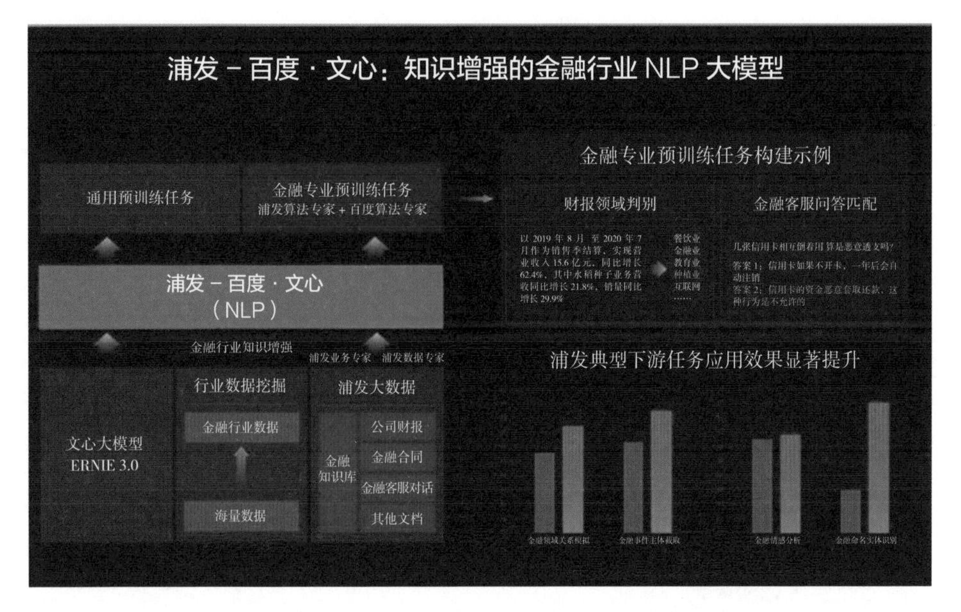

图 4-15　行业大模型示例 1：浦发 – 百度 · 文心（金融行业 NLP）

资料来源　《中国日报》，民生证券研究院

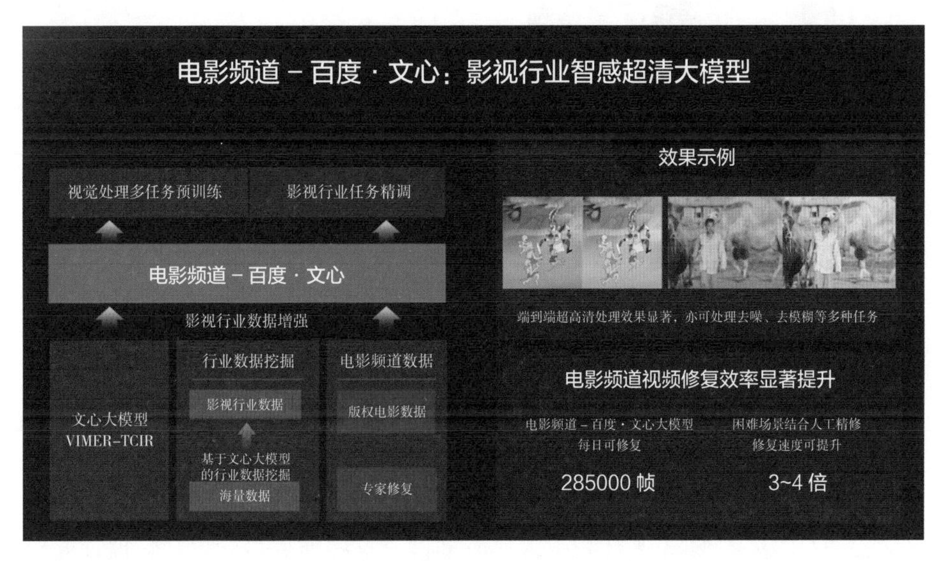

图 4-16　行业大模型示例 2：电影频道 – 百度 · 文心（智感超清大模型）

资料来源　凤凰网科技，民生证券研究院

模仿 J.K. 罗琳的风格，写一段关于孙悟空的故事

在很久以前，有一只叫作孙悟空的猴子，他是一个聪明、勇敢和充满好奇心的灵猴。他居住在花果山上，与他的好友猪八戒和沙悟净一起生活。

孙悟空是一个聪明的猴子，他总是能够想出各种奇妙的点子来解决问题。他与猪八戒和沙悟净一起探险，去寻找新的食物和水源。他们还会去拜访那些神话中的仙人，学习新的技能和知识。

然而，孙悟空也有自己的困难和挑战。他需要面对自己内心的欲望和恐惧，以及来自其他猴子的竞争和挑战。但是，他从未放弃，总是努力地克服自己的困难，并且寻找更大的成就感。

最终，孙悟空成了花果山的领袖，他的聪明才智和勇气赢得了所有猴子的尊敬和爱戴。他教导他的猴子们如何生活和冒险，并且带领他们探索更广阔的世界。

这就是孙悟空的故事，一个充满挑战和成就感的故事。他展示了一个猴子如何通过努力和勇气，成为一个充满智慧和勇气的领袖。

图 4-17　文心一言文学创作

帮我做一张天空的图片

好的，根据你的需求，我为你创作了一幅画作。

我的作画技能还在不断进化中，暂时还不支持对画作的修改和解释。

如果需要继续让我为你作画，请完整描述你的需求，如：“帮我画一枝晶莹剔透的牡丹花”。

图 4-18　文心一言艺术创作

资料来源　界面新闻，民生证券研究院

务。此外，文心千帆未来计划引入三方插件，这些插件可能包括数据预处理工具、特定任务的算法或模型、结果分析和可视化工具等，企业用户根据需要来选择、配置并调试适合其业务的插件，以实现将大模型服务和插件应用

服务的无缝结合。在 ToC 端，百度智能云开放了基于文心一言模型开发的 AI 产品，并为公众提供了多种使用百度 AI 产品的方法：①通过百度 AI 开放平台体验 AI 作画、交通场景文字识别、在线语音合成、AI 人脸分析等。②接入相应产品 API。③使用百度的 EasyDL 零门槛 AI 开发平台，基于文心大模型零代码定制训练模型。④使用 BML 全功能 AI 开发平台，通过交互式开发环境使用大模型开发套件，使用内置的文心大模型完成一站式 AI 开发（图 4–19、图 4–20）。

覆盖大模型全生命周期
更全面

提供数据标注，模型训练与评估，推理服务与应用集成的全面功能服务

训练与推理性能大幅提升
更高效

MLPerf 榜单训练性能世界领先，千亿模型分布式并行训练加速能力和算力利用率大幅提升

快速应用编排与插件集成
更开放

预置百度文心大模型与第三方大模型，支持插件与应用灵活编排，助力大模型多场景落地应用

自带敏感词过滤
更安全

完善的鉴权与流控安全机制，自带敏感词过滤，机审与人审双重保障

图 4–19 文心千帆平台优势

资料来源 文心千帆官网，民生证券研究院

图 4-20 文心一言支持下的 AI 功能

资料来源 文心一言官网，民生证券研究院整理

文心一格：AI 艺术和创意辅助平台

文心一格是一个融合了百度文心大模型能力的 AI 艺术和创意辅助平台，旨在通过用户输入的中文文本以及所选风格来自动生成独特的绘画作品。用户界面设计简洁明了，仅需用户提供文字描述，设定创作的方向、风格以及尺寸，即可启动作品生成。

在技术特性上，文心一格利用百度文心大模型的能力，融入了知识增强、检索增强和对话增强等技术特性，从而在图文理解和图像生成方面提供了显著增强的能力。在硬件使用上，文心一格并无特殊的 GPU 使用限制，平均每两分钟即可生成一幅作品，对使用设备也无特别要求。

为了便于开发者的使用，文心一格还提供了 API 接口，以便将其融合到各种产品中。同时，文心一格还设计了多种实用的应用场景，例如装饰画、编织袋等，让用户能够一键预览自己的作品在不同环境下的视觉效果。这一设计将 AI 创作的可能性扩展到了各种实际应用场景，进一步提升了用户体验。

文心百中：大模型驱动的产业级搜索系统

文心百中依托文心 ERNIE 大模型，以极简的策略和系统方案，替代传统搜索引擎复杂的特征及系统逻辑，可低成本接入各类企业和开发者应用，并凭借数据驱动的优化模式来实现极致的行业优化效率和应用效果。文心百中适用于企业、知识、问答等多种应用场景，目前支持企业接入，便捷搭建个性化搜索系统。此外，用户还可以在飞桨文心百中搜索“体验中心”，体验目前开放的垂类场景搜索功能，如知识搜索、开发者搜索、经济 GDP 搜索等（图 4-21、图 4-22）。

Comate：编码辅助工具

“Comate”是一种基于文心大模型的代码助手工具，它利用文心大模型的理解和推理能力，实现了代码的快速补齐、自然语言转代码，以及自

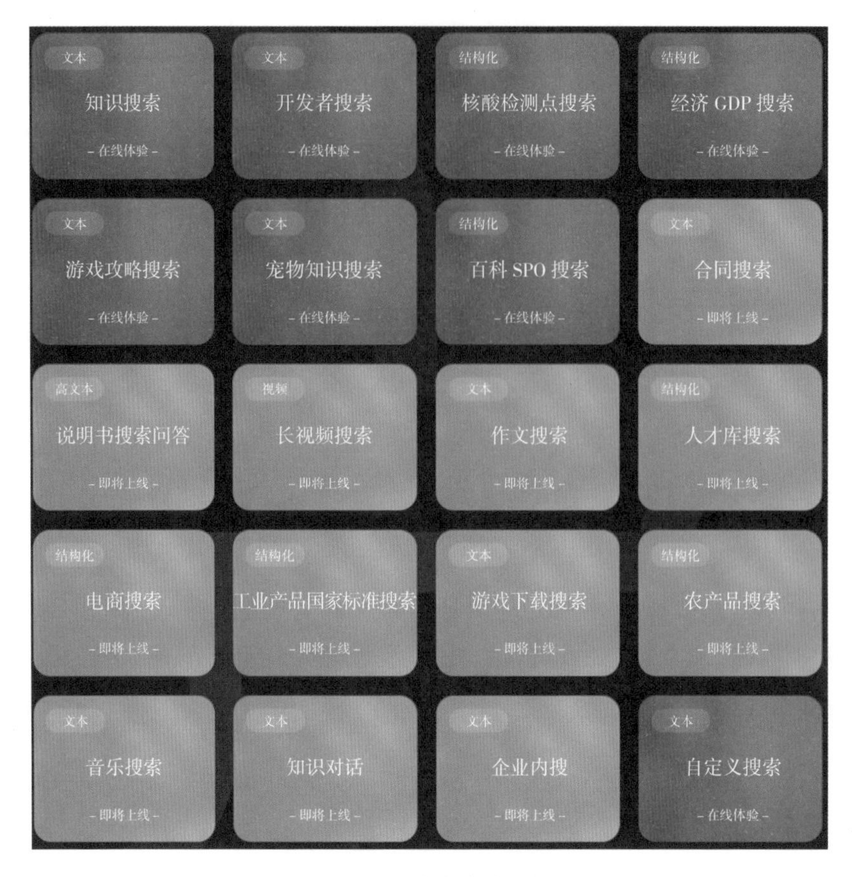

图 4-21　文心百中应用场景

资料来源　文心百中，民生证券研究院

动代码纠错等功能，全面提升了开发者的研发效率。初步实证结果显示，“Comate”在百度内部进行的大量测试中表现良好，近 50% 的建议代码被开发者采纳，已广泛应用于百度内部的各类产品开发中。

当前，“Comate”已成功覆盖了 30 余种编程语言，包括但不限于 C 语言、C++、Python、Java、Go、PHP、JavaScript 等主流编程语言，并且在这些语言中表现优异。此外，“Comate”支持程序员常用的主流集成开发环境（IDE），开发者可以通过插件在不同的开发软件中使用“Comate”。

在技术层面，“Comate”结合了飞桨深度学习框架与文心大模型，保证了

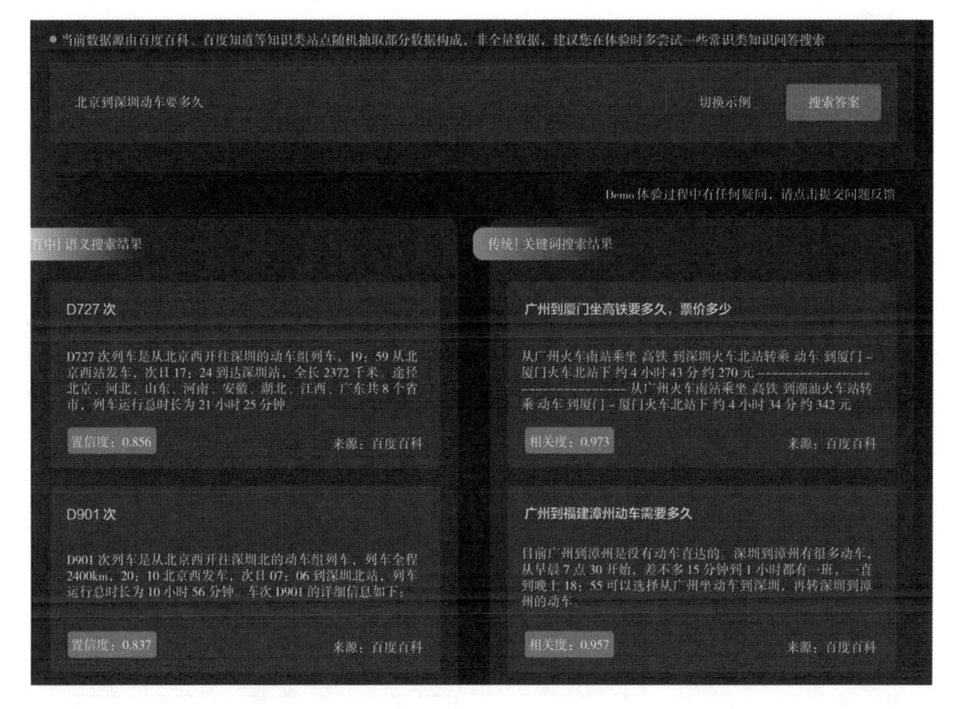

图4-22　文心百中知识搜索示例

资料来源　文心百中，民生证券研究院

推理单次请求的响应时间，约为300毫秒，保证了用户使用过程中的极速响应。预期在未来，“Comate”将通过插件等形式，在更多的主流开发软件中实现应用，为开发者提供更广泛的服务。

4.2.2　阿里

1. 计算基础设施

自研CPU+进口GPU：为大模型训练及推理提供超强算力（图4-23）

阿里云自研CPU倚天710、飞天、CIPU组合打造了全新的计算体系，通过芯片、操作系统、计算架构以及上层应用的协同优化，云计算的整体性能和性价比均得到大幅提升。①倚天 710 服务器 CPU：采用 Arm 架构，为云计算而生，自推出以来已落地了数据库、大数据、视频编解码等多个场景。②飞天云计算操作系统：飞天是服务全球的超大规模通用计算操作系统，可以将遍布全球的百万级服务器连成一台超级计算机，以在线公共服务的方式为社会提供计算能力。③ CIPU：是为飞天云操作系统设计的专用处理器，在数据中心内部替代 CPU 成为云计算体系架构的中心，CIPU 向下云化管理数据中心硬件，并对计算、存储和网络资源进行加速，向上接入飞天云操作系统，将全球 200 多万台服务器变成一台超级计算机，为客户提供更高性能、更低价格、更可靠的云计算服务。

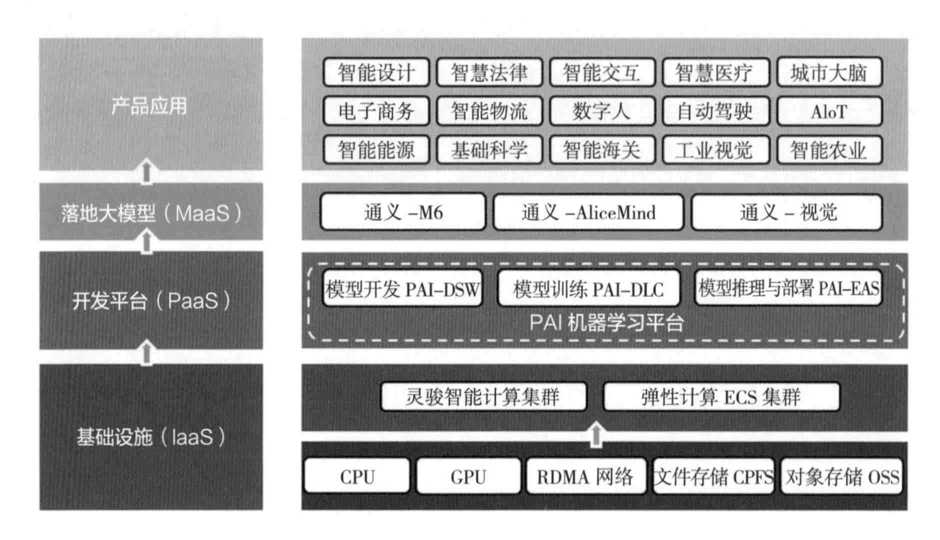

图 4-23　阿里云全栈 AI 技术体系

资料来源　机器之心公众号，民生证券研究院

①倚天 710 服务器 CPU 特点

• 优化片上互联以解决带宽瓶颈：采用新的流控算法，降低系统反压，有效提升了系统效率和扩展性，使单核高性能有效地转化为整个系统的高性能。

• 系统地址到 DRAM 地址采用新转换机制：支持安全、非安全隔离、多

NUMA、异常通道隔离多种特性，同时 DRAM 读写效率大幅度提升。

• 优化后端物理实现：在芯片后端设计方面，倚天 710 支持灵活调度多达 30 种不同 EDA 软件、深度定制时钟网络和定制 IP 技术。

• 采用先进封装技术：集成了业界最领先的内存 DDR5 和接口 PCIE5.0 技术，有效提升了芯片的传输速率，并使芯片能适配云的不同应用场景。

②飞天分布式操作系统（图 4–24）特点

• 超大规模通用计算能力：飞天系统可以将全球的百万级服务器连接成一台超级计算机，以在线公共服务的方式为社会提供计算能力。

• 强大的调度和数据能力：飞天具有单集群 1 万台服务器的任务分布式部署和监控能力，以及 EB（10 亿 GB）级的大数据存储和分析能力。

• 高级的安全能力：飞天提供了深度的安全管理，为中国 35% 的网站提供防御，并建立了自主可控的全栈安全体系。

• 开放的生态系统：兼容大多数生态软件和硬件，例如 CLoudfudry、Docker、Hadoop 等。

• 灵活的计算资源管理：飞天系统可以解决客户的计算成本问题，实现计算资源的弹性扩展，降低运营成本。

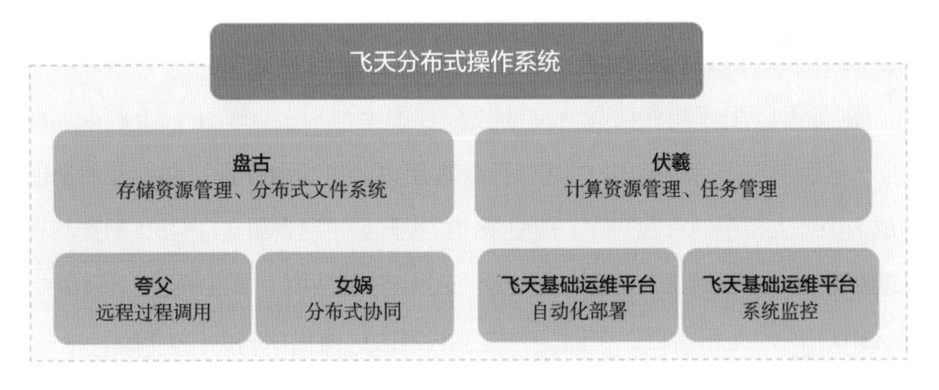

图 4-24　飞天分布式操作系统

资料来源　阿里云官网，阿里云开发者社区，InfoQ，雷锋网，民生证券研究院

• 提供数据智能能力：飞天可以解决客户应用的数据智能问题，让小客户具备和大公司一样的数据智能的能力。

• 支持高可用系统建设：飞天支持客户的服务在多个 region 部署，并支持灵活多样的数据同步机制，打造高可用系统。

③ CIPU 特点

• 计算云化加速：计算服务器即插即用，单容器虚拟化消耗减少 50%，虚拟化容器启动速度快 350%。

• 存储云化加速：通过全硬件虚拟化和转发加速，存储时延最低可至 30 微秒（PLX），云盘 IOPS 高达 300 万，存储带宽可达 200Gbps，同时还支持云上多计算节点 NVME 共享访问云盘块存储，Oracle RAC、SAP Hana 等高可用数据库可以无缝上云。

• 网络云化加速：基础带宽从 100G 升级至 200G，VPC 的 PPS 转发性能从 2000 万提升至 4000 万，网络时延从 22 微秒降低至 16 微秒，RDMA 协议下更可低至 5.5 微秒。

应用场景表现更佳：主流通用计算场景下，Nginx 性能提升了 89%，Redis 性能提升了 68%、MySQL 提升了 60%；大数据和 AI 场景下，AI 深度学习场景训练性能提升 30%，Spark 计算性能提升 30%。

阿里达摩院团队使用 480 卡英伟达 V100 GPU 即实现 10 万亿参数大模型 M6，同等参数规模能耗仅为此前业界标杆的 1%，高性能 AI 加速卡极大降低了大模型训练门槛。GPU 因其并行处理能力、更高内存带宽和硬件加速能力成为训练大模型的首选芯片，即使国内已经开始生产自研 AI 芯片，但产品在性能和兼容性方面通常并不能与全球领先的 GPU 制造商［如英伟达（NVIDIA）和 AMD］的产品相匹敌，在训练大模型时国内厂商仍依靠进口 GPU。

阿里云 RDMA 加速网络：为超算提供高带宽、低延时的数据传输支持

阿里云 2021 年发布的弹性 RDMA（eRDMA）采用了自研的拥塞控制（CC）算法，可以容忍 VPC 网络中的传输质量变化（延迟、丢包等），在

有损的网络环境中依然拥有良好的性能表现。①低延迟：eRDMA 可提供最低 5 微秒的时延，延迟表现优于同类技术方案（AWS 的 EFA 为 15.5 微秒），虽然比基于 Infiniband 实现的 RDMA 方案高了几微秒，但与原来 25 微秒的 VPC 相比，大约降低了 80%。②性能提升：因为 eRDMA 的低延迟特性，数据库、AI 和大数据等应用获得 30%~130% 的性能提升。③扩展性：eRDMA 突破了传统 RDMA 实现方案中无法大规模组网的问题，传统组网方案中，一台交换机只能支持三四百台设备，而 eRDMA 则能通过大规模组网构建更大的计算集群（图 4-25）。

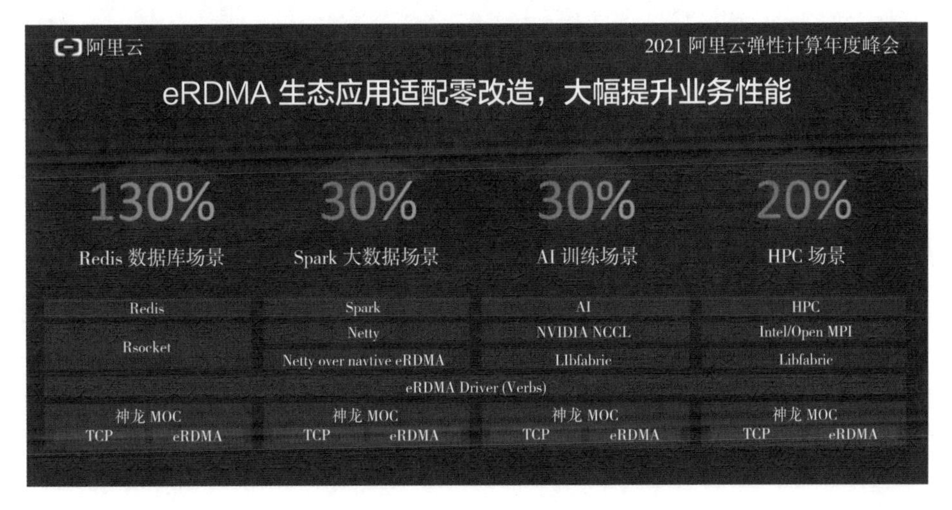

图 4-25 eRDMA 优点

资料来源 2021 阿里云弹性计算年度峰会，民生证券研究院

阿里云 2022 年发布的磐久超高性能网络采用高速网络协议并提升接入带宽，保障集群算力的线性输出，解决 AI 算力难题。磐久超高性能网络采用自研的 Solar-RDMA 高速网络协议，使处理器可以通过 load/store 指令访问其他任意服务器的内存，非常适合深度学习模型内神经网络的交互形态，相比传统模式可降低长尾时延 90% 以上，最低可至 2 微秒。同时，阿里云将云服务器的接入带宽数提升了一倍，可达 1.6Tbps，再配合上层的融合通信

库 ACCL，实现了在 AI 场景下的通信效率倍增，保障集群算力的线性输出，确保在大流量突发场景甚至部件异常的情况下，整个数据中心仍能保持稳定、高效地运转。

阿里云文件存储 + 对象存储服务：助力大模型训练数据管理

文件存储（Cloud Parallel File Storage，CPFS）是阿里云推出的全托管、可扩展并行文件系统，满足高性能计算场景的需求（表 4–12）。

表 4–12 阿里云文件存储（CPFS）优点

优点	具体说明
支持并行训练	CPFS 提供了统一的命名空间，这使得成百上千的机器可以同时访问同一数据集，所有的计算节点都可以同时读取和写入数据
高吞吐量和高 IOPS	CPFS 的吞吐量可以达到每秒数十 GB，IOPS（每秒输入 / 输出操作）能力可以达到每秒数百万次。这意味着 CPFS 可以在短时间内处理大量的数据读取和写入操作
低延迟	CPFS 的延迟可以达到亚毫秒级别，这对于减少模型训练时间非常有帮助。在训练过程中，如果数据读取和写入的延迟过高，可能会导致计算资源的浪费，降低训练效率
可靠性和持久性	CPFS 可以提供快速的数据读写，使得存储和恢复模型检查点变得非常容易，模型检查点是在训练过程中的某个时间点保存的模型状态，它们可以用于恢复中断的训练过程，在大模型训练过程中，如果发生故障，CPFS 可以确保不会丢失任何数据，从而从中断的地方继续训练

资料来源 阿里云官网，民生证券研究院整理

对象存储（Object Storage Service，OSS）是阿里云推出的海量、安全、低成本、高可靠的云存储服务，满足大模型训练的存储需求（表 4–13）。

表 4–13 阿里云对象存储（OSS）优点

优点	具体说明
海量数据处理能力	OSS 提供标准的 RESTful API 接口、SDK 包、客户端工具和控制台，使得上传、下载、检索和管理海量数据变得非常方便 OSS 无限制的存储空间满足海量数据存储需求 OSS 支持流式写入和读取，赋能大文件的同步读写业务场景

续表

优点	具体说明
可用性和持久性	大模型训练常常耗时较长，因此需要存储服务具有很高的可用性和数据持久性
安全性	大模型训练过程中，数据的安全性和完整性至关重要。OSS 的服务端和客户端加密、权限管控、IP 黑白名单访问限制、数据的版本控制等功能，为训练数据提供了多层的安全保障
多样数据处理能力	OSS 提供了多种数据处理能力，如图片处理、视频截帧、文档预览、图片场景识别、SQL 查询等，并能无缝对接 Hadoop 生态以及阿里云的其他计算和分析服务，这对于模型训练前的数据预处理和后期的模型分析都非常有利

资料来源　阿里云产品文档，民生证券研究院整理

2. 计算资源调度服务

阿里云灵骏集群：承载万亿参数大模型同时训练的底座

阿里云灵骏集群为 AI 训练专门定制，支持 10 万张 GPU 卡规模，通过自研 800G 的 RTA 网络连接，实现低延迟互联、高效存储的方案，可以使整个计算系统通信效率提升 17%。另外，开发者还可以通过 PAI- 灵骏，搭建高性能分布式模型训练平台，能训练 10 万亿参数大模型，使得上万张显卡联合训练超大模型，提供接近 10 倍的训练性能提升。“灵骏”支持云原生 AI 研发场景，为大型 AI 模型、预训练大模型提供深度优化的智能计算服务，可为图形图像识别、自然语言处理、搜索广告推荐等 AI 应用场景提供高效、可预期的训练服务，加速迭代效率（表 4–14）。

表 4–14　阿里云灵骏集群优点

优点	具体说明
“万卡级”线性拓展	最大支持 10 万卡 GPU 的计算规模，满足不同规模 AI 训练算力需求 基于高性能网络 RDMA 和自研高性能通信库 ACCL/C4，做到超大规模的全速线性互联和高效并行计算，使得点对点通信延迟时间低至 2 微秒，从而实现算力资源平滑扩容，性能线性拓展

续表

优点	具体说明
全局智能数据加速	根据应用的数据特征，从远端存储到内存，对数据加载策略进行全局智能优化，充分释放计算系统 IO 性能，最大实现 20TB/s 并行存储吞吐量
池化异构算力	通过自研“共中心架构”，解决多芯融合及跨代兼容问题，支持 CPU+GPU 等异构算力融合部署、统一调度，为不同应用的计算负载提供多元化的智能计算服务 为异构算力深度定制的 IT 运维管理平台，实现异构算力、池化资源、使用效率的全流程监控管理 实现 GPU 无损池化，以云原生容器化的方式，对 GPU 资源进行细粒度切分调度，满足协同开发，GPU 虚拟化技术经“双十一”大规模应用验证，资源利用率可提升 3 倍
云上资源互通	提供多种规格的专线网络，高效、安全地联动云上资源，可以与机器学习平台 PAI、容器服务 ACK、文件存储 CPFS 等产品组合使用

资料来源 阿里云官网，民生证券研究院整理

阿里云弹性计算（Elastic Compute Service，ECS）集群：实现计算资源的弹性伸缩

阿里云 ECS 集群是指由多个 ECS 实例组成的集群，ECS 集群可以提供更高的云计算能力，并且可以灵活地扩展或缩小以适应不同的需求。单个 ECS 实例是一台云服务器 ECS，等同于一台虚拟机，包含处理器（芯片）、内存、操作系统、网络、磁盘等最基础的计算组件。面向各类企业应用场景，阿里云云服务器 ECS 可提供超过 100 款高性能规格族，企业根据实际业务场景可选择不同配置实例搭配 1 到 65 块不同容量的存储磁盘（表 4–15）。

表 4–15 阿里云 ECS 集群优点

优点	具体说明
弹性灵活	纵向弹性：可以根据业务量的增减情况自由变更配置，包括实例的计算资源可以随时升降配，存储资源可以及时扩容，网络带宽资源可以随时更改等。例如，随着模型规模的增大和数据量的增加，可能需要更多的计算资源，ECS 集群可以根据需要灵活地添加或删除计算节点，以满足计算需求 横向弹性：利用横向的扩展和缩减，配合阿里云的弹性伸缩，可以做到定时定量的伸缩，或者按照业务的负载进行伸缩，最大限度地降低使用成本

续表

优点	具体说明
稳定性	单实例可用性达 99.975%，多可用区多实例可用性达 99.995%，如果一个 ECS 实例出现故障，集群中的其他实例可以接管其任务，保证了训练任务的连续性和可用性 当使用 ECS 集群时，可以利用负载均衡技术，将计算任务均匀地分配给每个 ECS 实例，防止某些节点过载，提高了系统的稳定性
安全性	云盘采用多副本，数据安全可靠性高 ECS 可实现宕机自动迁移，支持快照备份，自动警告等多种安全保障 提供 DDoS 防护、端口入侵检测、漏洞扫描、木马查杀等服务，支持可信计算、硬件加密、虚拟化加密计算，提供全方位的硬件加密能力
云上资源互通	提供多种规格的专线网络，高效、安全地联动云上资源，可以与机器学习平台 PAI、容器服务 ACK、文件存储 CPFS 等产品组合使用

资料来源 阿里云云服务器 ECS 产品文档，民生证券研究院整理

3. 机器学习平台

阿里云机器学习平台 PAI（Platform of Artificial Intelligence）：为开发者和企业提供一站式的机器学习解决方案。

阿里云机器学习平台 PAI，为传统机器学习和深度学习提供从数据处理、模型训练、服务部署到预测的一站式服务。**阿里云将 PAI 看作是大模型界的 AI OS 开发系统，其支持万卡的单任务分布式训练规模，可以将 AI 训练效率提升 10 倍、推理效率提升 6 倍，并提供全链路的 AI 开发工具与大数据服务。阿里云机器学习平台 PAI 提供了模型构建、训练、评估和优化等工具，以帮助用户处理数据、构建、训练和部署机器学习模型（表 4–16）。**

表 4–16 阿里云机器学习平台 PAI 提供的服务

PAI 服务	介绍	特点
智能标注（iTAG）	智能化数据标注平台，支持图像、文本、视频、音频等多种数据类型的标注以及多模态的混合标注	支持灵活标注，可以直接使用平台预置的标注模板，也可以根据场景自定义模板进行数据标注 目前仅支持分类场景，例如图像分类、文本分类

续表

PAI 服务	介绍	特点
可视化建模（Designer）	基于云原生架构 Pipeline Service——PAIFlow 的可视化建模工具，提供端到端的机器学习全链路开发环境	内置丰富且成熟的机器学习算法，覆盖商品推荐、金融风控及广告预测等场景，可以快速满足不同方向的业务需求 支持基于 MaxCompute、通用训练资源、Flink 等计算资源进行大规模分布式运算 系统提供百余种 AI 开发流程组件，支持接入 MaxCompute 表数据或 OSS 数据等多种数据源，通过自带阿里最佳实践的算法进行模型构建，并将模型部署至模型在线服务 EAS 提供当前工作流相关任务的管理、工作流版本管理及回滚 进行模型训练时，PAI-Designer 提供可视化大屏，对过程中的数据、模型、评测指标进行可视化分析
交互式建模（DSW）	云端机器学习开发 IDE，为开发者提供交互式编程环境	支持在 JupyterLab，VSCode 和终端上编写、调试和运行 Python 代码 内置各种常用机器学习库和框架（pandas/numpy/sklearn、tensorflow/xgboost/pytorch、CUDA/gcc），支持自定义安装第三方库 支持资源实时监控。算法开发时，可以显示 CPU 或 GPU 的使用情况 支持多源数据接入，包括 MaxCompute、OSS 及 NAS 支持编写和运行 SQL 语句 支持多种资源类型，公共资源组（包括纯 CPU 及多种 GPU 算力卡）及专有资源组
分布式训练（DLC）	云原生深度学习训练平台，提供稳定可靠的训练算力，显著提升 AI 模型的训练速度	离线任务管理：支持用户通过多种方式提交任务，且能简单明了地查看任务日志、状态、资源消耗、创建者以及任务配置等 一站式工具平台：为企业级客户提供更接近企业级的使用场景，包括集群资源管理、人员管理等，有效降低管理成本和运算资源浪费 运行环境自定义：预置多种运行环境，同时也支持用户自定义运行环境，以满足特殊的使用场景和需求 超大规模分布式任务支持：在 DLC 上运行过千节点的分布式深度学习任务

续表

PAI 服务	介绍	特点
模型在线服务（EAS）	模型在线服务平台，支持用户将模型一键部署为在线推理服务或 AI-Web 应用	灵活易用：与 PAI-Designer、PAI-DSW 无缝对接，提供灵活的模型部署方式及服务调用方式（公共资源组或专属资源组） 实现基于异构硬件（CPU 和 GPU）的模型加载和数据请求的实时响应 提供丰富的版本管理、灰度发布、一键压测、流量镜像、实时监控等功能

资料来源 阿里云 PAI 产品文档，阿里云官网，民生证券研究院整理

4. 基础大模型

通义 -M6-OFA（One For All）：执行无视任务类型和模态的“全面性”的任务。

通义 -M6-OFA 模型是通义大模型系列的底座，作为单一模型，在不引入新增结构的情况下，可同时处理图像描述、视觉定位、文生图、视觉蕴含、文档摘要等十余项单模态和跨模态任务。近期 M6-OFA 完成升级后，可处理超过 30 种跨模态任务（图 4-26）。

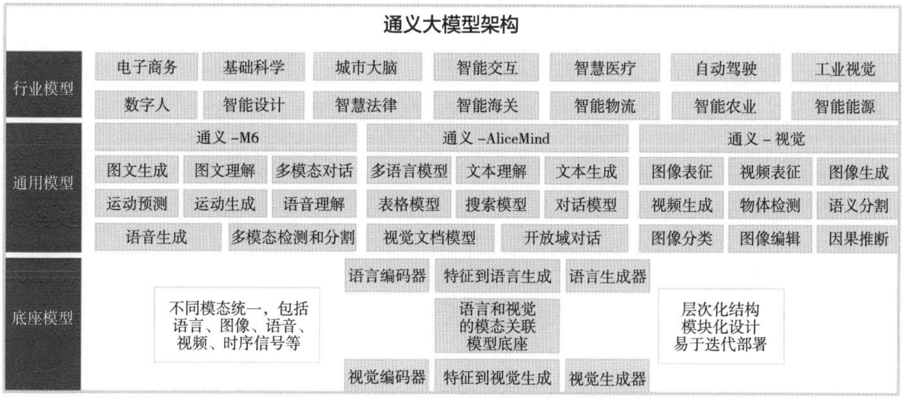

图 4-26 通义大模型架构

资料来源 民生证券研究院

研究人员设计了 Seq2Seq 学习范式，用于对涉及不同模态的所有任务进行预训练、微调和推理，支持将涉及多模态和单模态（即 NLP 和 CV）的所有任务都统一建模成序列到序列（Seq2Seq）任务。使用 Seq2Seq 可以使 OFA 模型在所有任务中进行训练，不限于数据的形式（文本或图像）（图 4–27）。研究人员指出，模型在所有任务中共享相同的学习方法，同时指定了用于区分的手工指令，研究人员设计了以下学习任务用于区分，分别有：① 5 项多模态任务：视觉接地、接地字幕、图文匹配、图像字幕和视觉问答（VQA）；② 2 项视觉任务：图像检测和图像填补；③ 1 项文本任务：文本填补（表 4–17）。

表 4–17　通义 –M6–OFA 全模态任务学习设计

任务	训练数据	指令
视觉接地	图像特定区域和描述区域图像的文本	“文本描述的是图像哪个区域”
接地字幕	图像特定区域	“该区域描述了什么”
图文匹配	正样本（Yes）：原始图像 + 描述文本 负样本（No）：图像 + 随机替换的文本	“该文本正确描述图像了吗”
图像字幕	图像	“该图像描述了什么”
视觉问答	一张图像和关于该图像的问题	“正确的答案是？”
图像检测	图像	“图片的对象是什么？”
图像填补	缺失中间部分的图像	“中间部分的图像是什么？”
文本填补	文本	“下一个词是什么”

资料来源　民生证券研究院

研究人员在训练中进行以下操作，使得模型可以在多模态数据上训练。①图像处理：使用 ResNet 提取输入图像的 patch features，ResNet 是一种常

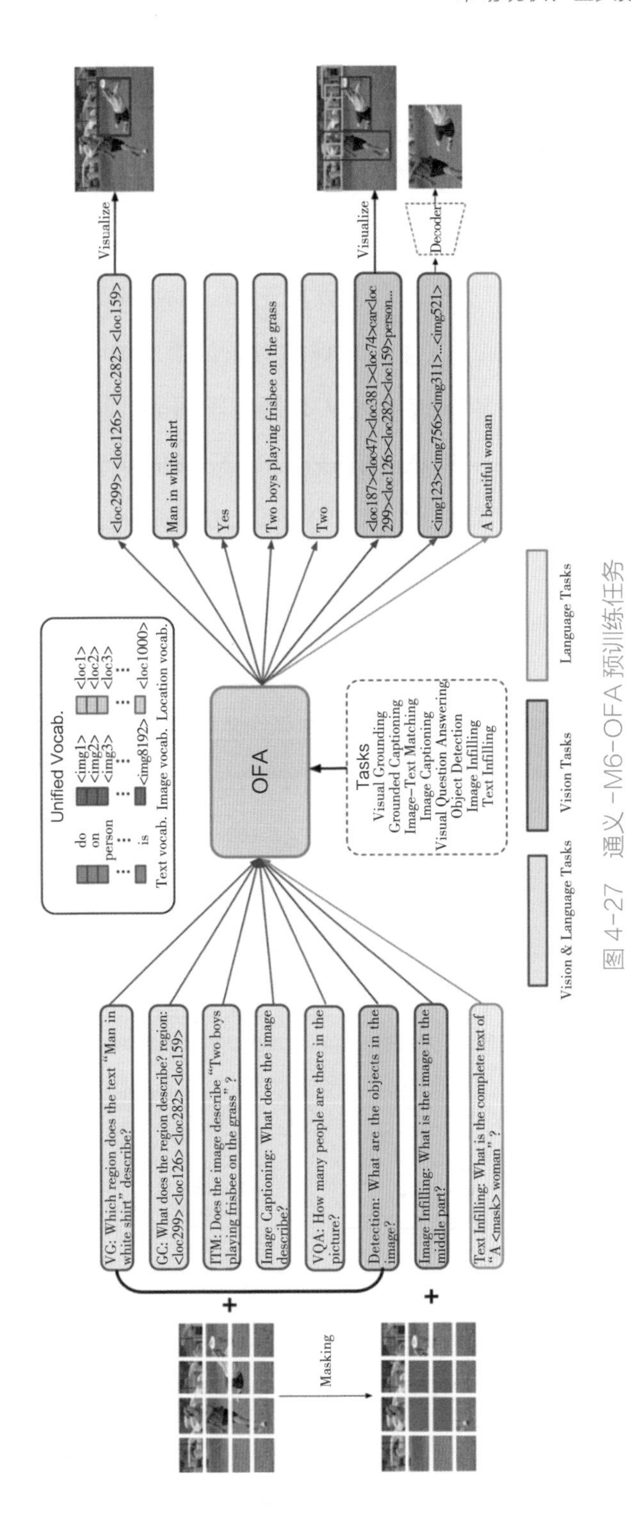

图 4-27 通义-M6-OFA 预训练任务

资料来源 机器之心公众号，民生证券研究院用于图像识别的卷积神经网络，它在这里用于将图像转换为 Transformer 模型可以处理的形式（patch features）。②文本处理：应用字节对编码（BPE）将文本数据转换为子词序列并嵌入到特征。③图像中对象处理：每个对象都由标签和边界框标识。边界框是一个矩形，用于框住图像中的对象，其坐标被简化（或“离散化”）为整数，以便于 Transformer 处理。④统一词汇表：所有不同的标记（来自文本、图像和对象位置）被收集到一个统一的词汇表中，模型可以使用该词汇表从数据中学习。⑤训练：整体采用 Transformer Encoder-Decoder+ ResNet Blocks。ResNet Blocks 用于提取图像特征，Transformer Encoder 负责多模态特征的交互，Transformer Decoder 采用自回归方式输出结果（图 4-28）。

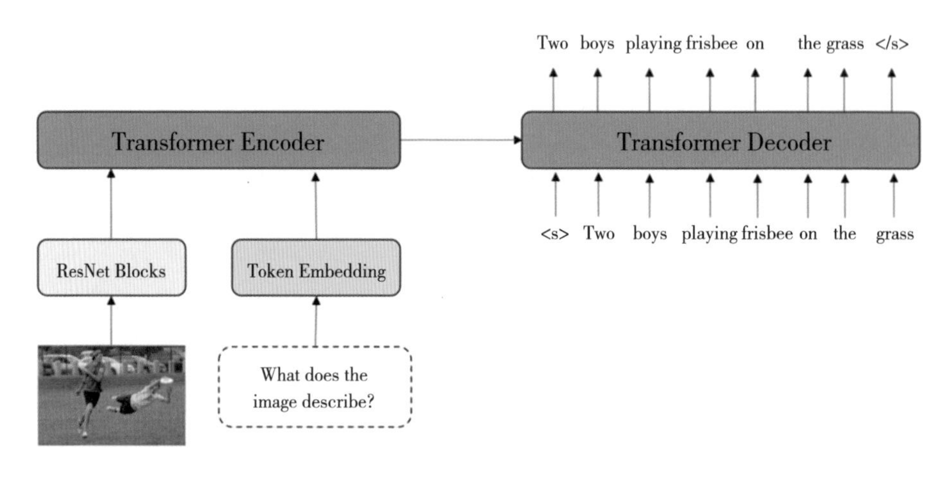

图 4-28 通义 -M6-OFA 训练过程

资料来源 机器之心公众号，民生证券研究院

通义 -AliceMind：深度语言模型体系

通义 -AliceMind 是阿里达摩院开源的深度语言模型体系，在通用语言模型 StructBERT 基础上，拓展到多语言、生成式、多模态、结构化、知识驱动等方面（图 4-29）。其中 AliceMind-PLUG2.0 模型参数规模达 270 亿，集语言理解与生成能力于一身，在小说创作、诗歌生成、智能问答等长文本生成

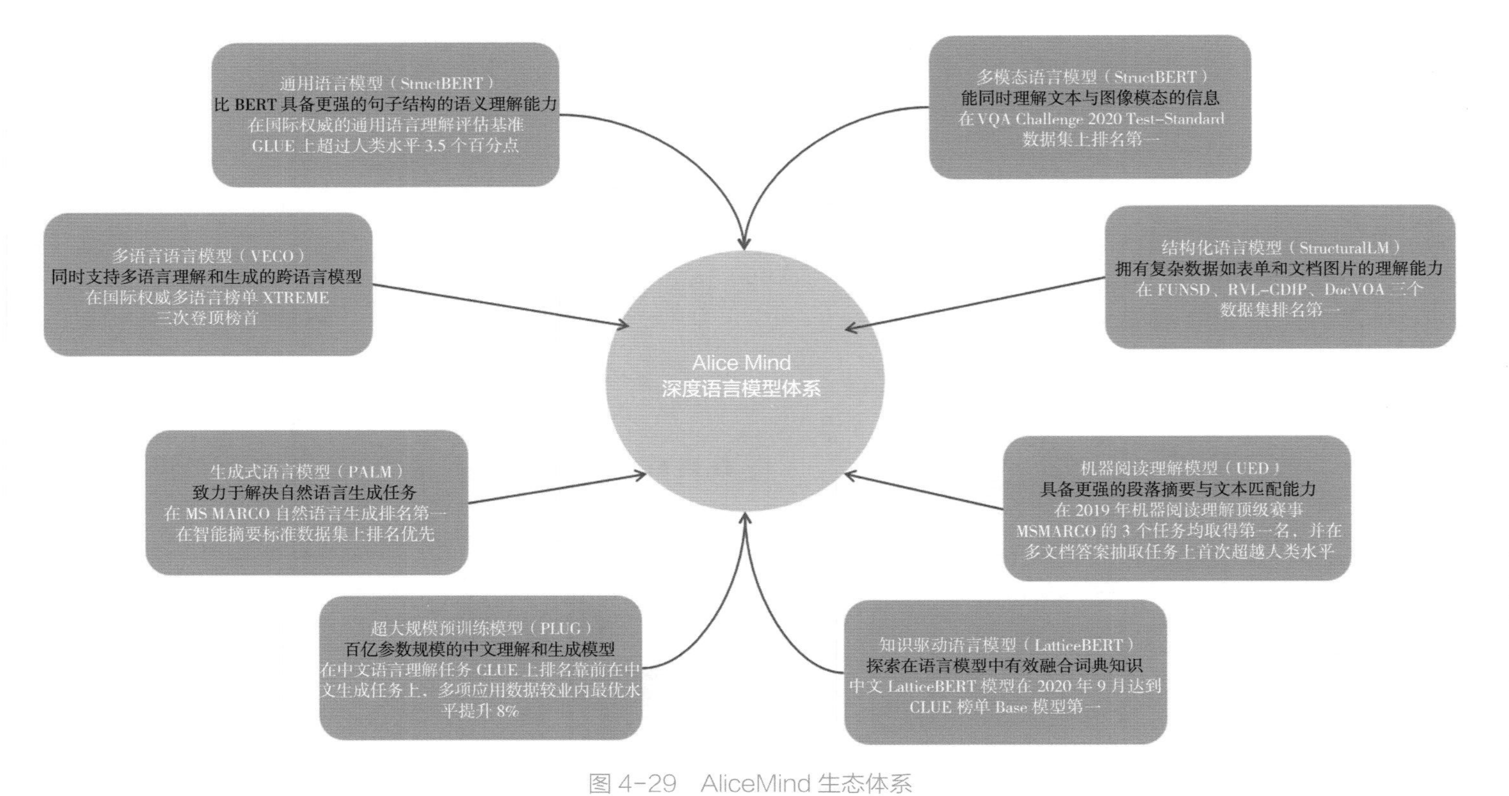

图 4-29 AliceMind 生态体系

资料来源 智东西，民生证券研究院

领域表现突出，其目标是通过超大模型的能力，大幅提升中文 NLP 各类任务的表现，取得超越人类表现的性能。发布后，PLUG 刷新了中文语言理解评测基准 CLUE 分类榜单历史纪录。

通义 – 视觉生成大模型：文本生成图像 / 视频

通义 – 视觉生成大模型采用多模态学习和基于知识重组的训练方法。①多模态学习即图像标注的方法从简单的单一标签（例如，一个图片被简单地标注为“豹”）变为语言描述（同样的图片可能被标注为“一只褐色的豹子站在草地上望着前方”）。通过引入更复杂的标注方法，可以获取和使用更多、更有深度的数据，这使得 AI 系统可以理解更复杂的场景，而不仅仅是单一的对象或概念。②基于知识重组的训练是把数据以先验知识为结构分类重组，然后从先验知识的分组中采样输入基础模型训练。数据量越大，基于知识重组的大模型训练就越有效（图 4–30）。

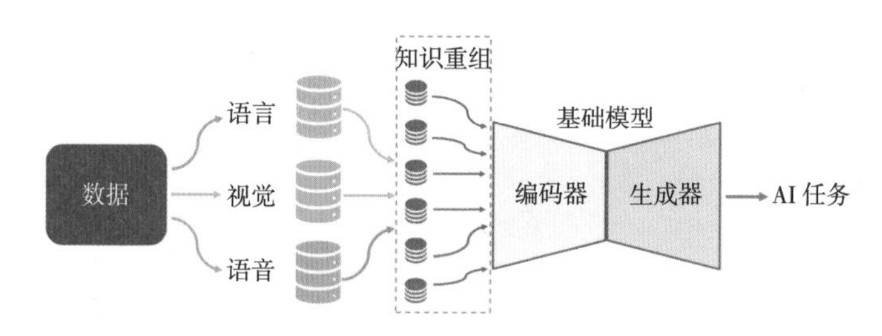

图 4–30　基于知识重组的训练

资料来源　APSARA 云栖大会，民生证券研究院

通义 – 视觉生成大模型自下往上分为底层统一算法架构、中层通用算法和上层产业应用。模型可以在电商行业实现图像搜索和万物识别等场景应用，并在文生图以及交通和自动驾驶领域发挥作用（图 4–31）。

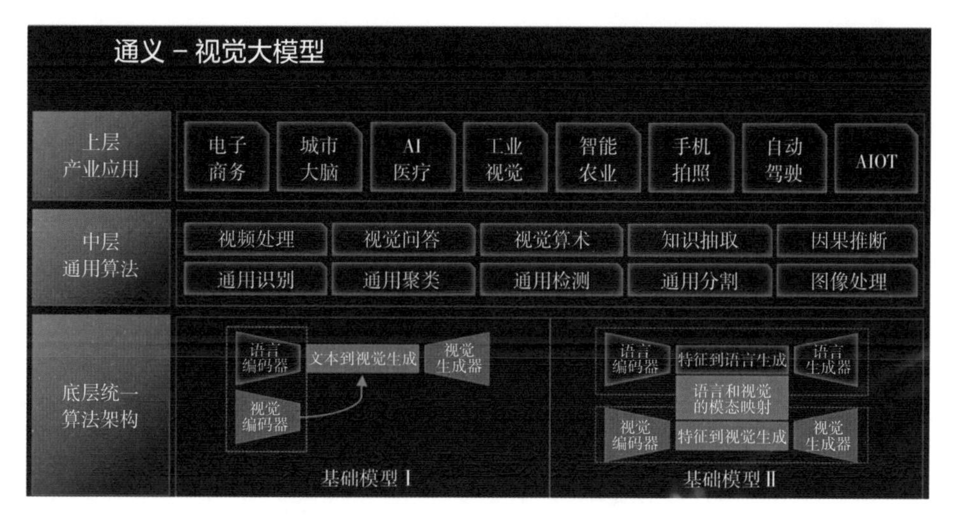

图 4-31　通义－视觉生成大模型架构

资料来源　机器之心公众号，民生证券研究院

5. 工具、套件与平台

DashScope 灵积模型服务：提供大模型 API 接口

DashScope 灵积模型服务建立在“模型即服务”（Model-as-a-Service，MaaS）的理念下，围绕 AI 各领域模型，通过标准化的 API 提供多种模型服务。目前灵积官网提供通义千问、Paraformer 语音识别、通用文本向量、Dolly 四种模型的 API 接口。此外，阿里云机器学习平台 PAI+ 灵积模型服务，可以帮助开发者打造低延时大模型推理和服务平台，覆盖了模型的推理、训练全过程。

AliceMind 工作台

AliceMind 工作台提供多种模型功能，如数据管理和模型训练、测试、部署、调用等。具体来说，用户可以使用 AliceMind 工作台直接调用平台开放的算法模型，或者用户使用基于平台的预训练模型（Bert model、Foundation model 等）训练自己的模型，之后根据指引上传部分数据，训练出个人专属的定制模型。此外，平台还提供了模型线上部署和调用的环境。

ModelScope 魔搭社区

ModelScope 是由阿里云精心打造的开源 AI 模型平台，为用户提供了模型探索、推理、训练、部署及应用的综合服务。该社区致力于集结行业内的前沿预训练模型，以减轻开发者的研发负担，同时提供更加环保、开放的 AI 开发环境和模型服务，以此推动绿色“数字经济”的建设。魔搭社区的首批模型数量超过 300 个，涵盖了 AI 的主要应用领域，如视觉、语音、自然语言处理以及多模态等。超过 60 种不同类型的任务都可以通过这些模型来实现。所有上架模型都经过了专家的筛选和效能验证，包含超过 150 个业界领先（SOTA）模型和十多个大模型，并已开放源代码或使用权。社区鼓励中文模型的开发和使用，以期丰富中文模型的供应，更好地满足本地化需求。目前已经上架的中文模型超过 100 个，超过总量的三分之一。其中包括一批探索人工智能前沿的中文大模型，如阿里通义大模型系列、澜舟科技的孟子系列模型、智谱 AI 的多语言预训练大模型、mGLM 多语言生成中文摘要模型等。

6. 大模型产品

类 ChatGPT 产品：通义千问

通义千问是一个专门响应人类指令的语言大模型。其基于 10 万亿参数的 M6 模型训练，可以理解和回答各个领域的问题，包括常见的、复杂的甚至是少见的问题。该语言模型支持多轮交互及复杂指令理解，具备多模态融合能力，并支持外部增强 API。具体来说，通义千问可提供文案创作、对话聊天、知识问答、逻辑推理、代码编写、文本摘要以及图像视频理解服务。阿里旗下应用未来将全部接入大模型，目前，钉钉已经接入通义千问升级成为智能协同办公平台、智能应用开发平台，输入斜杠“/”即可唤起智能服务（图 4-32、图 4-33）。

图 4-32　通义千问“全家桶”

资料来源　阿里云峰会，民生证券研究院

①在创作时，它能帮你拟标题、润色文案。
②在汇报时，它能帮你扩写方案。
③在准备开会时，它能帮你合理安排日程。
④在开会时，它能帮你总结会议摘要。
⑤在会后，它还能帮你列出待办事项。
⑥在群聊时，它能把海量聊天记录生成摘要。
⑦在应用开发时，它能帮你把图片生成应用。
⑧在做决定时，它能帮你一键生成投票应用。
⑨在整理资料时，它能自主学习资料，当你的智能客服。
/设计/写文案/画表情包/会议摘要/应用开发……

图 4-33　通义千问 + 钉钉

资料来源　IT 之家，民生证券研究院

强大的智能语音识别和翻译工具：通义听悟

阿里通义听悟是由阿里巴巴达摩院研发的自然语言处理平台，主要致力于提供更智能、高效的语音识别、语音合成、语义理解等服务。**它依托通义千问语言模型、音视频 AI 模型能力，为用户带来音频、视频内容记录和阅读的全新体验，成为在工作和学习中的 AI 助手。例如，对于职场人士，通义听悟可以帮其记录和回顾每一场会议；对于学生，通义听悟可以让其不遗漏老师讲授的每一个重点；对于金融分析师或媒体从业人员，通义听悟可以**

存档其每一次的调研访谈。

核心能力：

（1）实时语音转写。生成智能记录、支持自主检索关键词和区别发言人。

（2）文件转写。会议、学习、访谈等音视频文件快速上传，同时可上传50个本地文件。

（3）实时翻译。目前支持中英互译。

（4）快速标记。支持高亮标记重点、问题、待办事项，支持筛选和批量摘录。

（5）便捷导出。支持下载原文、笔记、音视频和译文，支持 word、pdf 和 srt 字幕文件导出。

进阶功能：

（1）多语言语音识别。支持中文、英文、粤语，以及中英文自由说（中英文大篇幅混说场景）的语音识别能力。

（2）关键词提炼。智能精准提取转写结果中的关键词。

（3）智能生成。生成全文概要、章节速览、发言总结、待办事项。

（4）自动区分发言人。支持根据发言人筛选内容。

（5）自定义专有词汇。支持添加和上传人名、地名、专业领域名词等词汇，以及中英文词汇及词组、中英文组合、字母数字组合，提升相应内容识别准确率。

（6）提取问题。智能提取原文中的问题并生成列表，支持回转跳听。

（7）智能替换。一键替换本次录音已识别出的所有结果，并且在本次录音后续识别过程中自动替换目标词汇。

（8）检测声音事件。可以识别笑声、掌声、拍桌子声和音乐声，并实时提醒。

产业应用：企业专属大模型

阿里云于 2023 年 4 月启动“通义千问伙伴计划”，聚焦专属大模型落地垂直行业。该计划将首次联合行业领军企业，推动“通义千问”大模型在油气、电力、交通、金融、酒旅、企服和通信 7 个不同行业的落地应用，共同打造产业生态。例如，创建一个专门针对油气行业的大数据模型。该模型将为油气勘探、生产、经营的全流程提供决策参考，大数据模型帮助企业更好地理解、分析和利用海量的油气数据，从而提升全链路的质量和效率（图 4–34）。

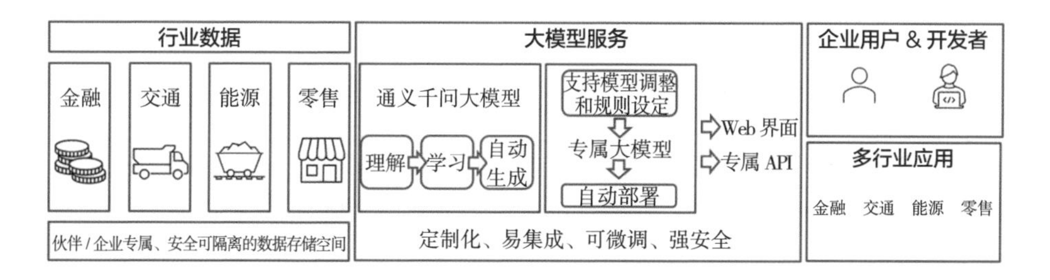

图 4–34　通义 – 行业大模型架构

资料来源　阿里云峰会，民生证券研究院

“专属大模型”不仅具备“通用大模型”的知识和能力，还拥有对应行业和场景的知识积累。企业专属大模型能更好地支撑垂直行业各式各样的应用与服务，满足不同企业对大模型的特殊要求。企业可以结合自己的行业知识及场景需求，对“通义千问”大模型进行再训练和精调，打造企业的专属大模型，并将其集成到自己的解决方案中。未来将提供两种企业专属大模型的使用方式，一种是 Web 界面，能够直接使用或是嵌入在企业的各类网站中，让企业能够快速使用专属大模型的服务；另一种是专属 API 服务，让企业的开发者能够通过企业大模型提供的专属 API 开发各类企业的应用，提供对内的管理应用以及对外的客户服务。

4.2.3 腾讯

1. 硬件端

先进算力的背后是先进芯片、先进网络、先进存储等一系列的支撑。腾讯云正式发布了面向大模型训练的新一代高性能计算集群 HCCPNV5。该集群采用最新一代腾讯云星星海自研服务器，并搭载了英伟达 H800 Tensor Core GPU（国内首发），提供业界目前最高的 3.2Tbps 超高互联带宽，算力性能比前代提升了 3 倍。

先进芯片：除了使用英伟达 H800 Tensor Core GPU，腾讯多款自研芯片已经实现量产。用于 AI 推理的紫霄芯片、用于视频转码的沧海芯片已在腾讯内部交付使用，性能指标和综合性价比显著优于业界其他芯片。其中，紫霄芯片采用自研存算架构，增加片上内存容量并使用更先进的内存技术，消除访存能力不足制约芯片性能的问题，同时内置集成腾讯自研加速模块，减少与 CPU 握手等待时间。目前，紫霄芯片已经在腾讯头部业务规模部署，提供高达 3 倍的计算加速性能，以及节省超过 45% 的整体成本。

先进网络：腾讯自研的星脉网络，为新一代集群带来 3.2T 的超高通信带宽。在“星脉网络”的加持下，单集群规模支持 4K GPU（最大支持 10 万 + GPU）、超 EFLOPS（FP16）算力。搭载同样的 GPU，3.2T 星脉网络相较前代网络，能让集群整体算力提升 20%，使得超大算力集群仍然能保持优质的通信开销比和吞吐性能。并提供单集群高达十万卡级别的组网规模。

先进存储：新一代 HCC 集群，引入了腾讯云最新自研存储架构，支持不同场景下对存储的需求。例如其中的 COS+GooseFS 方案，就提供基于对象存储的多层缓存加速，大幅提升了从端到端的数据读取性能；而 CFS Turbo 多级文件存储方案，则充分满足了大模型场景下，大数据量、高带宽、低延时的存储要求。

2. 软件端

太极机器学习平台

为了应对算力的需求，腾讯设计了一款名为太极 -HCF Toolkit 的大模型压缩方案，采取“先蒸馏后加速”的策略。腾讯太极机器学习平台是一个高性能的机器学习平台，集模型训练和在线推理于一身，为 AI 大模型预训练推理和应用落地提供了全面的工程支持。太极机器学习平台提供了全流程高效开发工具，包括数据预处理、模型训练、模型评估到模型服务，以及从模型蒸馏、压缩量化到模型加速的完整能力，以满足 AI 工程师的需求。由于太极框架封装了多种功能和验证，只要配置正确，就无须额外测试，从而大大提升了开发效率。在太极机器学习平台的基础上，融合强大的底层算力和低成本的高速网络基础设施，腾讯成功打造了首个可在工业界海量业务场景直接落地的万亿自然语言处理大模型——HunYuan-NLP 1T（简称混元）（图 4-35）。

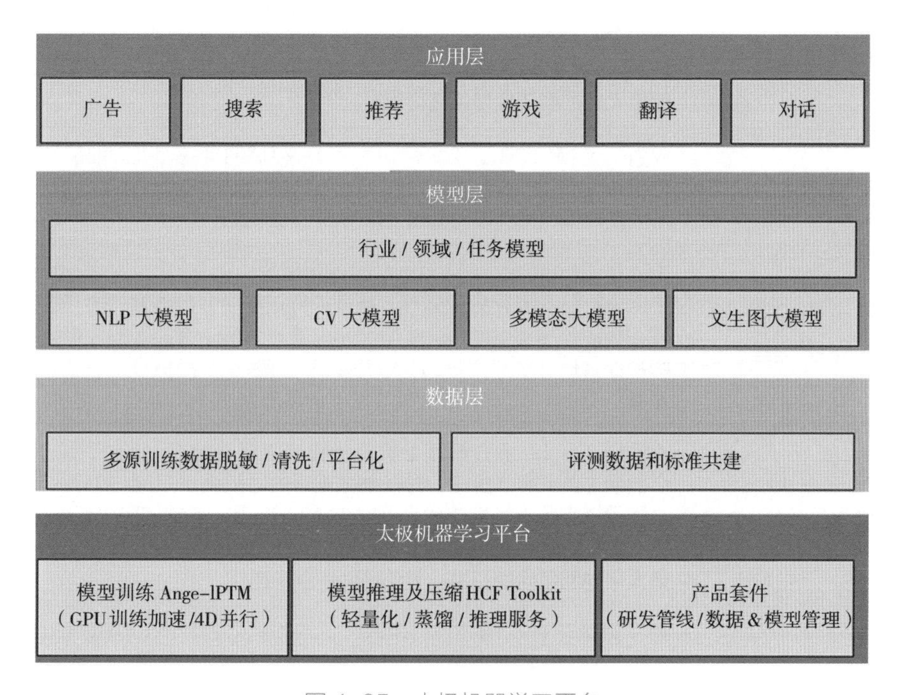

图 4-35　太极机器学习平台

资料来源　ofweek，民生证券研究院

3.Angel-PTM 训练框架

Angel-PTM 是一个为预训练和微调 Transformer 模型而设计的高效深度学习系统。它可以有效地训练极大规模的模型，主要设计理念包括细粒度内存管理和统一的调度方法，用于协调计算、数据移动和通信。Angel-PTM 的细粒度内存管理使用了“页面”抽象，且设计了一个统一的调度方法来进行协调。此外，Angel-PTM 支持通过 SSD 存储进行极端模型扩展，实现了无锁更新机制，能够解决 SSD I/O 带宽瓶颈问题。其中引入的 ZeRO-Cache 优化策略是一个超大规模模型训练的利器，具体优势涵盖以下几个方面（表 4-18）：

表 4-18　Angel-PTM 平台优势

优势	具体说明
统一视角存储管理	Angel-PTM 引入了 chunk 对内存和显存进行管理，保证所有模型状态只存储一份。通常，模型会存储在内存或显存上，但 ZeRO-Cache 引入异构统一存储，使用内存和显存共同作为存储空间，从而极大地扩展了模型存储可用空间
统一视觉存储管理	Angel-PTM 实现了 Tensor 底层分片存储的机制，极大地扩展了单机可用存储空间，同时避免了不必要的 pin memory 存储浪费，从而使得单机可负载的模型上限得到了极大提升
ZeRO-Cache 显存管理器	引入了 Contiguous Memory 显存管理器，在 PyTorch Allocator 之上进行二次显存分配管理，模型训练过程中参数需要的显存的分配和释放都由 Contiguous Memory 统一管理，在实际的大模型训练中显著提升了显存分配效率并减少了碎片，从而提高了模型训练速度
PipelineOptimizer	ZeRO-Cache 会在模型参数算出梯度之后开始 Cache 模型的优化器状态到 GPU 显存，并在参数更新的时候异步 Host 和 Device 之间的模型状态数据传输，同时支持 CPU 和 GPU 同时更新参数。ZeRO-Cache 优化了模型状态 H2D、参数更新、模型状态 D2H，最大化地利用硬件资源，避免硬件资源闲置
多流异步化	为了最大化地利用硬件，ZeRO-Cache 多流异步化 GPU 计算、H2D 和 D2H 单机通信、NCCL 多机通信，参数预取采用用时同步机制，梯度后处理采用多 buffer 机制，优化器状态拷贝采用多流机制

续表

优势	具体说明
ZeRO-Cache SSD 框架	为了以更低成本扩展模型参数，ZeRO-Cache 进一步引入了 SSD 作为三级存储。针对 GPU 高计算吞吐、高通信带宽和 SSD 低 PCIE 带宽之间的 GAP，ZeRO-Cache 放置所有 fp16 参数和梯度到内存中，让 forward 和 backward 的计算不受 SSD 低带宽影响，同时通过对优化器状态做半精度压缩来缓解 SDD 读写对性能的影响

资料来源 腾讯云开发者社区，民生证券研究院

根据研究论文《Angel-PTM：A Scalable and Economical Large-scale Pre-training System in Tencent》中介绍 Angel-PTM 的主要贡献是：

（1）对腾讯大规模模型训练任务的特性和需求进行分析，并提出了 Angel-PTM 的基础设计，以满足这些需求，其中包括数据并行性、参数切分和层级内存，以便于使用，并对各种数量的 GPU 进行透明扩展。

（2）为了减少内存碎片并充分利用内存和带宽，提出了细粒度的页面抽象，并在页面级别管理模型状态，包括分配、释放、移动和通信。此外，设计了统一的调度器，以及基于细粒度生命周期的调度方法，以动态的方式管理这些操作，从而实现高效训练。

（3）为了支持将模型扩展到极端规模，集成了 SSD 存储，并设计了无锁更新机制，以消除 SSD I/O 带宽的瓶颈。

Angel-PTM 训练框架依托腾讯太极机器学习平台支持“混元”多模态大模型和“混元”自然语言处理大模型的研发和训练工作，已在腾讯部署并上线公有云，助力降本增效，它支持一系列产品和服务，包括微信、QQ、腾讯游戏、腾讯广告和腾讯云，其大模型覆盖了多个 AI 领域，如自然语言处理、计算机视觉（CV）和跨模态任务等。

腾讯混元 AI 大模型

腾讯混元 AI 大模型目前主要覆盖自然语言处理、计算机视觉、多模态

等基础模型和众多行业/领域模型。HunYuan-NLP-1T 和 HunYuan-tvr 同属于腾讯混元 AI 模型套件，但侧重点和用途不同。

（1）万亿中文 NLP 预训练模型 HunYuan-NLP-1T：是腾讯 AI 大模型“混元”的自然语言领域的预训练大模型，参数达到 1 万亿，刷新了中文领域预训练大模型的参数上限，旨在实现中文语言理解能力上的新突破。并且得益其低成本、普惠等特点，目前 HunYuan-NLP-1T 大模型已成功落地于腾讯广告、搜索、对话等内部产品并通过腾讯云服务外部客户。除已有场景外，混元 NLP 大模型未来一方面会着力于探索更大的模型参数规模；另一方面也会结合音频、图像、视频等多模态信息，进一步打造更强大的多模态 AI 大模型。

（2）HunYuan-tvr 模型：是一种用于文本视频检索的方法，其创新之处在于首创的层级化跨模态技术，它能够分解并分析视频和文本等跨模态数据，通过提取层次化的语义关联，大大提升了检索的精确度。该模型的核心思想是“先分层、再关联、后检索”的交互方式，这既能够捕捉到文字和视频等多模态数据内部的细粒度语义信息，同时也能有效地检索跨模态数据间的关联性。这种方法的实现，意味着国内在多模态内容理解方面的技术研究取得了重要的突破，计算机的视频内容理解和认知能力将进一步接近人类的水平（图 4-36）。

基于太极机器学习平台的腾讯混元 AI 大模型在多个全球重要评测集合中均取得领先成绩。HunYuan-NLP-1T 模型在中文语言理解评测基准（CLUE）总榜、分类榜和阅读理解榜排名第一。HunYuan-tvr 模型在文字和视频在全球最具权威的 MSR-VTT、MSVD、LSMDC、DiDeMo 和 ActivityNet 五大跨模态视频检索数据集榜单排名第一。另外，腾讯研究团队近期在全球信息检索领域顶级学术会议 WSDM（Web Search and Data Mining）CUP 2023 竞赛中，在无偏排序学习和互联网搜索预训练模型两个赛道中取得冠军，其中搜索预训练模型已应用于微信搜索。在搜索的预训练任务中，腾讯研究团

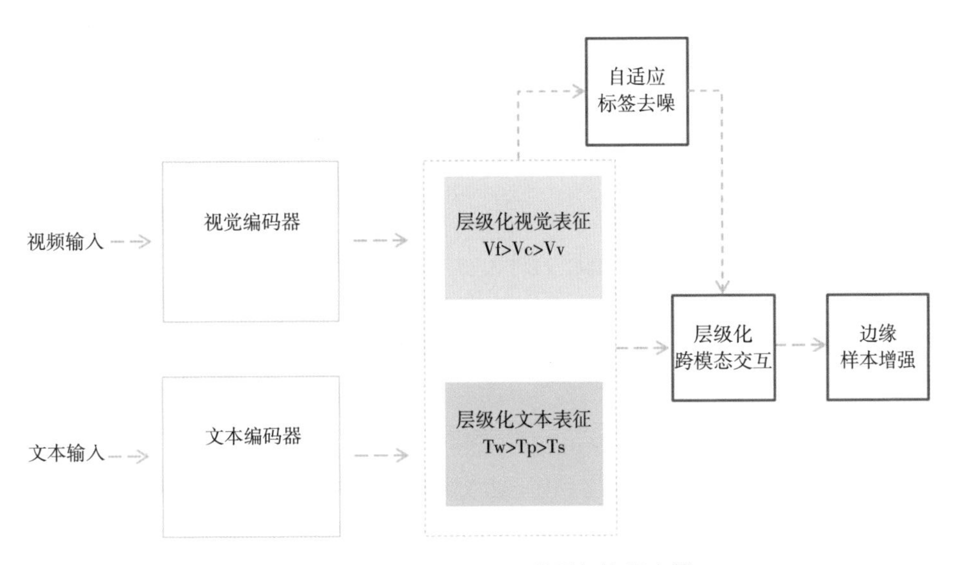

图 4-36　HunYuan-tvr 模型架构示意图

资料来源　智东西，民生证券研究院

队利用大模型训练和用户行为特征去噪等手段，在点击日志上进行基于搜索排序的模型预训练，从而使模型有效地应用到下游相关性排序的检索任务中。在无偏排序学习任务中，团队通过深入挖掘点击日志信息，提出了一种能够集成多种偏置因素的多特征集成模型，有效地提升了搜索引擎中文档排序的效果。

4. 应用端

人工智能创作助手“腾讯智影”

腾讯智影是一款具备“人”“声”“影”三大功能的技术产品。它的“智影数字人”功能能通过文本或音频生成数字人播报视频，甚至可实现用户形象克隆。在声音方面，它提供了文本配音、音色定制等服务，支持去冗余词和声音克隆，可以生成多种场景的自然语音。在影像处理方面，其 AIGC 技术可以自动生成视频，转化文字为视频内容，其分段式素材呈现方式则能帮助创作者快速处理分镜、添加卡点、滤镜、特效等，大大缩短了视频制作的周期和成本（图 4-37）。

图 4-37 腾讯智影功能

资料来源 智东西，民生证券研究院

AIGC 引擎工具：琴韵、MUSE、凌音等

基于腾讯音乐天琴实验室的琴韵引擎，腾讯音乐虚拟音乐人鹿晓希 LUCY 拥有自动生成的唱片级声纹，在其公益单曲《藏在星里的秘密》的空灵又温暖的歌声中，腾讯音乐带着“摘一颗流星送你，照亮你心底藏起来的秘密”的寄语，穿过虚拟时空与现实世界的界限，为星星的孩子们（孤独症患儿）送上美好问候。

AI 音乐视觉生成技术 MUSE 引擎能依据用户选择的歌曲文意自动画出相应歌词海报，或生成歌词动效视频等视觉内容，实现了行业首创的规模化音乐海报绘制技术，给用户创作 UGC 分享内容时提供极大便利，并且更加简单、高效，助力用户多元化音乐体验大大提升。

凌音引擎采用自主设计的深度神经网络模型，能够高度还原和复刻声音特点，合成逼真且富有表现力的歌声。

类 ChatGPT 对话式产品：混元助手

该项目将联合腾讯内部多方团队构建大参数语言模型，其目标是通过性能稳定的强化学习算法训练，完善腾讯智能助手工具，打造腾讯智能大助手。

4.2.4 华为

1. 华为云盘古大模型的迭代历史

2020 年 11 月，盘古大模型在华为云内部立项成功。当时对于盘古大模型，华为内部确立了三项最关键的核心设计原则：一是模型要大，可以吸收海量数据；二是网络结构要强，能够真正发挥出模型的性能；三是要具有优秀的泛化能力，可以真正落地到各行各业的工作场景。

2021 年 4 月，早在 ChatGPT 火爆之前，华为就已对外公开发布了其自研大模型——华为云盘古大模型。其中：①盘古自然语言处理大模型是业界首个千亿参数的中文预训练大模型，在 CLUE 打榜中实现了业界领先。为了训练自然语言处理大模型，团队在训练过程中使用了 40TB 的文本数据，包含了大量的通用知识与行业经验。②盘古计算机视觉大模型在业界首次实现了模型的按需抽取，可以在不同部署场景下抽取出不同大小的模型，动态范围可根据需求，覆盖特定的小场景到综合性的复杂大场景；提出的基于样本相似度的对比学习，实现了在 ImageNet 上小样本学习能力业界第一。

2022 年 4 月，盘古大模型升级到 2.0 版本。华为“盘古系列 AI 大模型”基础层主要包括自然语言处理大模型、计算机视觉大模型、图网络大模型、多模态大模型，以及科学计算大模型，上层则是与合作伙伴开发的华为行业大模型。根据华为云人工智能领域首席科学家田奇介绍，华为云盘古预训练大模型已经形成了“L0 基础大模型—L1 行业大模型—L2 细分场景大模型”的发展路径，完成从学术大模型到产业大模型的转变，帮助千行百业更好地应用预训练大模型（图 4–38）。

截至 2023 年 4 月，华为云官网的盘古自然语言处理大模型、计算机视觉大模型和科学计算大模型已经标记为即将上线。

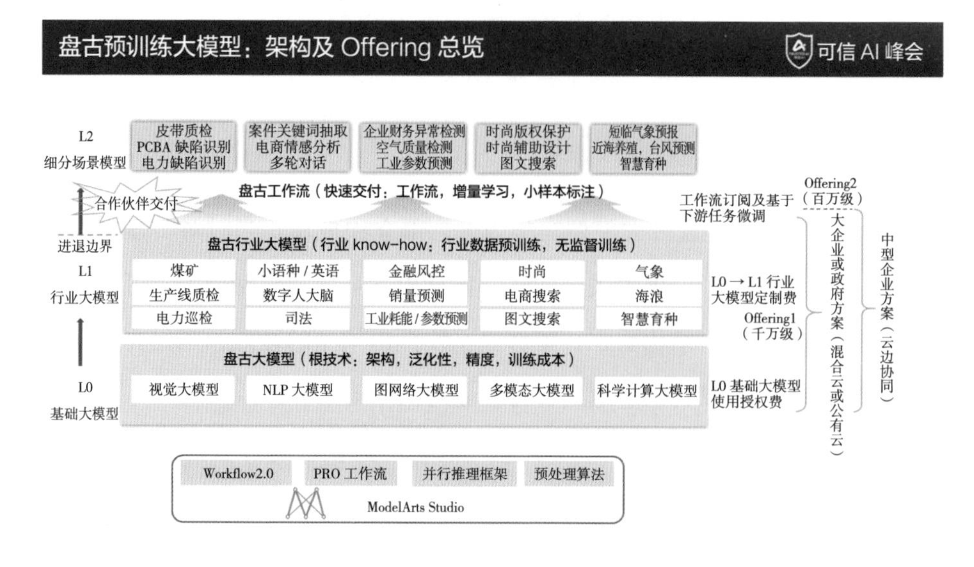

图 4–38　华为云盘古预训练大模型架构

资料来源　华为云社区，民生证券研究院

2. 盘古大模型硬件端支持

自研昇腾 AI 处理器：提供强大算力支持

昇腾 AI 处理器基于华为自主研发的鲲鹏处理器和昇腾 AI 芯片，承载了海量数据的处理、超大模型的训练和推理。鲲鹏处理器是华为在 2019 年 1 月向业界发布的高性能数据中心处理器，目的在于满足数据中心的多样性计算和绿色计算需求，具有高性能、高带宽、高集成度、高效能四大特点。昇腾 AI 芯片目前包括昇腾 910（用于训练）和昇腾 310（用于推理）两款，其中在训练千亿参数的盘古大模型时，团队调用了超过 2000 颗的昇腾 910，进行了超过 2 个月的训练。昇腾 910 是一款面向云端和数据中心的高性能 AI

处理器，具有 256Tops@FP16 的算力，可以支持超大规模的 AI 训练任务，如自然语言处理、计算机视觉、推荐系统等（图 4-39）。

图 4-39　昇腾 AI 芯片：昇腾 910（用于训练）和昇腾 310（用于推理）

资料来源　UML 软件工程组织，民生证券研究院

自研的 Da Vinci 架构支持并行输入提高数据流入效率。大模型需要非常好的并行优化来确保工作效率，这对网络架构设计能力提出了很高要求，华为自研的 Da Vinci 架构可以很好解决这点。昇腾系列 AI 处理器中的 AI 芯片由华为自主研发，采用 Da Vinci 架构设计，该架构数据通路的特点是多进单出，主要是考虑到神经网络在计算过程中，输入的数据种类繁多并且数量巨大，该架构可以通过并行输入的方式来提高数据流入的效率（图 4-40）。

Atlas：基于昇腾 AI 的高性能训练集群

昇腾 AI 全栈能力支持人工智能计算中心建设。昇腾 AI 所属的 Atlas 800 AI 训练集群每台服务器内置 8 颗昇腾 910 AI 处理器，可以提供 2.24 PFLOPS 的超强算力，支持深度学习模型的快速开发和训练。①高速网络带宽：每台服务器配备 8 个 100G RoCE v2 高速接口，实现芯片间跨服务器互联，降低时延和功耗。②超高能效：每台服务器最大功耗仅为 5.6 kW，单机支持风冷

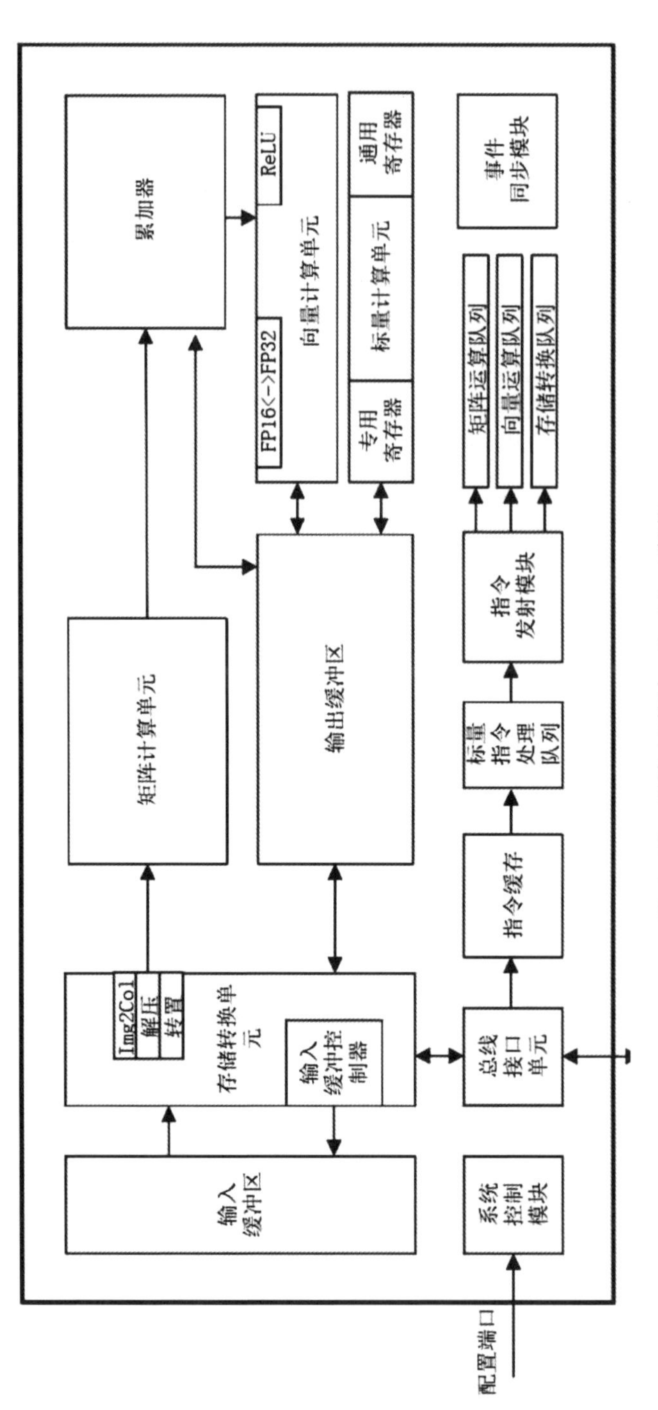

图 4-40 昇腾 AI 芯片：Da Vinci 架构

资料来源 华为云社区，民生证券研究院

和液冷两种散热方式，提供 2.24 PFLOPS/5.6 kW 的超高能效比。③全场景 AI 计算框架：支持华为自研的全场景 AI 计算框架 MindSpore，兼容主流 AI 框架如 TensorFlow、PyTorch 等，提供丰富的算法库和工具包。

3. 盘古大模型软件端支持

CANN：针对 AI 场景的自研异构计算架构

CANN 架构基于昇腾 AI 处理器的芯片算子库和高度自动化算子开发工具，兼具最优开发效率和最佳昇腾芯片性能匹配。CANN 对上支持多种 AI 框架，对下服务 AI 处理器与编程，发挥承上启下的关键作用，提供了多维度混合并行、多层级存储优化、断点续训等能力，加速大模型的高效训练（表 4–19）。

表 4–19 华为针对异构计算架构 CANN 优点

优点	具体说明
多维度混合并行	在训练大模型时，利用多个昇腾 AI 处理器之间的协作，将模型和数据分割成多个部分，分别在不同的处理器上并行执行，从而提高训练效率和性能
多层级存储优化	在训练大模型时，利用昇腾 AI 处理器上的不同层级的存储空间，根据数据的访问频率和重要性，将数据分配到合适的存储位置，从而提高数据的读写速度和效率
断点续训	在深度学习模型训练过程中，当训练被意外中断或者出于某种原因需要暂停训练时，能够在恢复训练时从上次停止的地方继续，而不是从头开始训练，这在训练大型模型或者在资源受限的环境中尤其有用
面向用户	提供了统一的编程模型和运行环境，支持多种 AI 框架和语言，兼容多种厂商硬件，实现软硬件协同优化 支持的深度学习框架与引擎：昇思、TensorFlow、PyTorch、PP 飞桨等

资料来源 UML 软件工程组织，CANN 官网，民生证券研究院整理

昇思 MindSpore：基于 CANN 的深度学习框架

MindSpore AI 框架是一个全场景深度学习框架，在昇腾 AI 全栈中也是作为全场景 AI 计算框架而工作。它提供了以下内容：①丰富的开源仓。包括大模型套件、科学计算套件、领域套件及扩展包等。灵活的编程方式和丰富的算子库，支持业界主流社区模型套件，兼容第三方 AI 框架生态，为 AI 模型开发提供高效的编程体验。②学习资源。网络课程、Model Zoo、交流论坛等。③助力开发。框架还提供了自动微分、自动并行、自动混合精度等能力，为大模型的训练提供更高的性能和效率（图 4–41）。

简单的开发体验
帮助开发者实现网络自动切分，只需串行表达就能实现并行训练，降低门槛，简化开发流程。

灵活的调试模式
具备训练过程静态执行和动态调试能力，开发者通过变更一行代码即可切换模式，快速在线定位问题。

充分发挥硬件潜能
最佳匹配昇腾处理器，最大程度地发挥硬件能力，帮助开发者缩短训练时间，提升推理性能。

全场景快速部署
支持云、边缘和手机上的快速部署，实现更好的资源利用和隐私保护，让开发者专注于 AI 应用的创造。

图 4–41　昇思 MindSpore 优势

资料来源　昇思 MindSpore 官网，民生证券研究院

ModelArts：协助程序人员智能高效地开发盘古大模型并一键部署到端、边、云

ModelArts 是一个一站式的开发平台，为机器学习、深度学习提供海量数据预处理及交互式智能标注、大规模分布式训练、自动化模型生成，以及端—边—云模型按需部署能力，帮助用户快速创建和部署模型，管理全周期 AI 工作流。ModelArts 面向不同经验的 AI 开发者，提供便捷易用的使用流程。例如，面向业务开发者，不需要关注模型或编码，可使用自动学习流程快速构建 AI 应用；面向不需要关注模型开发的 AI 初学者，使用预置算法构建 AI 应用；面向 AI 工程师，提供多种开发环境，多种操作流程和模式，方便开发者编码扩展，快速构建模型及应用（图 4–42）。

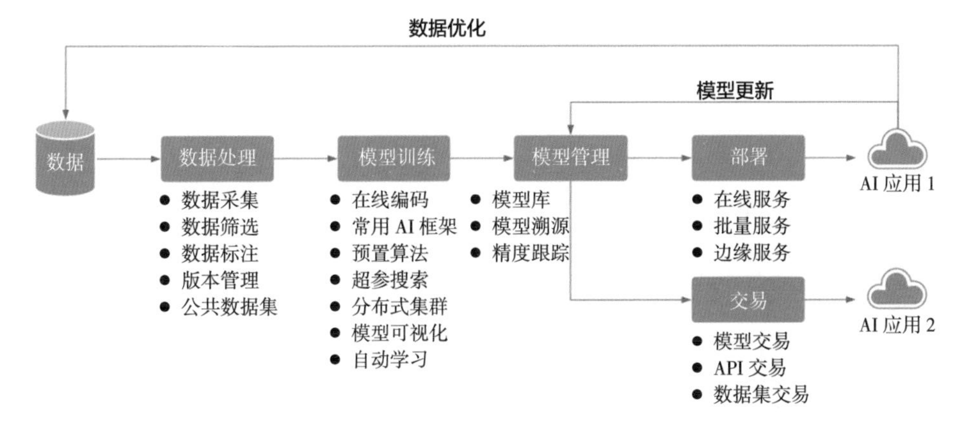

图 4-42　ModelArts 作用于模型开发过程

资料来源　华为云，民生证券研究院

4. 人工智能落地：盘古大模型

昇腾 AI 作为一种全栈 AI 计算基础设施，为盘古大模型提供了从芯片到框架、从平台到应用的一体化解决方案，有效地降低了大模型的开发门槛和成本，提升了大模型的性能和效率，促进了大模型的产业化和商业化。包括昇腾 Ascend 系列芯片、Atlas 系列硬件、CANN 芯片使能、MindSpore AI 框架、ModelArts、MindX 应用使能等（图 4-43）。

盘古自然语言处理大模型旨在理解和生成人类语言，可用于各种任务，例如翻译、情感分析和文本生成。该模型拥有 1100 亿密集参数，经过 40TB 的海量数据训练而成，其中包含大量的通用知识与行业经验，并使用 Encoder-Decoder 架构来平衡理解和生成能力。此外，自然语言处理大模型仅需少量样本和可学习参数就可以完成微调和下游适配，目前已经延伸出 10 亿参数、性能更好的落地版本，极大地加速了 AI 的商业应用效率和泛化能力。

盘古计算机视觉大模型旨在处理和解释来自现实世界的视觉数据，可用于对象检测、图像识别和图像生成。华为的盘古计算机视觉大模型有以下特点：①它是业界最大的计算机视觉模型，拥有超过 30 亿参数。②它以兼具

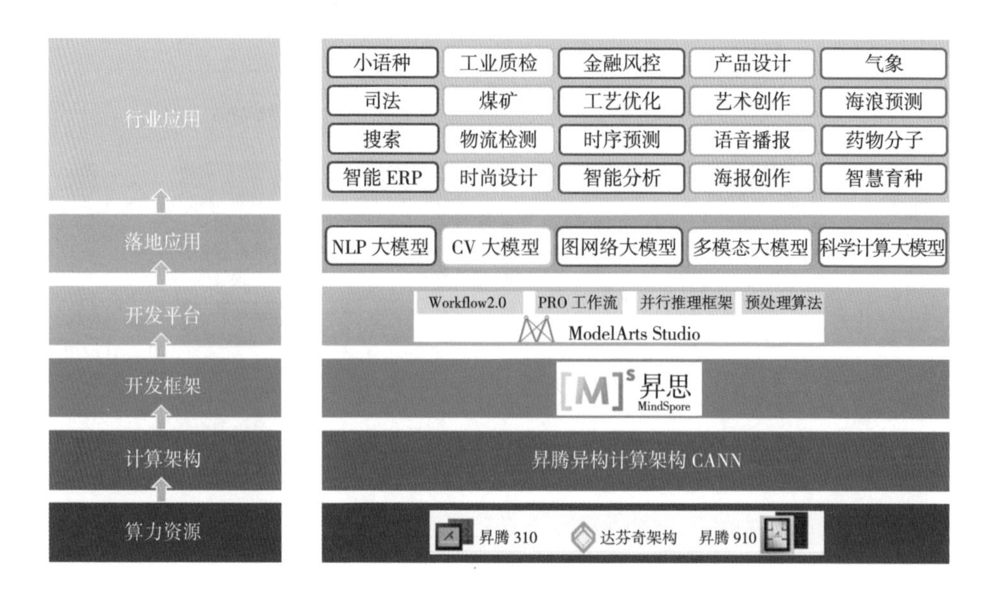

图 4-43　基于昇腾 AI 全栈的盘古大模型

资料来源　华为云，昇思 MindSpore 官网，UML 软件工程组织，未来智库，民生证券研究院整理

判别能力和生成能力著称，可以根据实际场景和运行速度要求自适应提取不同尺度的模型。③它特别擅长小样本学习，使用层次化语义对齐和语义调整算法，在浅层特征上获得了更好的可分离性，使小样本学习的能力获得了显著提升。

盘古科学计算大模型旨在处理科学应用中经常发现的复杂计算问题，为航天航空、海运、农业、交通出行、新能源等领域提供气象分析能力，也可以模拟并加速药物研发进程。在气象领域中，采用创新的 3DEST 网络结构和分层时间聚合算法，提高了天气预报的准确性和速度。在药物研发领域中，模型采用无监督学习模式和“图 - 序列不对称条件自编码器”深度学习网络架构对药物分子化学结构进行预训练，帮助科研人员优化药物化学结构、缩短研发周期。

图网络大模型作为第一个引入图网络融合技术的模型，已在许多领域中得到了广泛应用，包括工艺优化、时间序列预测和智能分析等。例如，它能够预测企业的财务风险，助力制造业优化工艺流程。在时间序列预测方面，图网络大模型能够配合中央空调系统预测挥发性气体的浓度，智能化地监测空气质量，同时也能帮助零售企业预测销售量。在工艺优化方面，这个模型能够助力制造业提高工艺效率，降低成本。盘古多模态大模型具有图像和文本的跨模态理解、检索和生成能力。通过建立跨模态的语义关联，它实现了视觉、文本和语音的多模态统一表示。这使得只需一个大模型就能够灵活地支持图像、文本和音频的全场景 AI 应用。这种模型可以广泛应用于产品设计、艺术创作、语音播报、海报创作等多个领域。

5. 盘古大模型应用

与其他大模型不同，盘古大模型瞄准 To B 落地布局，专注于解决细分行业中低成本大规模定制的问题。目前，盘古大模型应用领域包括气象、医药、金融、工业、设计、机械、煤矿、电力和小语种等多方面。

自然语言处理大模型具体行业：盘古光学字符识别大模型

光学字符识别技术是将文档、表格、图片等非结构数据进行识别与提取，使其快速转变为计算机文字。盘古金融光学字符识别大模型通过独有的对比学习与掩膜图像建模相融合的自监督学习方法，能够学习并充分利用大规模的无标签光学字符识别数据，只需要传统方式十分之一的标注量，就可以训练出高精度的手写字体识别模型。该模型还具有以下特点：①模型蒸馏。该模型可以平滑地进行蒸馏，生成体积小得多的大、中、小模型。这种多规模的模型设计使得光学字符识别可以在各种不同的设备上高效运行，无论其计算能力如何。②多行业应用。该模型能满足金融、零售、电商、地产等多个行业的 OCR 需求，支持识别各种新型的单据、卡证和表格。③二次训练能力。华为云盘古金融光学字符识别大模型不仅仅是一个通用模型，企业还可以在其基础上进行二次训练，快速生成适应特定业务场景（例如动静态签名对比、手写信息分析转写）的新模型（图 4–44）。

手写切片	OCR 大模型	普通 OCR 模型
	往来款	住来款
	补缴的土地价款	补缴的王地价款
	广东省肇庆市 / 县	广东省峰庆市 / 县
	广东省化州市 / 县	广东省化对市 / 县
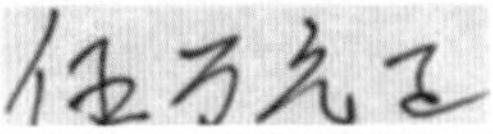	五万元正	伍万元素
	广东省台山市 / 县	广东省山市 / 县

图 4-44　盘古金融光学字符识别大模型识别手写能力优于普通光学字符识别模型

资料来源　华为云，民生证券研究院

计算机视觉大模型具体行业：盘古矿山大模型

盘古矿山大模型主要应用于煤矿行业，解决 AI 落地难、门槛高等问题。该模型通过预训练，支持导入海量无标注的矿山场景数据进行无监督自主学习，训练后的模型覆盖煤矿的采、掘、机、运、通等业务流程下的 1000 多个细分场景，使用 AI 来替代不规范或不确定的人工流程（图 4-45）。

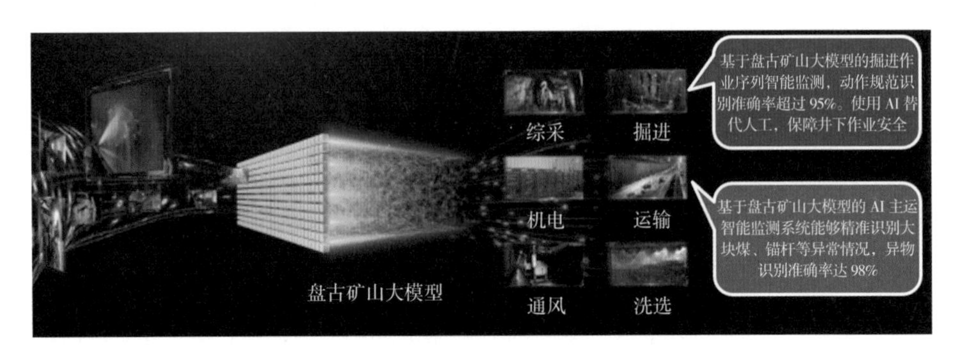

图 4-45　盘古矿山大模型应用

资料来源　极客网，华为云，民生证券研究院整理

科学计算大模型具体行业：盘古药物分子大模型

盘古药物分子大模型面向药物研发领域，旨在帮助医药公司理解和预测药物分子的行为并研发及优化药物，从而加速药物的研发过程，提高药物研发的效率和精确性（图 4-46）。

图 4-46　盘古药物分子大模型特点及应用

资料来源　极客网，华为云，民生证券研究院

4.2.5　科大讯飞

讯飞星火认知大模型

讯飞星火认知大模型对标 ChatGPT，具备文本生成、语言理解、知识问答、逻辑推理、数学能力、代码能力和多模态能力七大功能，并支持无

须打字的语音输入（通过语音转写文字输入需求）。目前模型的多模态输入和表达功能暂未向公众开放，目前版本的模型具有跨领域的知识和语言理解能力，能够基于自然对话方式理解与执行任务。在海量数据和大规模知识中持续进化，实现从提出、规划到解决问题的全流程闭环。经科大讯飞评测对比，星火认知大模型已经在文本生成、语言理解、数学能力上优于 ChatGPT（表 4–20）。

表 4–20　讯飞星火认知大模型功能细分

功能	具体说明
文本生成	生成调研问卷、营销方案、商业文案、发言稿、新闻通稿、邮件回复、英文写作、公文写作、广告文案、头脑风暴等
语言理解	机器翻译：翻译多种语言的文字，包括英语、中文、法语、德语、西班牙语等常用语种 文本摘要：根据文本提取简洁而准确的摘要，快速理解文章的核心观点 语法检查：检查语法错误并提供正确的语法建议，使写作更加规范与专业 情感分析：分析文本中的情感色彩，如正面、负面或中性，更好了解内容观点和态度
知识问答	生活常识：提供有关日常生活的知识，如饮食、运动、旅游等方面的建议 工作技能：提供工作方面的知识，如沟通技巧、时间管理技巧、团队协作等方面的建议 医学知识：提供基本的健康保健知识以及疾病预防、诊断和治疗方面的建议 历史人文：提供有关历史事件、文化传承、名人故事、名言警句等方面的文案
逻辑推理	思维推理：通过分析问题的前提条件和假设来推理出答案或解决方案，给出新的想法和见解 科学推理：使用已有的数据和信息进行推断、预测和验证科学研究中的基本任务 常识推理：在进行对话交流时，运用已有的常识来分析、解释和回应用户的提问或需求
数学题解答	方程求解：包括一元二次方程、二元一次方程、三元一次方程等 几何问题：平面几何（如直线、圆、三角形等的性质）和立体几何（如体积、表面积、投影等） 微积分：处理导数、积分等微积分相关的问题，涉及基本概念如极限、连续性、导数等 概率统计：涉及随机变量、概率分布、假设检验等方面的内容

续表

功能	具体说明
代码理解与编写	代码理解：帮助用户理解绝大部分编程语言、算法和数据结构，快速给出所需的解答 代码修改：对已有代码进行修改或优化，提供建议和指导，找出潜在的问题并提供解决方案 代码编写：帮助用户快速编写一些简单的代码片段，例如函数、类或循环等 步骤编译：提供关于编程语言的文档和工具，如语法规则、函数库、自动补全代码工具等
多模态任务（暂未开放）	图片翻译、虚拟人合成、图文理解、文图生成、多模态交互、视觉问答等

资料来源 智东西，讯飞星火大模型官网，民生证券研究院

科大讯飞提出了通用认知智能大模型评测体系，该体系评测覆盖 7 大类 481 个细分任务。由科大讯飞认知智能全国重点实验室牵头设计，与中国科学院人工智能产学研创新联盟和长三角人工智能产业链联盟共同探讨形成。评测指标是分为两方面：人工主观 + 自动客观、效果 + 性能。评测的 7 大类维度是文本生成、语言理解、知识问答、逻辑推理、数学能力、编程能力、多模态。

“底座 + 能力 + 应用”是科大讯飞 AIGC 整体布局的三层架构：以文本预训练、多模态预训练、多元异构基础资源构建、异构集群构建及大模型训练套件为技术底座，形成了音频创作、视觉创作、文本创作三大 AIGC 能力。讯飞星火认知大模型关键模块均为自主研发，且与华为、寒武纪、曙光等厂商合作，最终实现软硬件平台都在国产可靠平台上运行的目标。自研方面，科大讯飞承建的认知智能全国重点实验室已经在类脑智能、神经网络大模型、博弈智能等多个领域进行布局，以求探索更多的潜在路径以及前沿交叉研究的机会。

讯飞星火认知大模型推出插件服务，帮助建立星火认知大模型生态。企业服务集成至大模型中，支持大模型便捷调用第三方服务，拓展全新应用场

景，获取最新资讯，并满足个性化定制需求。一方面，让讯飞星火认知大模型胜任多场景需求，从实时天气查询、影音娱乐到机票预订，在同一个窗口完成更多场景化任务。另一方面，让讯飞星火认知大模型接入互联网，获取实时资讯信息，并且在垂直领域获得源源不断的知识补充，实现更全面的大模型。对企业来说，可以满足企业定制化需求，让讯飞星火认知大模型为企业客户提供定制化解决方案，通过私有化部署的插件，保证企业内部数据的安全性与隐私性。

升级工作

讯飞星火认知大模型 V1.5 不仅各项能力获得持续提升，且在综合能力上实现三大升级：开放式知识问答取得突破，多轮对话、逻辑和数学能力再升级。应用落地上，科大讯飞进一步推动星火认知大模型在教育、医疗、工业、办公等领域落地应用，赋能星火语伴 App、医疗诊后康复管理平台、羚羊工业互联网平台、讯飞听见智慧屏等产品，并开放了讯飞星火开发接口，携手开发者共建“星火”生态。

讯飞星火 App 和星火助手创作中心正式发布之后，用户可以通过手机使用讯飞星火认知大模型，提升手机端交互体验，开启人机协作共创的新生态。讯飞星火 App 中有面向生活、工作等用户高频使用场景的 200+ 小助手，支持纯语音对话、多模态输入、多终端支持、多功能小助手等功能，能够实现随时随地无障碍语音交流，支持图文识别、数学公式识别，并在多种终端以多样化的形式呈现。星火助手创作中心还支持用户之间持续共创和分享。

行业应用

讯飞星火认知大模型采用“1+N”的整体布局，其中“1”是通用认知智能大模型，包含 7 大维度的能力，“N”是大模型已经实现在教育、办公、汽车、数字员工和 AI 虚拟人等多个行业领域的落地应用。

教育：搭载星火认知大模型的讯飞 AI 学习机在批改、修订等的准确率在某种程度上已经超过了一般老师的平均水平。讯飞 AI 学习机在作文有错误的地方会给出相对应的学习资料，完成基础批改、高级批改、提示建议、优化参考的闭环过程。此外在中英文听说方面，讯飞 AI 学习机可以在家庭里为用户营造一个真实的对话环境，例如针对“最爱的季节”这一开放式问答，讯飞 AI 学习机能够和用户实现类人对话。并且在英文口语对话中，如果用户有不会说的单词，可以用中文表述，星火认知大模型也能理解（图 4–47）。

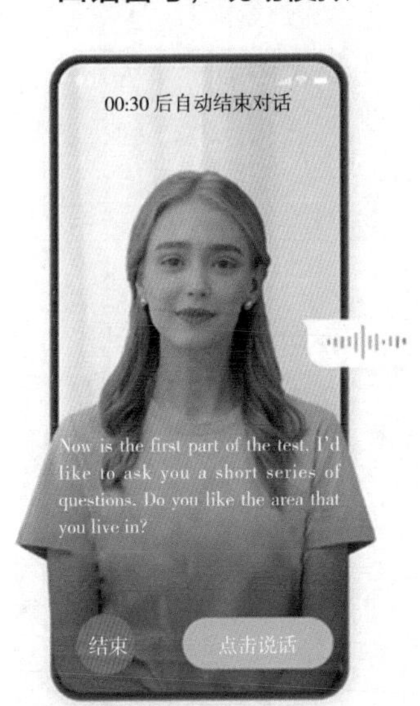

图 4–47　星火语伴 App：虚拟人陪伴实现高效口语练习

资料来源　InfoQ，民生证券研究院

办公：利用星火认知大模型，对其办公产品进行了一次重大升级。这些产品包括讯飞智能办公本、录音笔、讯飞听见以及智能麦克风。其中，讯飞智能办公本在处理口语表达与书面文稿之间的差异方面表现突出，能去除重复的语气词，保留关键信息，并调整语序使其更加通顺，从而大大提升了文稿的阅读效率，这个语篇规整能力能在缩小原文篇幅的同时，保留原文的 96% 以上信息。讯飞智能办公本 X2 是业界首个搭载大模型的智能办公硬件，用户可以免费下载并更新相关功能。此外，讯飞听见等产品还增加了一键成稿功能，使得用户导入音频后，能立即生成新闻稿件、品宣文案、工作总结等文档。讯飞智能录音笔 SR702 和讯飞智能麦克风 M2 也升级了会议纪要、语篇调整、一键成稿等功能，且这些功能已经可以在讯飞听见的官网上进行使用。讯飞公司计划在未来将大模型搭载到办公的全系列产品上（图 4-48）。

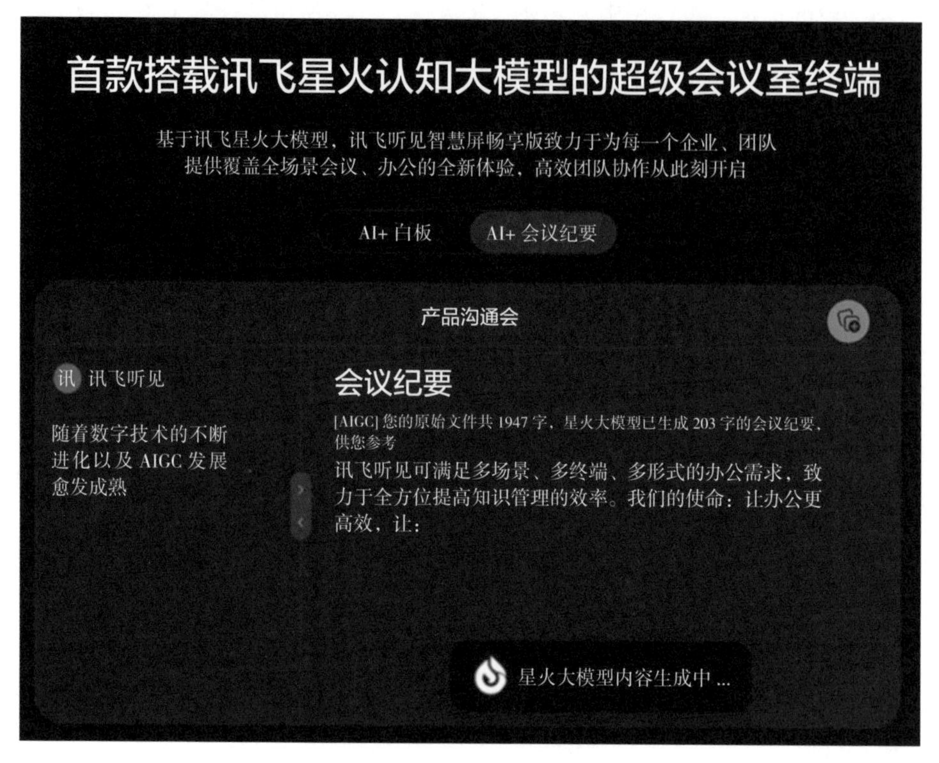

图 4-48　首个搭载大模型的会议室智能终端：讯飞听见智慧屏

资料来源　讯飞听见智慧屏官网，民生证券研究院

汽车：星火认知大模型使得科大讯飞汽车座舱人机交互系统更加智能，提供多轮、多人、多区域、多模态的智能汽车人机交互范式。具体来说，星火认知大模型使得座舱系统更好地理解客户需求，可以让用户在车上的对话更加自由、更人性化、更懂汽车、更加开放。此外，星火认知大模型还支持各种插件在汽车场景下与之相结合，如导航、餐饮、购票等功能都可以用星

火认知大模型实现。

人力资源：星火认知大模型使得科大讯飞虚拟人智能交互机理解自然语言输入。虚拟人智能交互机可以通过虚拟形象，以对话的形式扮演导游、虚拟客服、医院导诊、志愿者服务等角色，基于星火认知大模型的生成式机器人流程自动化能够让工作人员通过自然语言输入，大模型去理解员工通过自然语言描述的需求，自动生成业务流程和可执行的机器人流程自动化能力清单，并调度机器人流程自动化的执行能力，实现流程自动化的运行，这些更人性化的交互机能够大幅提高工作效率。

语音与音乐：科大讯飞 AIGC 音乐类产品矩阵为用户提供了从音频合成到音视频制作，以及歌曲创作的全方位服务。使用虚拟声音自动创造系统和多风格多情感语音合成系统 SMART-TTS，用户可以生成特定的人设声音，且声音的情感、强弱度等各种元素都可以进行调节，使得合成语音更加真实。科大讯飞还推出了讯飞智作和讯飞音乐“词曲家”平台等创新产品。讯飞智作可以为用户提供快捷的音视频制作，包括使用 2D/3D 形象代替真人主播、从文本到视频的一键转换等功能。词曲家平台则提供了辅助作词、辅助作曲和歌曲试音、质量分析等 AI 辅助工具。

工业：星火认知大模型在羚羊工业互联网平台的应用，显著提升了供需匹配的效率。在充分利用星火认知大模型优势的同时，羚羊平台考虑到工业产业的发展趋势，推出了工业 AI 产品——“羚机一动”。在此平台上，中小企业能自主发布需求，而“羚机一动”则能针对这些需求，提供专业化的建议策略，并智能匹配相应的解决方案、服务商和专家等资源。据评价，“羚机一动”的推荐结果较互联网搜索的结果更为精准且效率更高（图 4-49）。

医疗：科大讯飞利用其迭代优化的星火认知大模型技术，全面升级了医疗诊后康复管理平台，将专业的诊后管理和康复指导扩展到院外。平台能自动分析患者的健康状况并生成个性化的康复计划，包括用药指导、康复运动等方面，并督促患者按计划执行。通过外呼机器人、小程序和手机应用

图 4-49　星火认知大模型助力羚羊工业平台

资料来源　InfoQ，民生证券研究院

等方式，平台可以在康复过程中提供实时响应，解答患者的开放性和交叉性问题。该平台与多家医院开展了诊后康复管理的合作，覆盖了 20 多个科室的主要病种。随着大模型的持续迭代，诊后康复管理平台正在逐步实现全病种、全病程的精细化管理，使每位出院患者都能享受到专属的 AI 康复医生提供的延续性医疗服务（图 4–50）。

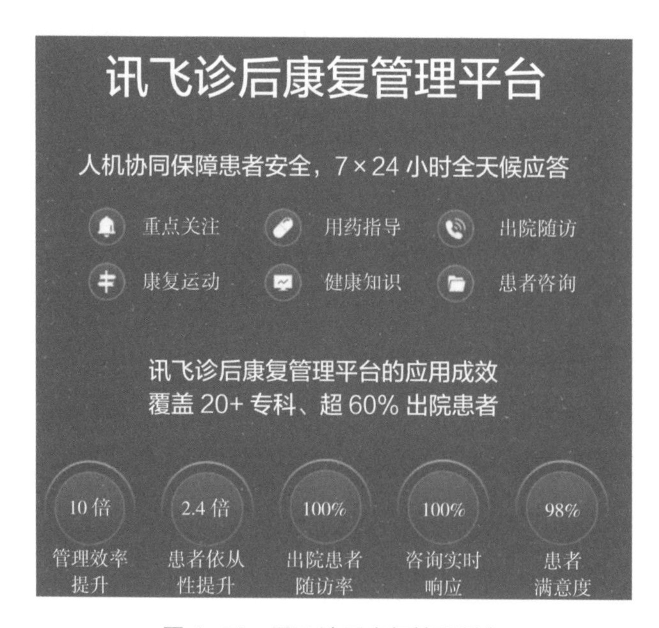

图 4-50　讯飞诊后康复管理平台

资料来源　智东西，民生证券研究院

4.2.6 三六零

三六零模型训练架构概览（图 4–51）

图 4–51　三六零模型训练架构

资料来源　360 智脑，民生证券研究院

360 智脑大模型

360 智脑大模型为 360 自研千亿参数大语言模型，集合了 360CV 大模型、360GPT 大模型、360GLM 大模型、360 多模态大模型的技术能力，实现了语言理解、图像识别、自然语言处理、问答系统领域的深度应用（图 4–52）。

360 智脑 – 视觉大模型

360 智脑 – 视觉大模型是建立在大型语言模型基础之上的，除了借助大语言模型的认知、推理和决策能力，还增强了多模态能力。360 智脑 – 视觉大模型现阶段主要聚焦开放目标检测（OVD）、图像标题生成、视觉问答（VQA）三项能力。360 智脑 – 视觉大模型基于 10 亿级互联网图文数据进行清洗训练，并针对安防行业数据进行微调，融合千亿参数的“360 智脑”大模型，从视觉感知能力角度进行打造。视觉大模型是“360 智脑”的重要组成部分，使其具备了理解图像的能力，未来还将具备理解视频和声音的

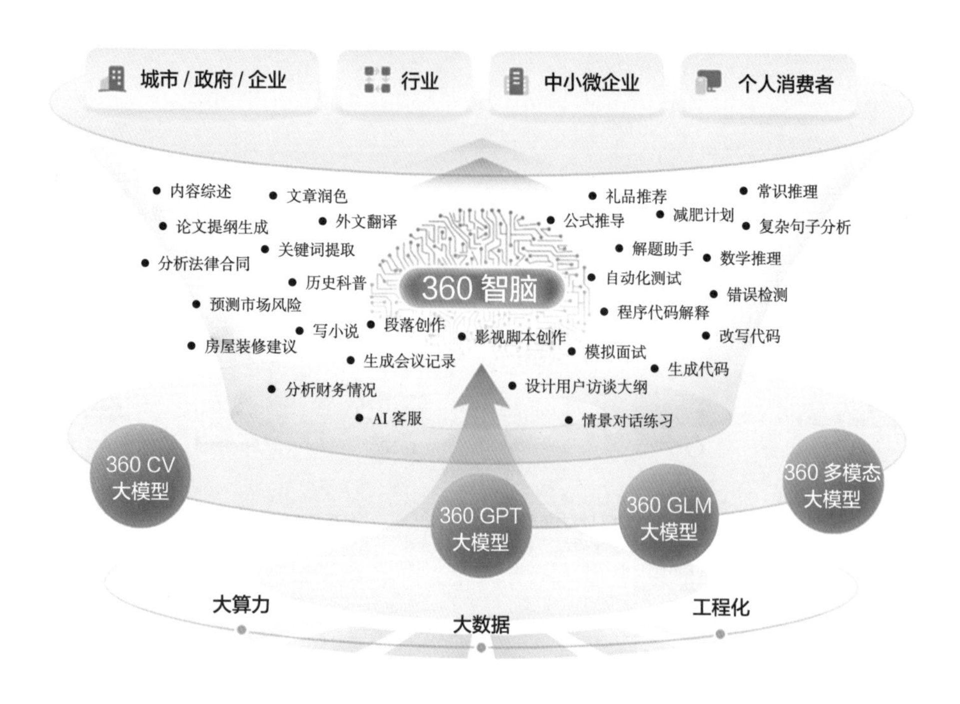

图 4-52　360 智脑大模型全景

资料来源　360 智脑，民生证券研究院

能力。周鸿祎认为，目前大模型的能力主要体现在软件层面，而通过智能硬件的整合，大模型的能力将能够延伸到物理世界，而不仅仅局限于数字世界。

多轮对话产品“360 智脑”和 AI 生图工具“360 鸿图”

基于 360 自研系列大模型开发的人工智能产品矩阵落地了两款产品，分别是 ChatBot 产品“360 智脑”和 AI 图像生成工具“360 鸿图”。360 智脑体现出强大的理解力和推理能力，在第七届世界智能大会上回答了天津经济社会发展的相关问题。360 鸿图在会上展示了文生图能力，画了一张 2025 年天津滨海新区的图景。目前，360 智脑结合 360 搜索、智能硬件等优势场景的落地应用已陆续成熟，并开放内测（图 4-53、图 4-54）。

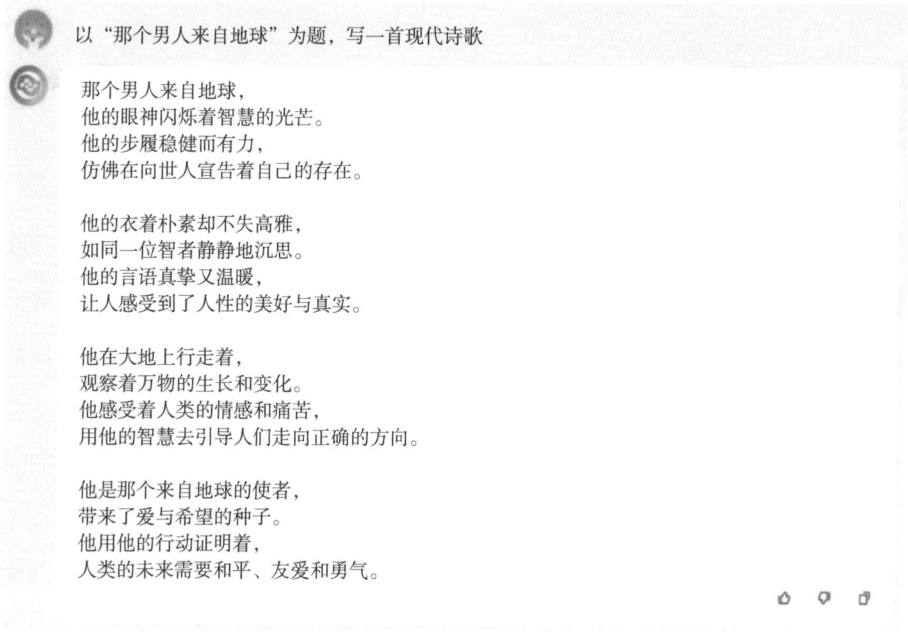

以“那个男人来自地球”为题，写一首现代诗歌
那个男人来自地球，
他的眼神闪烁着智慧的光芒。
他的步履稳健而有力，
仿佛在向世人宣告着自己的存在。
他的衣着朴素却不失高雅，
如同一位智者静静地沉思。
他的言语真挚又温暖，
让人感受到了人性的美好与真实。
他在大地上行走着，
观察着万物的生长和变化。
他感受着人类的情感和痛苦，
用他的智慧去引导人们走向正确的方向。
他是那个来自地球的使者，
带来了爱与希望的种子。
他用他的行动证明着，
人类的未来需要和平、友爱和勇气。

图 4-53　360 智脑写现代诗歌

穿着盔甲的女生，长发，头发被风吹起，冷酷美丽，8k
中拍摄，逼真的面孔，超详细的彩色装甲，苍白的皮
肤，黑发，户外活动，超现实，高度详细……

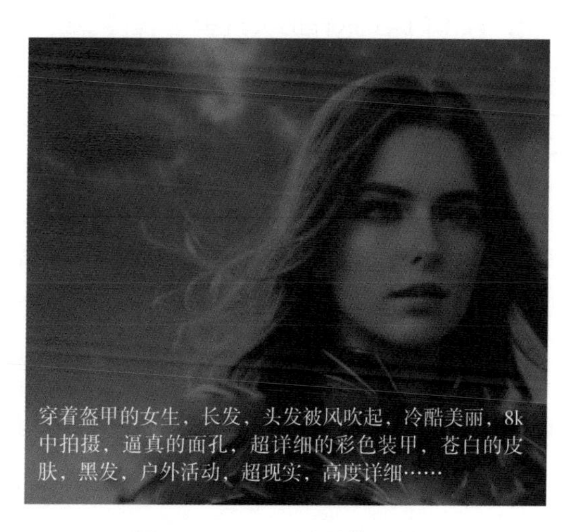

图 4-54　360 鸿图艺术创作

资料来源　机器之心，360 鸿图，民生证券研究院

4.3 商业化落地加速，AIGC 服务已经出现

4.3.1 AIGC 云算力解决方案实现多种创作

AIGC 依赖于复杂的机器学习模型，而机器学习模型的开发和训练又依赖于 GPU 的计算能力。第一，相比于 CPU，GPU（图形处理单元）通常比 CPU（中央处理单元）更适合运行 AIGC 相关模型，尤其是对于涉及大量数据并需要高计算能力的生成模型。GPU 的架构支持并行计算，使其非常适合机器学习模型中常见的大规模矩阵和向量运算，支持执行分解为许多可同时执行的小任务的任务。第二，GPU 具有非常高的内存带宽，这意味着 GPU 可以比 CPU 更快地读取和写入内存数据。这对于 AIGC 模型至关重要，因为它通常涉及需要快速访问内存的大型数据集。第三，GPU 的强计算能力允许在其上面训练更大、更复杂的模型，从而提高准确性和功能。例如，如果没有 GPU 的强大功能，像 GPT-3 这样的大规模语言模型或能够生成高分辨率视频的 AI 生成模型将无法实现或准确率不佳。因此，GPU 使得更复杂和高质量的人工智能生成内容输出成为可能。

当 AI 执行图像生成或视频生成等任务时，GPU 可以快速处理大量数据，从而实现更复杂和高分辨率的输出。例如，在生成对抗网络（GAN）的情况下，作为一种用于生成合成图像的流行人工智能技术，GPU 可以快速生成和评估候选图像，从而加快训练过程并生成更详细和逼真的图像。对于视频生成，优势类似但更为明显，因为视频本质上是图像序列，因此需要更多的计算能力才能生成。一秒的视频可能包含数十帧（单个图像），并且在这之中的每一帧都可能需要由 AIGC 模型生成和评估。

云中的 GPU 提供了机器学习等复杂任务所需的计算能力，同时还提供了与云计算相关的可扩展性和可访问性的优势。云平台通过付费模式提供

对可扩展 GPU 资源的访问，使得更广泛的组织和个人可以在云计算平台使用 GPU 来开发、训练和部署 AI 模型，而无须自己投资购买昂贵的硬件。并且，云计算平台通常提供根据需要扩展或缩减 GPU 资源。例如，如果一家公司正在训练机器学习模型并且需要更多的计算能力，云计算平台可以轻松地通过云提供商增加他们使用的 GPU 数量。这种可扩展性对于管理大规模数据处理任务的成本和效率至关重要。具体来说，云算力解决方案可广泛应用于 AIGC 的文字、图像、音频、游戏和代码业务场景中，提高用户应用体验。例如，想要生成 AI 驱动的动画或视频的公司可以使用基于云的 GPU 资源来训练必要的模型，然后使用相同的资源来生成内容。通过这种方式，GPU 不仅通过运行更强大的模型直接更新了内容生成方式，而且通过授权云计算平台使对 GPU 等资源访问民主化来间接促进 AIGC 行业发展。

硬件厂商不断创新，打造更强大、更高效的 GPU，目前 GPU 每秒每美元的浮点运算次数大约每 2.5 年翻一番，根据 GPU 的类型，趋势略有不同。英伟达是 GPU 开发与制造领域中最知名的公司，其提供的 GPU 加速解决方案支持所有高级云平台。一个在云端使用 NVIDIA GPU 的例子是 Valossa AI，其可在视听内容中执行高级搜索和识别，进而从视频中挖掘出新价值，Valossa AI 在英伟达云合作伙伴 AWS 上使用 NVIDIA GPU。

4.3.2 AIGC 算法与模型实现开源创作

自然语言处理包含一系列使计算机能够理解和响应人类语言的技术和方法，像 GPT-3 等大语言模型是自然语言处理领域中使用的一种工具，允许更复杂和细微地理解和生成人类语言（图 4-55）。

在技术层面，虽然图像生成、视频生成和音乐生成领域各自面临着独特的挑战，并且通常需要专门的模型，但从训练大语言模型中获得的技术和见

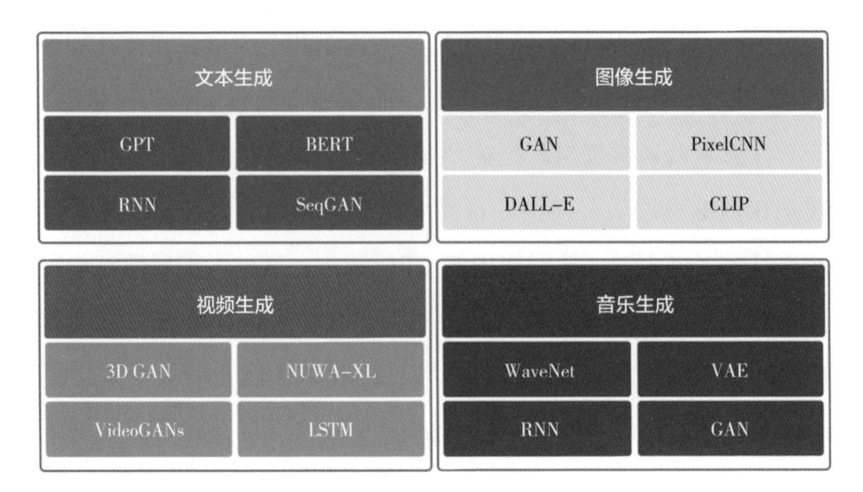

图 4-55　生成模型

资料来源　民生证券研究院

解可以间接地为其他领域做出贡献。

（1）迁移学习：迁移学习是一个广泛用于训练大型语言模型的概念。它指的是在一项任务上训练模型，然后在另一项任务上对其进行微调的做法。该原理可以应用于其他类型的模型，例如图像、视频或音乐生成模型。例如，一个模型可能在一个大的、通用的数据集上进行预训练，然后在一个更小、更具体的数据集上进行微调。

（2）注意力机制：注意力机制是 GPT-3 等模型的关键组成部分，可帮助模型确定输入的哪些部分最相关。这些机制已应用于其他领域，包括图像和视频处理。例如，在图像识别任务中，注意力机制可以帮助模型关注图像中最相关的部分。

（3）Transformer Architecture：在 GPT-3 等模型中使用的 Transformer 架构也已应用于图像和视频任务。例如，Vision Transformer（ViT）就是一种将 Transformer 架构应用于图像识别任务的模型。

在应用层面，大型语言模型的进步显著提高了 AI 理解和生成文本的能力。这种增强的文本理解可以应用到其他生成模型中，使其能够更好地理解和利用文本数据以及其他类型的数据。首先，大型语言模型可用于为视频生成脚本或对话。这在角色需要相互交互的动画或虚拟现实场景中特别有用。其次，大型语言模型可以为视频生成描述性元数据，这在各种情况下都很有用。例如，它们可以帮助提高数据库中视频内容的可搜索性，或为提高可访问性而提供描述性字幕。最后，大型语言模型可以为视频生成模型提供简要说明或文本格式的想法，它们可以为视频生成高级概念或故事板。

4.3.3 3D 视频内容 AIGC 引擎服务获得发展

NVIDIA Omniverse 是英伟达发布的一个计算机图形与仿真模拟平台，它本身不是引擎，但它集成并增强了各种图形引擎和内容创建工具。Omniverse 围绕 Pixar 的通用场景描述（USD）框架构建，这使得在无缝工作流程中连接不同的软件和引擎成为可能。例如，艺术家可以在 Autodesk Maya 中处理模型，而游戏设计师可以在 Unity 中调整场景，而视觉效果艺术家可以在 Blender 中进行最后的润色，其中 Unity 就是一种游戏引擎。在 NVIDIA 平台使用 NVIDIA 工具、SDK 和合作伙伴引擎协同工作，可以生成利用 AI 和光线追踪技术的实时内容（图 4–56）。

Unity

Unity 是 Unity Technologies 开发的实时开发平台，用于制作交互式 2D 和 3D 体验。

Unreal Engine

Unreal Engine 是 Epic Games 开发的实时 3D 创作平台，用于制作逼真的视觉效果和身临其境的体验。

图 4–56 Omniverse 合作引擎

资料来源 NVIDIA Developer，民生证券研究院

Omniverse 平台使用 AIGC 赋能内容生产，改变了传统行业（如建筑设计、游戏制作等）的工作流程，提高了效率和生产质量。**Omniverse 是用于 3D 工作流和模拟的实时、逼真、协作平台。它面向视频游戏行业、电影和电视制作、建筑、工程以及其他受益于 3D 可视化的领域的专业人士。Omniverse 平台基于 Pixar 的通用场景描述（USD），这是一个用于构建、分析和渲染 3D 场景的强大框架，它允许在共享虚拟空间中进行实时、逼真的可视化和交互式协作。目前，Omniverse 已经支持很多建筑设计领域相关 DCC 软件进行连接，如 3ds Max、ArchiCAD、CityEgine、Blender、ParaView、Revit、Rhino（包括 Grasshopper）、SketchUp 等（表 4-21）。**

表 4-21　Omniverse 平台优势

优势	具体说明
协作工作流程	支持 3D 应用程序之间的互操作性 允许许多个用户同时处理同一个项目
数字孪生	工程师和设计师能够在安全的虚拟环境中测试想法和解决方案
Omniverse 连接器	支持 Omniverse 插件的应用程序可与 Omniverse 平台无缝集成 用户可以继续使用原有工具，同时受益于 Omniverse 提供的功能
客户交互	通过串流 VR 或 AR 的方式，客户可以实时查看设计结果，参与前期设计环节，实时提供反馈
多设备支持	支持网络浏览器、工作站、平板电脑以及 VR 和 AR 耳机
仿真模拟	支持 NVIDIA 材质定义语言（MDL），提供物理级精确的材料表现 其仿真模拟功能可用于建筑材料的采光分析、风洞测试等
实时渲染	提供物理级精确的逼真度和实时渲染 使用 NVIDIA RTX GPU 的 RT Core 提供实时光线追踪和路径追踪，并使用 Tensor Core 进行 AI 降噪和缩放，从而产生高度逼真的视觉效果

资料来源　民生证券研究院整理

Magic3D：3D 模型智能生成应用。**Magic3D 是英伟达于 2022 年 11 月发布的一个可以根据文本描述生成 3D 模型的人工智能模型。例如，在给出**

“一只坐在睡莲上的蓝色箭毒蛙”的文字提示后，Magic3D 能够在 40 分钟内，创作出一款色彩丰富、纹理细腻的 3D 网格模型。此外，其具备模型修改功能，进一步增加了产品的应用范围。该模型还支持在输入中携带一些图片，这样输出成果就可以保留携带图片的风格或图片中主要人物。通过该技术，生成的模型可广泛用于视频游戏或 CGI 艺术场景等领域（图 4-57）。

图 4-57　3D 蓝色箭毒蛙（支持鼠标拖动）

资料来源　英伟达官网，民生证券研究院

第 5 章

人工智能与深度学习

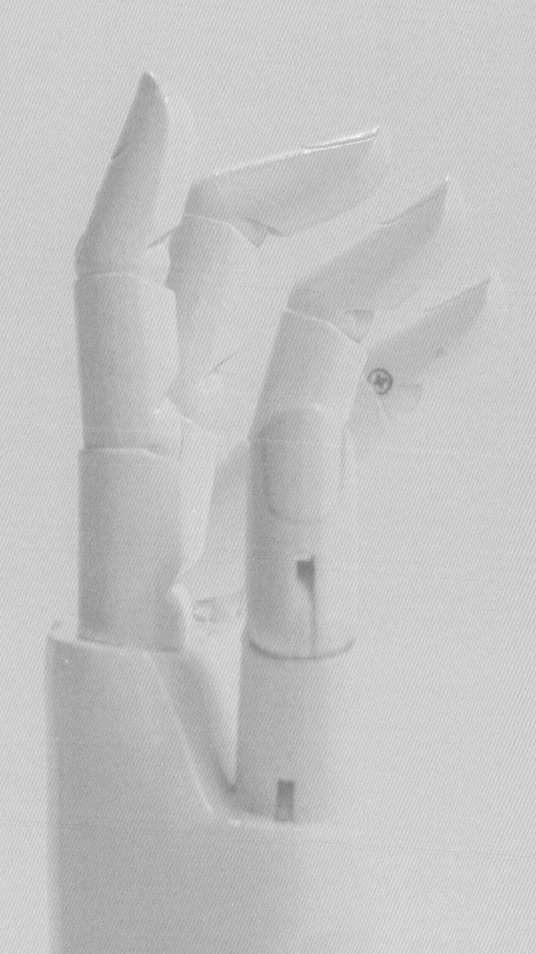

5.1 深度学习概述

5.1.1 什么是深度学习

深度学习是一种机器学习方法，通过构建多层神经网络模型来模拟人脑神经系统的工作原理，以解决复杂的模式识别和学习任务。**深度学习的核心思想是通过多层非线性变换，自动地学习输入数据的特征表示，从而实现对复杂数据的高级抽象和模式识别。通过逐层的变换，深度学习模型能够从原始的低级特征抽取到更加抽象的高级特征，最终输出对输入数据的分类、回归或生成结果（图 5–1）。**

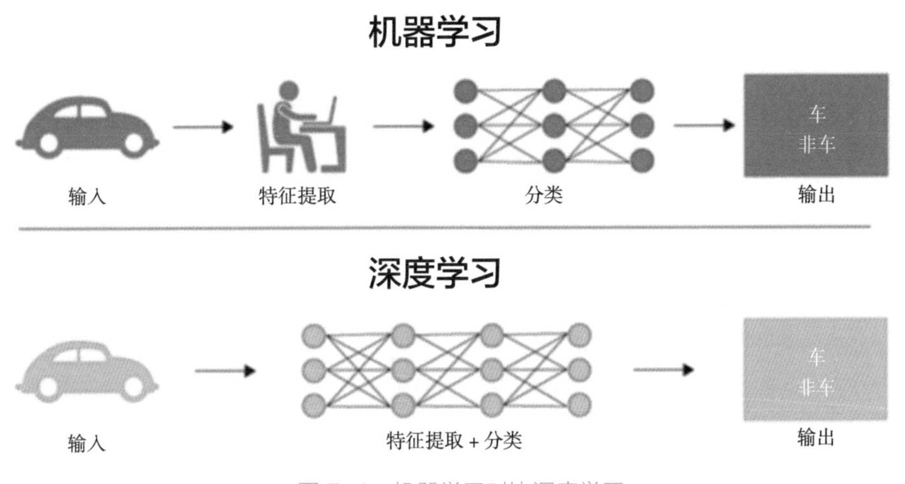

图 5–1　机器学习对比深度学习

资料来源　zbmain，民生证券研究院

深度学习在计算机视觉、自然语言处理、语音识别等领域取得了显著的成果。**例如，在计算机视觉中，深度学习模型能够进行图像分类、目标检测和人脸识别等任务。在自然语言处理方面，深度学习可应用于文本分类、情**

感分析和机器翻译等任务。

深度学习的成功得益于多个因素的共同作用。首先，计算能力的提升使得处理大规模数据和复杂模型变得可行。其次，大规模标记数据集的可用性为深度学习提供了训练所需的丰富数据资源。此外，算法的不断改进和优化也极大地推动了深度学习的发展。

5.1.2 深度学习的训练过程

深度学习的训练过程通常使用大量的标记数据进行监督学习，这些数据包括输入数据和其对应的标签。以训练一个深度学习模型来识别图像中的猫和狗为例，具体过程为：

（1）输入与标注。准备一组图像作为输入数据，并为每个图像提供正确的标签，即这张图像是猫还是狗。

（2）输出并预测。在训练过程中，深度学习模型会根据输入数据进行预测，比如判断一张图像是猫还是狗。

（3）计算差异。模型会将预测结果与真实标签进行比较，计算它们之间的差异，即预测的输出与实际标签之间的差距。

（4）反向传播。深度学习模型使用一种称为反向传播的算法，通过将这个差距（也称为损失）反向传播回网络，计算每个神经元对整体损失的贡献。

（5）调整权重。深度学习模型会根据这些贡献值来调整网络中每个连接的权重，以减少损失，这个过程被称为梯度下降优化方法，因为模型根据损失的梯度信息来更新权重，以使损失最小化。

（6）迭代模型。重复以上训练过程，并使用大量的训练数据，深度学习模型逐渐优化自身，提高对输入数据的预测准确性。随着训练的进行，模型能够自动学习到输入数据的特征和模式，从而在未见过的数据上进行准确的预测（图 5–2、图 5–3）。

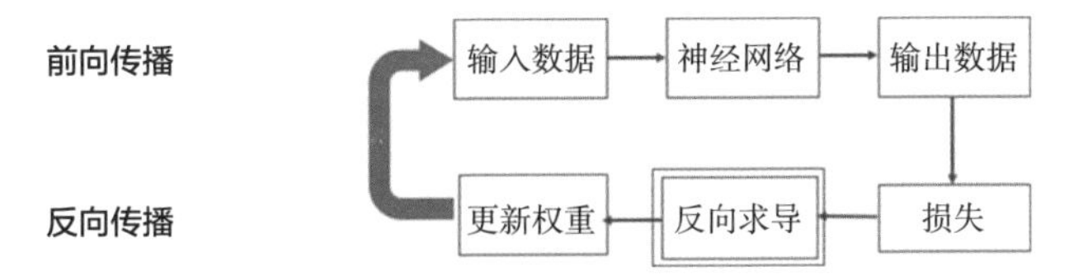

图 5-2　深度学习训练过程

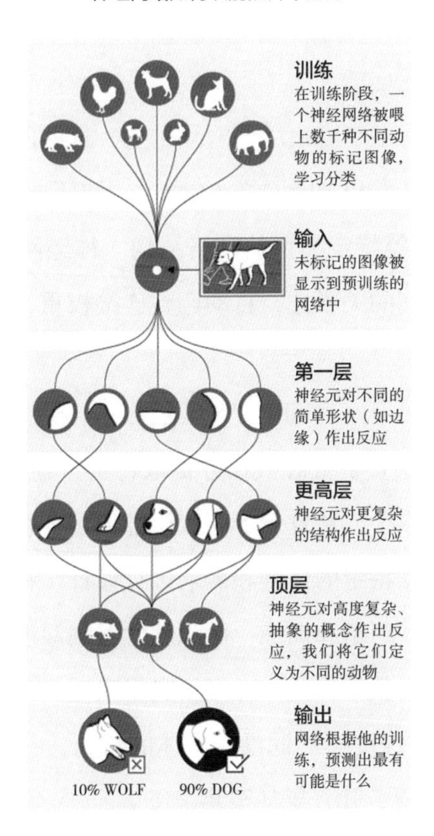

图 5-3　神经网络如何识别照片中的狗

资料来源　Amazon AWS，CSDN，民生证券研究院

5.2 深度学习的核心

5.2.1 神经网络

1. 什么是神经网络

神经网络是实现深度学习的主要工具之一。深度学习中使用的神经网络通常是深层的，即包含多个隐藏层的网络结构。这些网络可以是全连接的前馈神经网络，也可以是卷积神经网络（CNN）、循环神经网络（RNN）、长短期记忆网络（LSTM）等特定类型的网络结构。神经网络通过学习输入数据和相应的输出标签之间的关联性，自动调整连接权重，从而实现特征的提取和表示学习。

神经网络通常由多个层次组成，包括输入层、隐藏层和输出层。输入层接收原始数据，隐藏层负责处理数据并提取特征，输出层产生最终的结果。隐藏层可以有一个或多个，并且每个隐藏层都由多个神经元组成。神经网络的结构和规模可以根据特定的任务和需求进行设计。神经网络算法的核心就是计算、连接、评估、纠错和训练，而深度学习的深度就在于通过不断增加中间隐藏层数和神经元数量，让神经网络变得又宽又深，让系统运行大量数据并训练神经网络。“深度”一词没有具体的特指，一般就是要求隐藏层很多（一般指 5 层、10 层、几百层甚至几千层）。

神经网络的基本组成单位是神经元。每个神经元接收来自其他神经元的输入，并通过加权和激活函数的处理产生输出。这些输入和权重的乘积被加权求和，并传递给激活函数，以产生神经元的输出。激活函数引入非线性性质，使神经网络能够处理复杂的非线性关系（图 5-4）。

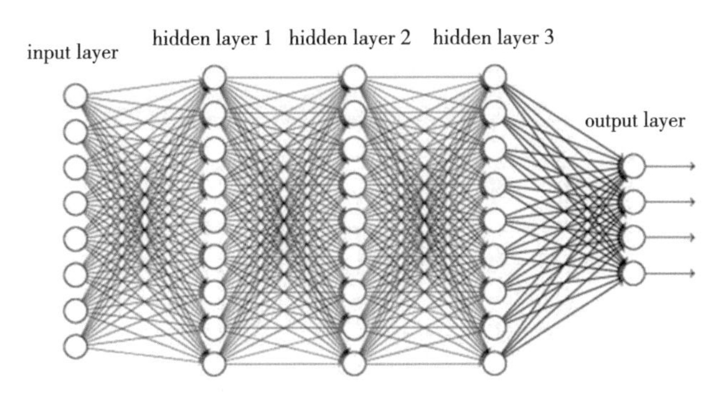

图 5-4　多层神经网络示例

资料来源　深度学习应用开发 - TensorFlow 实践，民生证券研究院

2. 常用神经网络

神经网络的具体结构和参数设置会根据具体任务和应用而有所不同。不同的神经网络具有特定的结构和操作，用于处理图像、语言、时间序列等不同类型的数据。神经网络通过学习输入数据和相应的输出标签之间的关联性，自动调整连接权重，从而实现特征的提取和表示学习（表 5–1）。

表 5-1　常用神经网络的简介与应用

神经网络	介绍	应用领域
前馈神经网络（FF）	所有节点全连接：每层中的每个感知器都与下一层中的每个节点相连 没有回环：同一层中的节点之间没有可见或不可见的连接	数据压缩、模式识别、计算机视觉、声呐目标识别、语音识别、手写字符识别
循环神经网络（RNN）	隐藏层中的每个神经元接收具有特定时间延迟的输入 模型中的计算会考虑到历史信息，可以处理输入并跨时共享任意长度和权重，模型大小不会随着输入的增多而增加	机器翻译、机器人控制、时间序列预测、语音识别、语音合成、时间序列异常检测、节奏学习、音乐创作
卷积神经网络（CNN）	利用卷积操作来提取输入数据的特征 由多个卷积层和池化层交替组成，最后连接全连接层进行分类或回归	图像分类、目标检测、人脸识别

续表

神经网络	介绍	应用领域
长 / 短期记忆（LSTM）	LSTM 网络引入了一个记忆单元，可以处理间隔记忆的数据 可以在 RNN 中考虑时间延迟，如果有大量的相关数据，RNN 很容易失败，而 LSTMs 正好适合 与 LSTM 相比，RNN 无法记忆很久以前的数据	语音识别、写作识别
变分自动编码器（VAE）	使用一种概率方法来描述观测，显示了一个特征集中每个属性的概率分布 编码器将输入数据映射到潜在空间中的潜在变量 解码器将从潜在空间采样的潜在变量解码为原始数据的重构，并致力于准确地重建输入数据	在句子之间插入、图像自动生成
生成对抗网络（GAN）	给定训练数据，GAN 学习生成与训练数据具有相同统计数据的新数据，GAN 的目标是区分真实结果和合成结果，以便生成更真实的结果 GAN 的训练过程是通过对生成器和判别器进行对抗训练来实现的。生成器试图生成逼真的样本以欺骗判别器	创造新的人体姿势、照片变 Emoji、面部老化、超分辨率、服装变换、视频预测
支持向量机（SVM）	核心思想是寻找一个最优的超平面，将不同类别的数据样本尽可能地分开 核函数将输入数据映射到高维特征空间，使得在原始输入空间中线性不可分的数据，在高维特征空间中可能变得线性可分	人脸检测、文本分类、生物信息学、手写识别

资料来源 Medium，PyVision，民生证券研究院

5.3 深度学习 +AI 应用

5.3.1 典型智能机器人

智能机器人是一种能够感知环境、处理信息、学习、适应环境和执行任务的机器。**它们通常使用人工智能技术，包括机器学习、自然语言处理、计算机视觉和深度学习，以实现其功能（图 5-5、图 5-6）。**

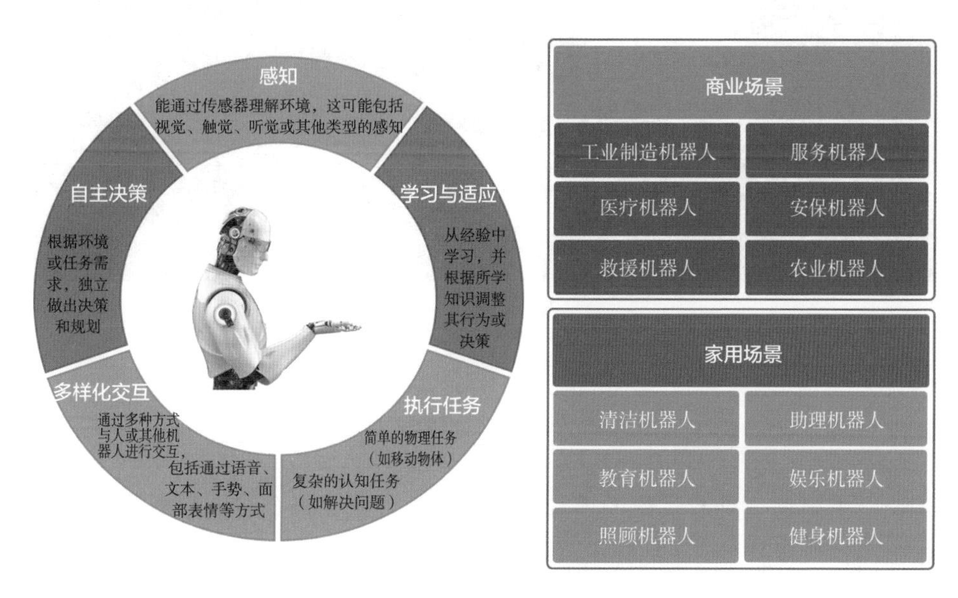

图 5-5 智能机器人特点及应用场景

资料来源 民生证券研究院

1.AlphaGo

图 5-6 AlphaGo 与世界围棋冠军李世石进行比赛

资料来源 英国广播公司，民生证券研究院

AlphaGo 是 DeepMind 公司开发的一款人工智能程序，其主要任务是玩围棋。围棋是一种双玩家的零和随机博弈，玩家在每个时刻都能获取整个棋局信息。然而，围棋的状态空间非常大，这使得直接使用传统的强化学习（RL）方法或搜索方法变得非常困难。为了解决这个问题，AlphaGo 结合了深度学习和强化学习的方法，具体工作原理如图 5-7 所示。

深度学习、蒙特卡洛树搜索和自我对弈训练等技术的结合使 AlphaGo 在 2016 年与世界围棋冠军李世石进行比赛时首次赢得了人类。这个成就被广泛认为是 AI 领域的一个重要里程碑。之后，DeepMind 开发了 AlphaGo 的升级版 AlphaGo Zero 和 AlphaZero，这些版本在不依赖人类知识的情况下，仅通过自我对弈来学习围棋，显示出了更强大的实力。

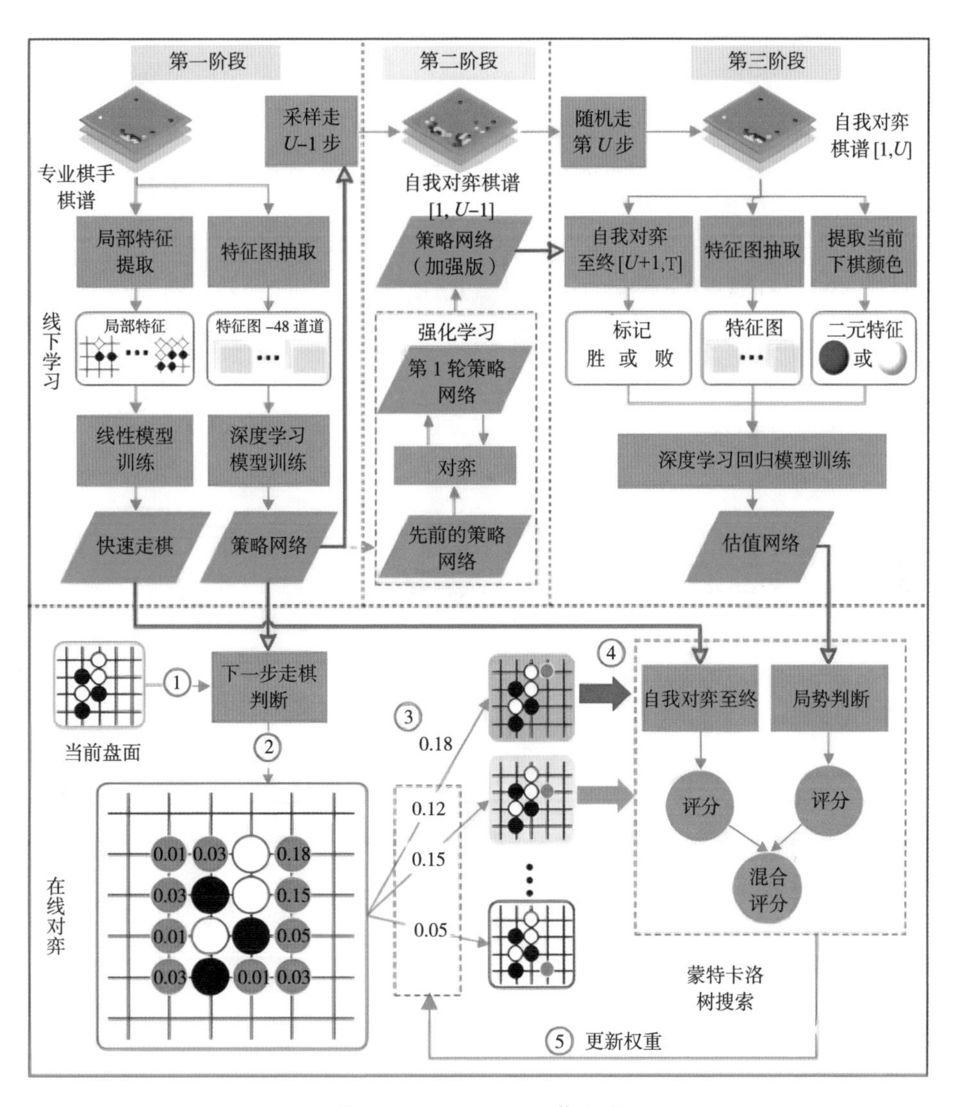

图 5-7　AlphaGo 工作原理

资料来源　CSDN，民生证券研究院

2.Pepper

Pepper 是一种半人形机器人，由 SoftBank Robotics（前身为 Aldebaran Robotics）于 2014 年发布，设计用于读取情绪。Pepper 的情绪识别能力基于面部表情和语音音调的检测和分析。这种能力使 Pepper 能够理解并回应用户的情绪，从而更好地与人类交流。Pepper 被设计支持与人类互动，其身高为 120 厘米，可以感知周围环境并在看到人时进行对话。他胸前的触摸屏显示内容以突出显示消息和支持语音（图 5–8）。他的外形设计是为了确保安全使用和用户的高接受度。然而，由于需求疲软，Pepper 的生产已在 2021 年 6 月暂停。

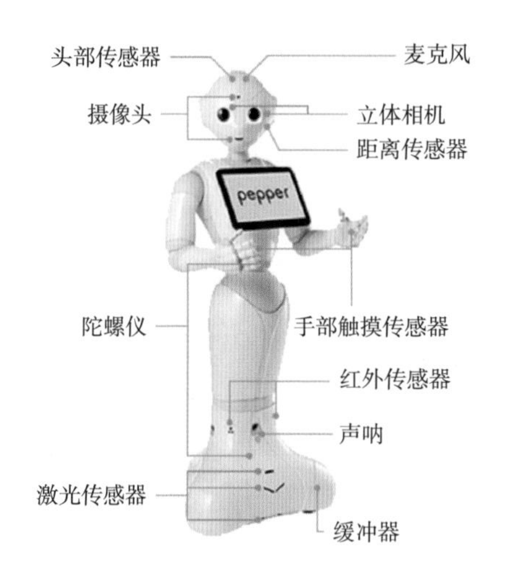

图 5–8　Pepper 机器人

资料来源　Softbank，民生证券研究院

Pepper 机器人的内部工作原理包括以下几个核心组件。

（1）感应器和摄像头：Pepper 有两个摄像头（一个在前额，一个在嘴部），四个麦克风，一个陀螺仪，两个触摸传感器，两个碰撞传感器，和一个 3D 传感器。这些设备让 Pepper 可以感知周围环境并与之交互。

（2）移动能力：Pepper 配备了三个方向的轮子，可以灵活移动。这使得 Pepper 能够跟随用户，或者在需要时移动到指定位置。

（3）情绪识别：Pepper使用的情绪识别技术基于面部表情和语音音调。面部表情识别依赖于计算机视觉技术，该技术通过内置的摄像头获取用户的面部图像，然后通过人脸检测、面部特征提取和面部表情分类来识别特定的面部表情。语音音调分析则使用自然语言处理技术，通过内置的麦克风获取用户的语音，然后通过语音识别、语音特征提取和情绪分类来识别特定的情绪。

（4）人工智能和学习能力：Pepper配备了人工智能，可以学习和适应环境。例如，Pepper可以记住用户的面孔和偏好，从而更好地与他们交流。

（5）自主行为：Pepper可以自主行动和做出决策。例如，它可以根据周围环境和用户的需求决定何时开始和结束交流。

（6）应用程序：Pepper可以通过运行各种应用程序来执行特定的任务，这些应用程序可以根据用户的需求定制。Choregraphe是由SoftBank Robotics开发的一款图形化编程环境，可以用于为Pepper编写和测试行为（图5-9）。

办公接洽
- Pepper被用作英国几家办公室的接待员，能够通过面部识别访客，为会议组织者发送提醒，甚至安排制作饮料
- Pepper能够与潜在客户自主交谈

家庭应用
- Pepper可以使用热成像技术在不接触的情况下检查人们是否发烧，还能清洁消毒

教育研究
- Pepper被用作学校的研究和教育机器人，用于教授编程和人机交互研究

商业服务
- Pepper应用于银行、医疗、餐饮等服务业
- Pepper会说15种不同的语言 Hamazushi餐厅中的Pepper店员像人类一样为顾客服务并看管店内的物品

图5-9 Pepper主要应用场景

资料来源 TheMayor，Digital Trends，Aldebaran，Freethink，民生证券研究院

3. 小途机器人

小途机器人于2021年年底发布，旨在帮助多岗位实际工作场景，打造企业“智能数字员工”（图5-10）。基于明途工作目标大数据领域，融合工

作目标任务数据，以行业岗位知识图谱 +AI 算法为底层技术支撑，载入硬件能力 + 学习能力为基础，构建具有执行能力和思维能力的“智能工作机器人”。小途机器人用于办公领域的智能语音引导、咨询、监督、辅助，借助人工智能的工作知识图谱、自然语音处理、多模态识别等算法，聚焦工作管理应用，提供工作资料查询推荐、沉浸式虚拟场景、会议实时记录、时间自动安排等功能，打造智能小途办公平台（图 5-11）。

图 5-10　小途机器人

资料来源　搜狐网，民生证券研究院

图 5-11　小途机器人亮点

资料来源　明途官网，民生证券研究院

产品功能特征包括：

（1）时间管理。结合岗位数据包，自动任务预制，小途按照类型、优先级智能推送、及时提醒，从不同时间维度对个人的工作、学习、健康、社交进行体系化的管理。

（2）工作管理。融合工作目标管理平台，给小途机器人下发任务，同时在任务执行过程中，针对任务异常报警提醒，任务完成后自动将结果汇总并自动同步到工作目标管理平台中，形成整个任务闭环。

（3）学习管理。提供视频学习资源、最新资讯、热门报告、专业政策，对个人的学习起到系统化的管理，同时结合小途自身的硬件优势，对个人学习进行监督监管，有效提高学习效率。

（4）AI 工具。通过人脸监测、多模态感知、图像文字识别技术，提供辅助办公智能 AI 工具，实现无人值守、多语言 OCR、语音转写、图像识别等功能，助力高效办公。

（5）物品申领。人脸识别身份、预制申领限制、异常及时发送消息、同时自动生成申领报告。

（6）新人培训。流程化培训，全面了解公司制度、文化和产品，帮助新人快速融入团队。

5.3.2 智能机器人架构

智能机器人是一种结合了机器人技术和人工智能技术的高级自动化设备。它不仅具有机器人的基本功能，如感知环境、执行动作，而且还具有一些“智能”的特性，如自主学习、自主决策和自主调整。智能机器人的架构是指如何组织和设计机器人的各个部分以实现所需功能。这涉及硬件设计（包括机械部件和电子设备）。以及软件设计（包括算法和程序）。智能机器人的架构通常包括以下几个部分。

（1）感知器：感知器能够收集机器人所在环境的信息。这可能包括摄像头（用于视觉感知），麦克风（用于听觉感知），距离传感器（用于检测物体距离），温度传感器，光线传感器等。

（2）执行器：执行器是机器人用来在环境中执行动作的部分。这可能包括电机（用于移动或转动部件），扬声器（用于产生声音），以及可以控制其他设备的接口。

（3）控制系统：控制系统是机器人的“大脑”，处理来自感知器的信息，并根据这些信息控制执行器。这可能包括基于微处理器的控制器，以及运行各种算法和程序的软件。

（4）决策系统：决策系统是机器人的决策中心，根据收集到的信息和预定的目标或任务来制订计划或决策。这通常会涉及一种或多种人工智能技术，如机器学习，规划，或者深度学习。

（5）通信系统：通信系统使得机器人可以与外部系统或其他机器人进行通信。这可能包括无线网络接口，蓝牙接口，或者更专业的机器人通信协议。

5.3.3 智能机器人的网联云架构

智能机器人的网联云架构，也就是云机器人架构，是云机器人技术在实际系统中的应用框架，是一种将机器人的部分计算和数据存储任务放在云端进行的方法。云机器人技术是一个宽泛的概念，利用云计算（如云存储、云处理等）以及其他相关技术（如大数据分析、机器学习等）来提升机器人功能的所有技术。云机器人架构指定了机器人的本地系统和云服务如何交互，以及如何在这两个部分之间分配数据和任务。这种架构利用了云计算的优势，可以让机器人拥有更强大的计算能力和更大的数据存储空间，从而提升机器人的功能和性能。

本地机器人、网络连接和云服务器是云机器人架构的三个关键构成要素。

（1）本地机器人：主要负责直接与环境进行交互，包括接收传感器输入（如视觉、触觉、声音等）和执行动作。本地机器人通常有一些基础的计算能力，能够进行一些简单的数据处理和决策。另外，本地机器人需要有网络接口，以连接到云端。

（2）网络连接：它是本地机器人和云服务器之间的桥梁，负责传输数据和指令。网络连接需要足够的带宽，以支持大量数据的传输，同时需要足够的可靠性和安全性，以保证数据的准确性和安全性。

（3）云服务器：它是云机器人架构的核心，提供大规模的数据存储和强大的计算能力。云服务器可以运行各种软件和服务，如数据分析工具、机器学习模型、数据库等。通过云服务器，机器人可以共享数据，利用强大的计算资源，进行复杂的任务。

以下引用示例来说明智能机器人的网联云架构如何提高医疗服务的效率和质量。赛特智能推出的智赛拉是一款专为医疗领域设计的智能配送机器人，其强大的功能和独特的云机器人架构使其在提高医疗服务效率和质量方面显得独具一格。智赛拉可用于医院中药品、餐食、手术被服、高值耗材等物资的配送，深化了医疗物流的自动化程度，释放了更多医疗人员的时间以专注于更加关键的医疗任务。智赛拉的本地机器人部分，配置有大容量箱体、高清双目摄像头、高精度定位导航系统、感知避障系统（超声波雷达、激光雷达等）和无线网络连接模块，这款机器人不仅具备实时感知和自我导航的能力，同时可以在规定的时间内完成配送任务。通过无线局域网/4G/5G，智赛拉实现了与云服务器的无缝连接。它所对接的云端包含了医院管理系统和配送路线规划系统，使得智赛拉在实现药品追溯和人员追溯的同时，也能够自主调用电梯，并在闲时自主返回充电（图 5–12）。

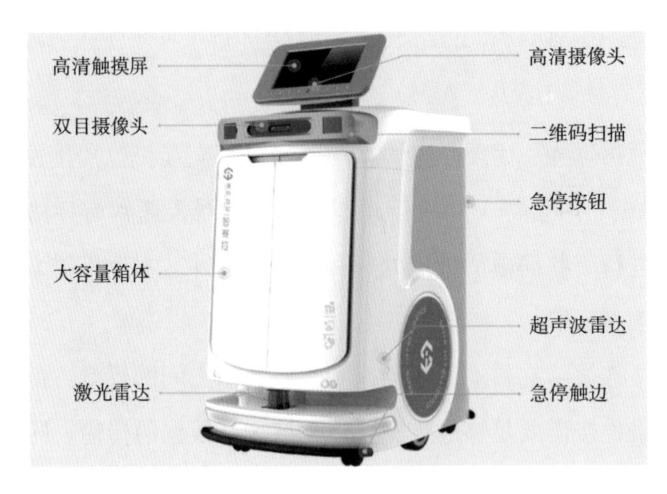

图 5-12　配送机器人智赛拉图示介绍

资料来源　赛特智能，民生证券研究院

5.3.4　泛通用机器人

泛通用机器人是一个在特定任务机器人和全功能通用机器人之间的一种折中方案。**泛通用机器人既保持了一定的灵活性和适应性，以便能在多种环境中工作和处理未预期的情况，同时也具有比通用机器人更窄的能力范围，使得它们的设计、制造和使用可能比全功能通用机器人更容易，也更经济。例如，一种泛通用工业机器人可能被设计成可以在同一个生产线上执行多种不同的操作，或者一个泛通用家庭机器人可能被设计成可以执行一系列的家务任务。**

泛通用机器人需要具备高度的自适应能力和强大的解决问题的能力，这就需要其内置一系列的先进技术，如寻路算法、语义模型和深度神经网络等。

1. 寻路算法：机器人的路径规划

泛通用机器人常常需要在复杂的环境中进行移动和导航，这就需要利用寻路算法进行路径规划和障碍物避让。**寻路算法能帮助机器人判断当前环**

境，确定从起始点到目标点的最佳路径。在通用机器人领域，常见的寻路算法有 A* 搜索算法、Dijkstra 算法、Rapidly-exploring Random Trees（RRT）和 Probabilistic Roadmap（PRM）等。在实际应用中，选择使用哪种算法取决于具体的应用场景和需求，通用机器人也有可能会使用多种寻路算法的组合，以便在不同的场景和情况下选择最合适的寻路策略（表 5-2）。

表 5-2　通用机器人领域常用的寻路算法

寻路算法	特点
Dijkstra 算法	能够找到从起点到所有其他点的最短路径 相比于 A* 搜索算法，Dijkstra 算法没有利用启发式信息，所以在某些情况下可能会比 A* 搜索算法慢
A* 搜索算法	在寻找最短路径的同时还考虑了启发式信息，比如从起始点到目标点的预估距离 启发式信息可以帮助 A* 搜索算法更快地找到最短路径，因此它被广泛应用在各种需要寻路的场景中，例如通用机器人的导航
快速探索随机树算法（Rapidly-exploring Random Tree）	随机地探索空间并构建一棵树来寻找从起始点到目标点的路径，RRT 算法主要用于连续空间的寻路问题，特别适合处理高维度和动态障碍物的场景
概率路线图算法（Probabilistic Roadmap）	随机地在空间中创建一些节点，然后试图在这些节点之间建立可以通过的路径，从而形成一张“路线图” 当需要找到从起始点到目标点的路径时，它可以在这张“路线图”上使用 Dijkstra 算法或 A* 搜索算法

资料来源　维基百科，民生证券研究院

2. 语义模型：机器人的理解能力

在现实世界中，各种环境和任务都是语义复杂的，因此泛通用机器人需要更强的语义理解能力，并且能够理解复杂抽象的语义指令。例如，对一个泛通用家庭机器人来说，其在家庭环境中的应用可能包括多种任务，从清洁和维护到帮助处理日常家务，甚至可能包括更高级的任务，如烹饪和个人护理。同样是“拿起”这个动作，在拿起一个苹果和拿起一个蛋糕时，机器人需要考虑的事情是完全不同的。苹果的质地坚硬，而蛋糕则是软的，易碎的，而当我们说“请把这个房间打扫干净”时，机器人需要理解“打扫”和“干净”的含义，知道它需要做什么以及何时可以停止。

强大的语义模型可以帮助泛通用机器人理解更复杂的指令和目标，理解它所处的环境，从而能够做出更符合人类期望的决策。语义模型是用来理解和处理自然语言的一种模型，它可以帮助机器人理解人类的指令和需求。机器人技术中的语义模型用于为机器人提供超越原始传感器数据的对世界的理解，使机器人能够以更有意义和更复杂的方式理解、解释环境并与之交互，正确执行符合人类意图的任务。这种模型通常需要大量的语料库和深度学习算法来训练，以实现高准确度的语义理解。表 5–3 是通用机器人领域的常见语义模型。

表 5–3 通用机器人领域的常见语义模型

语义模型	特点
概念图（Conceptual Graphs）	概念图是一种图形化的语义模型，它以图形的方式表示知识或概念 概念图可以帮助机器人理解和组织复杂的信息，并用于决策和规划
知识图谱（Knowledge Graphs）	知识图谱是由实体（如个人、地点或图像）和实体之间的关系组成的网络 可以帮助机器人理解复杂的环境和上下文关系，并在此基础上进行决策
语义网络（Semantic Networks）	语义网络是由节点（代表概念）和连边（代表关系）组成的网络 可以帮助机器理解和处理复杂的信息
语义地图（Semantic Maps）	语义地图是一种特殊类型的地图，它不仅包含空间信息，还包含物体和环境的语义信息 这种模型可以帮助机器人导航和执行任务
语义 SLAM（Semantic SLAM）	SLAM代表“同步定位与映射”（Simultaneous Localization and Mapping） 语义 SLAM 是一种技术，它结合了 SLAM 和语义地图，使机器人能够在创造建和更新地图的同时，也理解地图中的物体和地点的含义

续表

语义模型	特点
机器人操作模型（Robotic Manipulation Models）	机器人操作模型，例如谷歌 RT-1 模型，使机器人学习如何在物理环境中进行操作。例如，机器人可能需要解释为何拿起杯子，或者如何打开门

资料来源 维基百科，CSDN，民生证券研究院整理

大型语言模型的开发可以极大地增强机器人语义模型的能力，使机器人更通用，更高效，更易于交互。其包括：

（1）改进的人机交互。大型语言模型可以显著增强机器人理解自然语言指令和生成类似人类响应的能力。这可以使与机器人的交互更加直观和有效。例如，机器人可以理解以自然语言给出的复杂、多部分指令，或者对其动作生成详细、听起来自然的解释。

（2）上下文理解。大型语言模型经过训练可以理解上下文，可以帮助机器人根据上下文更好地解释单词或指令的含义。这可以提高机器人在复杂的真实环境中有效运行的能力。

（3）常识推理。大型语言模型也具有一定程度的常识推理能力。这意味着机器人可以使用这些模型对世界做出合理的推断，即使在处理它们没有明确编程处理的情况或信息时也是如此。

（4）改进的对象识别和场景理解。大型语言模型也可以与视觉识别系统结合使用，以提高机器人识别对象或理解场景的能力。例如，机器人可能会使用语言模型来生成对观察到的对象或场景的描述，或者根据对象的视觉外观和发现对象的上下文来推断对象的可能用途或功能。

（5）知识表示和推理。大型语言模型可用于以更灵活和复杂的方式表示和推理知识。例如，机器人可以使用这样的模型来理解其环境中不同实体之间的复杂关系，或者推断不同行为的可能后果。

（6）从文本数据中学习。大型语言模型可用于帮助机器人从文本数据中

学习。例如，机器人可以阅读和理解说明手册、科学论文或其他形式的书面知识，并以此来提高自身能力或对世界的理解。

3. 深度神经网络

深度神经网络是一种模拟人脑神经元工作方式的人工神经网络，它是实现机器学习和人工智能的关键技术。深度神经网络可以从大量的输入数据中学习和提取特征，用于物体识别、语音识别、自然语言处理等任务。对泛通用机器人来说，深度神经网络能够帮助其理解和处理复杂的任务，提高其工作的效率和质量。随着研究的不断发展，还涌现了其他深度神经网络算法和架构，如 Transformer、BERT 等，使得机器人更好地完成自然语言处理和语义理解，相当于更好地理解环境和用户的需求，并做出相应的响应和决策。

第 6 章

AIGC 与机器人

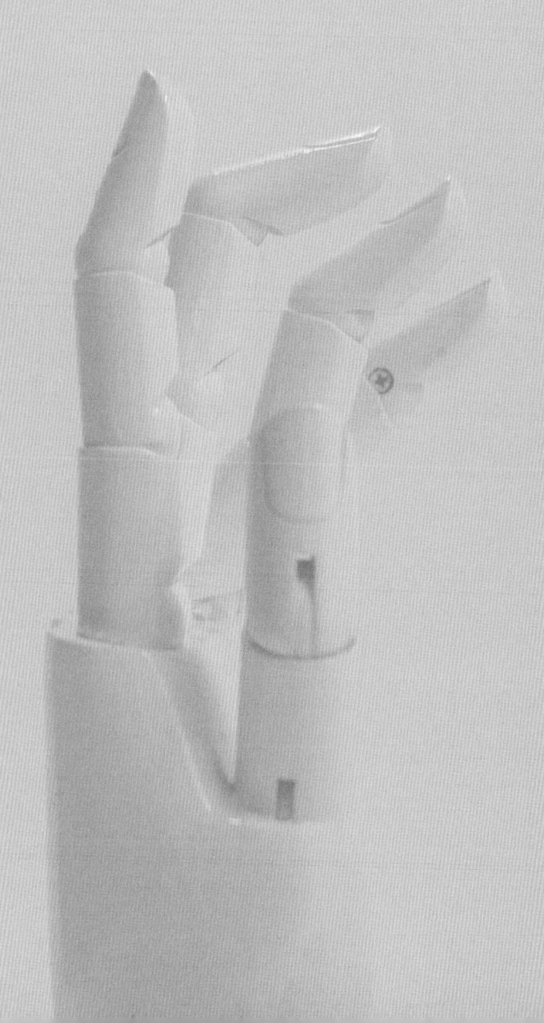

6.1 “老”AI机器人与“新”AI机器人

6.1.1 技术

“老”AI机器人依赖于多种技术的结合，包括计算机视觉、传感器融合、语音识别和机器人力学。这些技术使机器人能够感知环境、处理感官输入并与物体和人类进行物理交互。“新”AI机器人，例如ChatGPT，主要依赖于自然语言处理技术。它们利用深度学习架构（如转换器）来处理和生成类似人类的文本响应。这些模型擅长语言理解、生成和上下文感知，可以更正确地理解并执行通用的任务，尽管ChatGPT仅限于对于任务生成语言类回复，但在机器人领域，“新”AI机器人技术使机器人具备更通用、更强大的语言理解和生成能力，这得以让机器人更高效地运作。ChatGPT背后的技术结合了先进的神经网络架构、详细的训练过程和广泛的训练数据，为理解和生成文本提供了高性能的语言模型。因此，它们成为获取信息的关键工具。它们提供了快速有效的响应，与人类建立了一种非常亲密、自然和流畅的交流。例如Transformer架构：使用注意力机制时期能够有效地学习上下文和含义，大大提高了“新”AI机器人理解和生成文本的能力。

6.1.2 功能

“老”AI机器人，如Pepper，是为现实环境中的物理交互和任务特定功能而设计的。它们通常表现出人形外观，结合语音识别、计算机视觉和机动性来提供帮助、娱乐或提供信息。“新”AI机器人，如ChatGPT，专注于语言处理和对话，在广泛的在线平台上充当虚拟助手、聊天机器人或对话代理。

6.1.3 训练方式

“老”AI 机器人依赖于监督学习、强化学习和基于规则的方法，其需要专门的数据集来适应它们的特定任务，包括注释数据、专家演示或特定领域的知识。“新”AI 机器人，如 ChatGPT，会进行大规模的无监督学习，对来自互联网的各种公开文本数据进行训练，涵盖各种主题、体裁和写作风格。这种广泛的训练数据使它们能够捕捉通用语言模式并获取跨多个领域的知识，训练过程涉及优化参数以生成连贯且符合上下文的响应。训练过程整体分为两个阶段。第一阶段为预训练，该模型是在互联网上找到大量的文本数据训练。在该过程中，模型获得了关于语法、句法和各学科的各种知识。在第二阶段，通过微调的过程，使其能够对用户的输入做出准确、有意义的反应。

6.2 AIGC 与编程机器人

6.2.1 编程机器人

编程机器人是指利用人工智能和自动化技术，能够执行编程任务的智能机器人。它们可以分析问题、编写代码、进行测试和部署等，从而加快开发速度、减少错误，并处理大规模的编码任务。编程机器人的目标是提供更高效、准确和自动化的编程能力，以支持软件开发和编程领域的工作。以下是一些编程机器人的示例。

（1）GitHub Copilot：GitHub Copilot 是由 OpenAI 开发的一款编程助手，它利用人工智能技术来生成代码建议。通过分析上下文和已有的代码，Copilot 可以自动补全代码、生成函数和类的框架，提供注释和文档等。它集成在开发者的 IDE（集成开发环境）中，为程序员提供智能的代码编写支持。

（2）DeepCode：DeepCode 是一种基于人工智能的静态代码分析工具，可以帮助开发者发现和修复代码中的错误和潜在问题。它使用深度学习算法来分析代码库，并提供有关潜在错误、代码质量和安全性的建议。DeepCode 可以作为编程机器人的一部分，自动检测和修复代码中的问题。

（3）Codebots：Codebots 是一种自动生成代码的工具，它可以根据开发者提供的需求和规范，生成符合标准的代码。Codebots 利用模板和自动化算法，生成适应性强、可扩展的代码结构，减少了手动编写重复性代码的工作量。开发者可以根据生成的代码进行进一步的定制和扩展（图 6-1）。

图 6-1　编程机器人与开发人员合作

资料来源　Codebots，民生证券研究院

6.2.2　AIGC 技术如何赋能编程机器人

虽然 AIGC 技术的主要应用领域是自然语言生成，但它也可以在一定程度上用于生成代码语言。AIGC 技术可以为编程机器人提供智能化的支持，使其具备更高效、准确和自动化的编程能力。通过结合 AIGC 技术和编程机器人，可以实现以下几个方面的增强。

（1）代码生成和自动化：AIGC 技术可以用于生成代码片段、函数或整个程序。编程机器人可以利用这些生成的代码作为基础，并根据具体需求进行定制和扩展，从而加快编程过程的速度和效率。

（2）自动错误检测和修复：AIGC 技术可以帮助编程机器人自动检测代码中的错误和潜在问题。它可以分析代码结构、语法和逻辑，识别可能的错误，并提供修复建议。这样，编程机器人可以更快地发现和修复错误，提高代码的质量和可靠性。

（3）自动化测试和调试：AIGC 技术可以用于生成测试用例和模拟环境，帮助编程机器人进行自动化测试和调试。它可以生成各种输入和边界条件，验证代码的正确性和鲁棒性，减少手动测试的工作量，并提高代码的稳定性。

（4）优化和性能提升：AIGC 技术可以分析和优化代码，提高程序的性能和效率。编程机器人可以利用 AIGC 生成的优化策略和算法，对代码进行自动优化和调整，从而提高程序的执行速度和资源利用率（图 6–2）。

图 6–2　Github Copilot 编程机器人

资料来源　Protocol，民生证券研究院

6.3 具身智能：AIGC+人形机器人

6.3.1 人形机器人

人形机器人是一种外观和功能上被设计为与人体相似的机器人，一般来说，它们通常以躯干、头部、两条手臂和两条腿为特征。人形机器人的设计精度可以根据其应用需求而变化，有些可能只模仿人体的一部分，例如从腰部以上，而另一些人形机器人可能试图更精确地复制人类解剖学的特征，甚至包括眼睛和嘴巴等面部特征。人形机器人的设计目的多种多样，从实用功能性的目标，如与人类工具和环境的交互，到实验性的用途，如研究双足行走的动力学，以及其他可能的应用领域。人形机器人的设计强调了物理结构的重要性，其中包括模仿人类形态的尝试。这些机器人通常具有头部、躯干、手臂和腿。有些甚至具有手和手指，使其能够像人类一样抓取和操作物体。此外，许多人形机器人都被设计成双足行走，这是一项需要处理平衡保持和地形适应性问题的复杂任务。一些高级的人形机器人甚至可以跑步、跳跃或执行其他种类的运动。为了模仿人类的感知方式，人形机器人通常配备了多种传感器。这些传感器可能包括相机（模仿视觉）、麦克风（模仿听觉）和触觉传感器（模仿触觉）。这些传感器为人形机器人与环境交互提供了必要的数据输入。在功能上，人形机器人通常利用人工智能（AI）技术来处理从传感器收集的数据并进行决策。这使得人形机器人能够自主执行任务，从经验中学习，以及识别和响应人类的语言和情绪。因此，AI是人形机器人功能的重要部分，它为机器人提供了一种方式，使其能够以类人的方式理解和交互（表6-1）。

表 6-1 人形机器人示例

机器人	图示	特点
Sophia		具有面部识别功能、自然语言处理和类人的面部表情功能 Sophia 被宣传为“社交机器人”，可以模仿社交行为并在人类中引发情感
Atlas		Atlas 被设计用于搜索和救援操作，并展示了令人印象深刻的物理能力 能够在崎岖的地形中导航、跑、跳，甚至做后空翻，显示出人形机器人在高风险环境中操作的潜力
Pepper		Pepper 是一个社交人形机器人，设计用于各种环境中与人交互 凭借诸如情感识别、语音交互和触摸传感器等功能，Pepper 已经在客户服务、零售和医疗保健环境中得到了应用
ASIMO		作为最早的人形机器人之一，ASIMO 证明了机器人能够以令人惊叹的精度模仿人类的动作，如走路、跑步和爬楼梯
RoboThespian		设计用于娱乐和公众互动的真人大小的人形机器人 RoboThespian 具有逼真的运动和语音合成功能，在世界各地的博物馆、展览活动中使用

资料来源 Medium，Wikipedia，BostonDynamics，Yahoo Finance，民生证券研究院

6.3.2 政策端：推动人形机器人的研发以及落地应用

国内地方政府发布了人形机器人利好政策，现在正在推动人形机器的研究开发和应用。这些政策已经提出要建设人形机器人创新中心，加快研究开发，并推动人形机器人设计模型应用。具体见表 6–2。

表 6–2 政策催化具身智能

政策	内容
《深圳市加快推动人工智能高质量发展高水平应用行动方案（2023—2024 年）》	开展通用型具身智能机器人的研发和应用：支持科研机构与企业共建 5 家以上人工智能联合实验室，加快组建广东省人形机器人制造业创新中心 发展大模型：支持打造基于国内外芯片和算法的开源通用大模型，支持重点企业持续研发和迭代商用通用大模型
《北京市机器人产业创新发展行动方案（2023—2025 年）》	支持建设人形机器人智能底座、软硬件环境、核心部件等研制基础条件：集中突破人形机器人通用原型机、通用人工智能、通用场景迭代和基础理论与关键技术 加快实现人形机器人规模化生产和应用：支持核心技术迭代升级、产业链成本降低、典型场景优化推广 布局人形机器人整机：对标紧跟国际领先机器人产品，按工程化思路布局北京人形机器人整机及相关核心产品，组建北京市人形机器人产业创新中心
《北京市促进通用人工智能创新发展的若干措施（2023—2025 年）》	持续探索通用智能体、具身智能和类脑智能等通用人工智能新路径 推动通用人工智能技术创新场景应用：围绕政务咨询、政策服务、接诉即办、政务办事等工作，提升精准服务能力和系统智能化水平
《山东省制造业创新能力提升三年行动计划（2023—2025 年）》	加快布局未来产业：人形机器人、元宇宙、量子科技、未来网络、碳基半导体、类脑计算、深海极地、基因技术、深海空天开发等前沿领域
《“十四五”机器人产业发展规划》	加强核心技术攻关：提高机器人智能化和网络化水平，强化功能安全、网络安全和数据安全 建立健全创新体系：加强前沿、共性技术研究，加快创新成果转移转化，构建有效的产业技术创新链。鼓励骨干企业联合开展机器人协同研发，推动软硬件系统标准化和模块化，提高新产品研发效率

资料来源 高工机器人，巴比特，民生证券研究院

6.3.3 产业端：英伟达、特斯拉、微软、谷歌和阿里巴巴等公司积极探索

英伟达提供了一套全面的工具和技术来促进具身智能的开发、模拟和部署。NVIDIA Isaac SDK 提供用于开发机器人应用程序的库、驱动程序和工具。它包括 Isaac ROS GEMS，这是一种硬件加速的机器人功能，可作为开源软件提供给机器人操作系统（ROS）社区。此外，英伟达还提供生产就绪的 AI 预训练模型，专家可以快速调整或部署这些模型以进行推理。NVIDIA Isaac Sim 是一款可扩展的机器人模拟应用程序，允许开发人员在物理准确的虚拟环境中测试他们基于 AI 的机器人。该模拟工具还生成合成数据，可用于训练 AI 模型。英伟达还通过 Isaac AMR 等技术促进支持 AI 的机器人的部署，Isaac AMR 是一种端到端的自主堆栈，可让机器人车队在不同的环境中稳健、安全地运行。他们还提供 Nova Orin 等硬件平台，这是一个基于 NVIDIA Jetson AGX Orin 边缘人工智能系统构建的计算和传感器参考平台（图 6-3）。

英伟达机器人平台

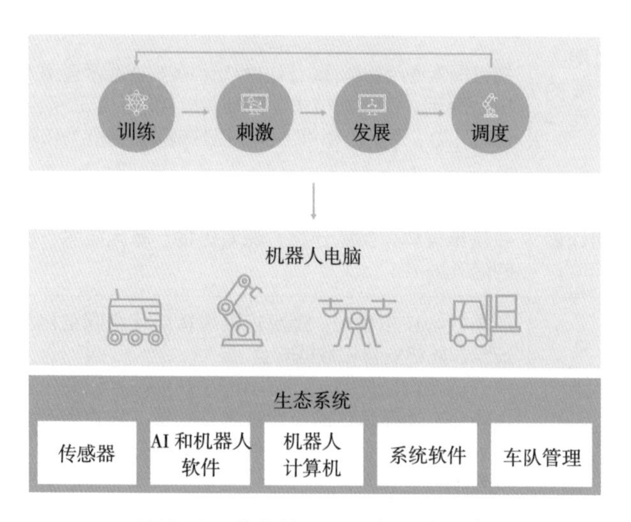

图 6-3　英伟达 Isaac 机器人平台

资料来源　英伟达官网，民生证券研究院

特斯拉目前研发的人形机器人 Optimus“擎天柱”已经可以很流畅地做一系列动作，包括走路、拾取物品、手臂力道控制，并且可以利用视觉学习周围的环境。机器人通过跟踪人类动作来训练，机器人看到一名特斯拉工作人员从一个容器中捡起物体并将它们放入另一个容器中，然后观察到之后机器人正在做完全相同的事情。马斯克仍然看好 Optimus 的前景，预测需求最终可能达到 200 亿台，并预计机器人的销量将远远超过汽车，随着全自动驾驶越来越接近通用的现实世界人工智能，同样的软件可以转移到人形机器人。

谷歌、微软和阿里巴巴均试图利用大模型为机器人注入灵魂。谷歌的 PaLM-E 模型与具身智能密不可分，完成机器人具身任务一直是该模型研究的重点，PaLM-E 是一个具有通用能力的视觉和语言模型，可以解决多种类型机器人和多种模式（图像、机器人状态和神经场景表示）的各种任务。微软正探索如何将 OpenAI 研发的 ChatGPT 扩展到机器人领域，从而实现使用自然语言直接控制机械臂、无人机、家庭辅助机器人等多个平台。国内厂商阿里巴巴也正在试验将千问大模型接入工业机器人，在钉钉对话框输入一句人类语言，可远程指挥机器人工作（图 6-4）。

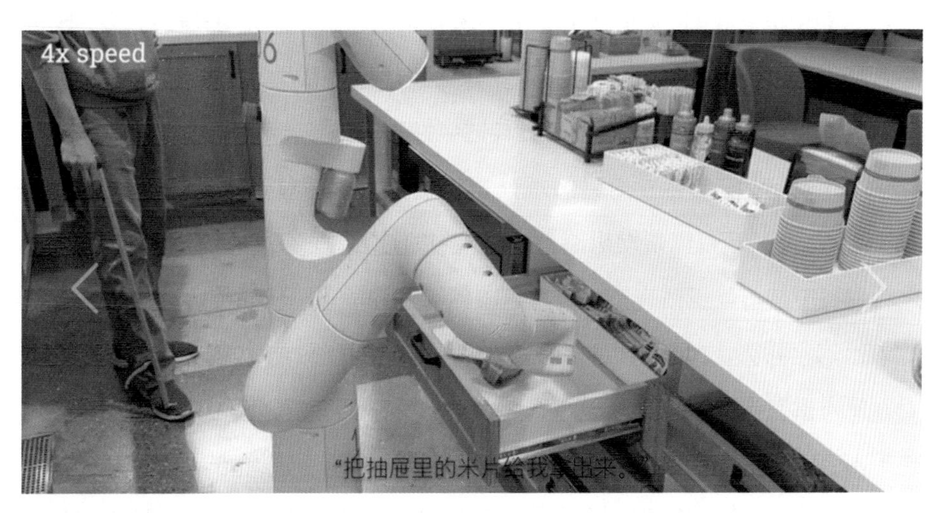

图 6-4 PaLM-E 控制机器人接受并执行远距离指令“把抽屉里的米片给我拿出来”

资料来源 palm-e.github，民生证券研究院

6.3.4 AIGC 为具身智能突破技术瓶颈提供新思路

通过将人形机器人与 AI 生成的内容相结合，实质上是在尝试创建一种具身智能。人形机器人提供了体现智能所必需的物理体现。通过与物理世界互动，机器人可以获得与人类和动物学习方式相似的经验和学习方式。人工智能生成的内容是机器人学习过程的输出。例如，机器人可以使用机器学习算法，从它与世界的交互中学习，然后根据它所学的内容生成响应或动作。内容不仅仅是文本或图像，还可以是物理动作，例如拾取物体或绕过障碍物。最后，具身智能是这个过程的总体目标，机器人可以像人类或动物一样以灵活、直观的方式学习和适应环境。

AIGC 使得机器人从逼真的虚拟环境中学习：具身智能的一个关键挑战是如何从真实世界的交互中安全地学习。对于正在学习执行复杂任务的机器人来说，完全依靠真实世界的试验进行学习往往是不切实际或风险较高的。AIGC 可以通过生成模拟环境和场景来解决这个问题，使机器人可以在其中安全地学习和犯错误。这是强化学习的一个概念，强化学习是一种机器学习方法，其中的智能体通过与环境交互来做出决策。此外，AIGC 可以生成机器人从中学习的各种场景，增加其经验的多样性，帮助它学会处理更广泛的情况。这可以使机器人在行为上更具适应性和灵活性。

AIGC 技术使机器人更自然地模仿人类行为：通过从大量人类生成的内容中学习，AIGC 可以帮助机器人模仿人类的行为。首先，AIGC 通过从大量的人类内容中学习，包括文本、语音、图像等多种形式，从而理解和模仿人类的行为模式。其次，AIGC 能够生成类人的响应，如在对话中生成类似人类的回答，使得机器人或 AI 系统在与人交互时的表现更接近人类。另外，AIGC 还能模拟人类的决策过程，例如通过学习大量的游戏数据，理解并模仿人类玩家的策略和决策。此外，AIGC 具备处理和生成复杂情境的能力，这是模拟人类行为的重要因素，因为人类的行为通常受到环境、情绪、目标等多种因素的影响。

以上优势使机器人的交互更直观、更自然，这也是具身智能的一个关键目标。

AIGC可以根据当前的环境观察数据预测未来的状态：一方面，AIGC生成的大量数据可用于训练和优化预测模型，帮助模型从更多的情况中学习，以提高预测的准确性；另一方面，AIGC创建的多样化模拟环境能够用于测试和优化预测模型，评估其性能并对其进行改进。同时，AIGC的多样性可以帮助预测模型学习处理各种不同的情况，提高其泛化能力。由于AIGC通常使用深度学习和神经网络技术，这些技术非常适合处理复杂的预测任务，因此可以进一步提升预测模型的性能，帮助具身智能系统更有效地规划其行动。这种预测能力是智能的重要组成部分，可以使系统预见其行动的结果并相应地调整其行为。

AIGC可以促进迁移学习的过程，推动机器人泛通用：在一个任务上训练的模型可以被用作学习其他相关任务的起点，这种迁移学习方式可以加速学习过程，使具身智能系统更快地适应新的任务和环境，极大地提高了机器人的通用性。例如，一个人形扫地机器人，在接受了AIGC的训练后，它可能会学会做其他的家务工作，这就是通过迁移学习提高了机器人的通用性。需要注意的是，这种学习过程并不是一蹴而就的，它需要大量的数据和时间来训练和优化模型，以使其能够适应新的任务和环境。然而，AIGC和迁移学习结合可以极大地加速这个过程。

6.4 AIGC机器人赋能百千行业

6.4.1 营销

AIGC技术是营销行业的强大工具，当与机器人技术结合时，可以通过多种方式为营销行业赋能。

数据分析和洞察：机器人可以比人类更有效地处理大量数据。这可以帮助企业发现不易察觉的客户行为趋势和模式。这种数据驱动的方法有助于完善营销策略。机器人还可用于测试各种营销策略和方法。例如，在 AIGC 构建的虚拟商业环境中，机器人可以从 A/B 测试中快速生成结果，为营销人员提供有价值的见解。

营销内容生成：机器人可以使用它们分析的数据来个性化营销工作。它们可以根据消费者过去的行为或偏好创建定制内容或推荐。这种个性化水平可以提高客户满意度和忠诚度。借助 AIGC 技术，机器人可以为各种营销渠道创建内容。这可以包括从社交媒体帖子到博客文章的所有内容，从而实现一致且高效的内容创建过程。

效率和成本效益：机器人可以全天候不间断地工作，大大提高效率。它们还可以处理重复性任务，让人类员工腾出时间专注于更复杂和更具创造性的任务。从长远来看，这也可以节省成本。

客户服务：机器人，尤其是聊天机器人，被越来越多地用于客户服务。它们可以处理常规查询、处理订单，并在一天中的任何时间向客户提供信息。这可以改善客户体验。此外，机器人可以确保跨多个平台和渠道的一致消息传递，这对于维护品牌形象和声音至关重要（表 6–3）。

表 6–3　营销行业机器人示例

机器人	特点
人工智能电话机器人	对海量通话数据进行信息发掘和统计，了解客户，洞察市场，优化产品、服务、营销方式 可以自定义标签，准确挖掘用户需求，筛选用户意向，识别用户兴趣 适合房产推销、食品推销、家具装修营销、电视购物

续表

机器人	特点
电商聊天机器人 LazzieChat	利用 Lazada 人工智能技术和平台，再加上 Azure OpenAI 服务的自然语言功能，理解用户的问题并给出用户可能感兴趣的相关产品或主题 LazzieChat 已经可以做到 24 小时在线智能回复用户提问、充当私人导购、提供个性化建议和商品推荐等，一定程度上能帮助用户优化购物体验
电商 RPA 机器人	基于规则，其可以准确迅速地完成各项枯燥、烦琐且标准化的工作，包括纳税申报、邮件收发、数据汇总核对、自查结果归档等业务 电商 RPA 机器人根据模板数据，可以实现自动在商家后台发布新商品，更新商品主图、SKU、价格、详情图、商品属性等数据 机器人自动在订单平台与物流平台之间，进行信息填写和校对，完成发货订单的物流单自动打印
Jasper AI	可以帮助创建引人注目的产品描述、高转化率标题和引人入胜的营销文案 可以根据描述生成商品图片、广告、缩略图等作品

资料来源 来也科技，RPA 星球，JasperAI，民生证券研究院

6.4.2 工业制造

AIGC 可以帮助工业机器人更好地理解生产线的任务，更准确地执行任务，提高生产效率和生产质量，同时也可以减少人为的错误，提供更准确的数据支持。

自适应制造：这种自适应性通过机器学习和 AIGC 技术来更好地实现，AIGC 技术使机器人可以分析收集到的大量数据，理解生产过程中的模式和趋势，然后生成新的、优化的机器指令，以适应生产线的变化。例如，如果产品设计发生变化，AI 可以生成新的机器指令以适应这些变化，无须大量人工干预。这种自我调整和优化的过程可以在没有人工干预的情况下自动进行，大大减少了生产过程中的人工成本。集成 AIGC 技术的机器人还可以收集反馈，自动生成和优化生产线的程序，使机器人能够快速地适应新的产品

和生产需求。这种自适应性使生产线可以更快地进行产品切换，提高生产的灵活性。

学习与训练：AIGC 技术可以创建模拟环境和场景来训练机器人系统。在这样的模拟环境和场景中，机器人可以在不会对实际生产环境造成任何影响的情况下学习和适应各种情况，这允许机器人学习和适应它们可能在制造环境中遇到的各种情况和条件。通过模拟环境，工程师还可以测试和优化机器人的行为和决策制定能力。例如，可以在模拟环境中测试机器人的决策制定算法，看看它是否能够在各种情况下做出最优的决策。

优化制造流程（优化工作流、个性化制造、维护、质量检测）：AI 可以根据制造过程的分析，生成优化工作流的策略，诸如调整任务顺序或者改变工厂布局以提高生产效率。对于定制或个性化产品的制造，AIGC 技术可以帮助机器人理解并分析客户的需求，进而生成制造特定产品所需的具体指令。同时，AI 还能预测制造系统何时需要维护或者更换部件，从而降低停机时间，提高整个制造过程的效率。最后，在质量控制方面，AI 可以利用图像识别算法生成实时的产品质量评估，及时发现并报告可能被遗漏的产品缺陷或不一致性（表 6-4）。

6.4.3 医疗

医疗机器人指医疗场景中辅助医疗服务，如外科手术、康复理疗及诊断的机器人。根据医疗应用领域的不同，医疗机器人可分为手术机器人、康复机器人。

（1）手术机器人是指集医学、机械学、生物力学及计算机科学等多学科于一体，多用于手术影像导航定位和辅助医生进行临床微创手术的医疗器械产品，可根据适应证分为腔镜手术机器人、骨科手术机器人等。由于具有视野大且清晰、灵活精准、过滤震颤等优势，手术机器人能够有效降低手术操

表 6-4　国内工业机器人厂商与机器人

厂商	机器人图示	特点
QJAR		提供从 3 千克到 800 千克负载范围的工业机器人，包括 6 轴机器人、4 轴机器人、scara 机器人、delta 机器人、防爆机器人等特殊应用。机器人广泛应用于焊接、搬运、喷漆、码垛、冲孔、折弯、切割、分拣、组装、上下料等工艺，汽车零部件、3C、五金、食品 - 饮料、金工等
SIASUN		新松工业机器人智能产品已经成功实现智能感知、智能认知、自主决策和自控执行等关键功能 提供工程机械解决方案，包括自动化焊接、柔性焊接、船舶焊接、集装箱智能生产、挖掘机 / 装载机焊接、物流输送、物流车厢生产等
ESTUN		提供全面机械类行业自动化焊接解决方案：工程机械、矿山机械、农用机械、专用车辆 数字化焊接：焊接数据工厂包括典型材料和工艺以及典型零件的焊接参数数据库，为制造过程提供数据支持；数据管理系统支持电脑远程控制焊接电源并实现流程数据可视化；仿真模拟系统模拟焊接热过程、力学过程和熔池的形成过程，以便对接头组织性能进行分析、预测

资料来源　KUKA Robotics，Evsint，SIASUN，ESTUN，民生证券研究院

作难度。

（2）康复机器人是辅助人体实现助残行走、康复治疗、生活辅助等功能的医用机器人，能够有效减少康复治疗师治疗时间，增加可接纳的患者量。康复机器人可分为功能治疗型和功能代偿型康复机器人，其中功能治疗型康复机器人可细分为功能训练康复机器人和功能增强康复机器人（图 6–5）。

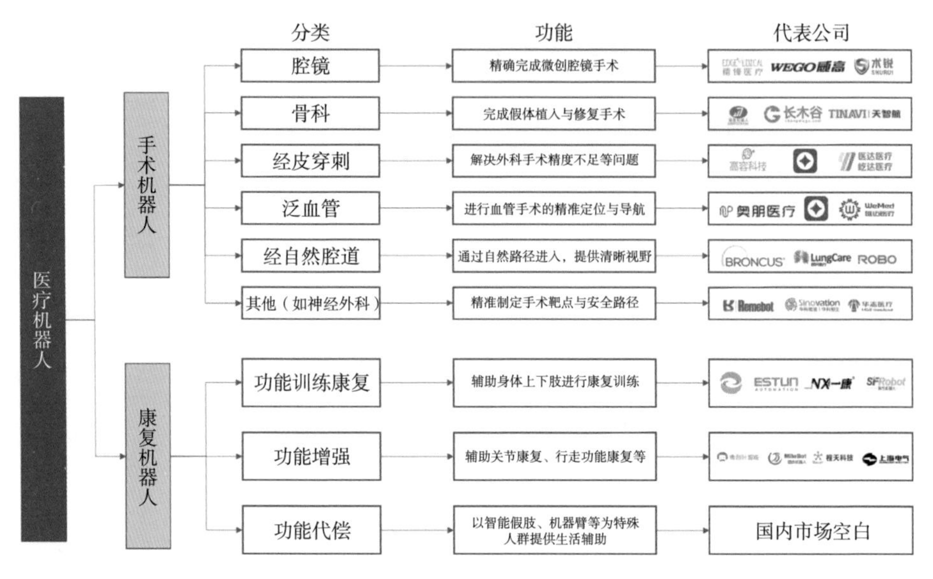

图 6–5　医疗机器人分类

资料来源　《2022 年中国机器人行业蓝皮书》，民生证券研究院

AIGC 可以提高医疗机器人的有效性、精确度、智能性和适应性，从而为患者提供更精确、个性化和有效的治疗和护理。AIGC 可以通过多种方式提高手术机器人和康复机器人的有效性。

手术机器人集成 AIGC 技术，可以使得手术机器人进行精确学习、模拟培训、术前计划、术中调整等，提高手术准确性，减少手术并发症，加快患者康复时间。人工智能算法可用于分析患者数据，例如医学影像扫描，并生成详细的手术计划。这可以让机器人更精确地进行手术，并将出错或并发症的风险降到最低。AIGC 使得机器人可以在手术过程中生成实时反馈。通过分析来自多个传感器和医疗仪器的数据，人工智能可以实时引导机器人调整动作，从而提高准确性和有效性。此外，AIGC 技术可以根据患者真实数据生成模拟环境，帮助培训外科医生有效使用机器人改善手术结果，甚至可以使手术机器人在 AIGC 生成的模拟环境中进行手术训练。

康复机器人集成 AIGC 技术，可以提供更加个性化的护理计划、实时适应性以及改进患者的进展跟踪。AIGC 技术可以帮助机器人更有效地进行治疗并加快康复速度和分析患者数据，例如病史、治疗结果、问诊结果、机器视觉采集的体态评估及可穿戴传感器收集的数据，以生成个性化的康复计划。通过监测患者的动作和反应，人工智能可以向机器人提供实时反馈，使其能够根据患者的需要和进展调整治疗。另外，AIGC 可以生成有关患者进展的详细报告，使医生和治疗师能够就患者的护理做出更明智的决定。

NVIDIA STAR 是利用人工智能执行外科手术的医疗机器人的一个著名示例，其在没有人工干预的情况下成功地进行了腹腔镜手术，该手术涉及重新连接肠道两端，这一过程称为吻合术。STAR 采用了先进的机器人精度和缝合工具、3D 成像系统以及基于机器学习的跟踪算法。机器学习组件基于卷积神经网络，使用来自吻合程序的 9000 多个运动轮廓示例进行训练，使机器人能够根据患者呼吸模式和手术期间的其他运动来预测组织运动，机器人与相机同步，在组织静止时扫描并创建缝合计划。使用增强的计算机视觉和基于卷积神经网络的标志检测算法，STAR 生成两个初始缝合计划以连接相邻组织。一旦操作员选择了计划，机器人就会对组织进行缝合，并对组织变形区域重新成像。这对执行精确的手术计划至关重要。研究人员检查了吻合的质量，包括针头位置校正、缝线间距、缝线咬合大小、完成时间、管腔通畅性和泄漏压力。他们发现 STAR 的一致性和准确性优于专家外科医生和机器人辅助的专家外科医生（图 6–6）。

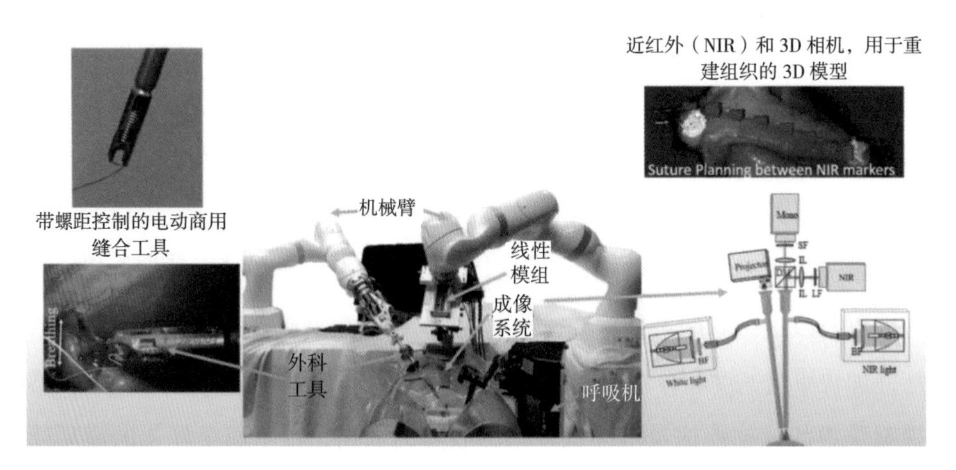

图 6-6　英伟达手术机器人 STAR

资料来源　Nvidia Developer，民生证券研究院

6.4.4　自动驾驶

结合 AIGC 技术，自动驾驶系统的开发和测试过程将更加高效、安全，帮助改进驾驶员与车辆的交互，增强客户服务，甚至生成软件代码，大大加快了自动驾驶技术的商业化进程，AIGC 赋能自动驾驶的各个方面，包括但不限于以下几个方面。

驾驶员与车辆交互：驾驶系统集成 AIGC 技术可以增强车载信息娱乐系统，使其更加智能，能够理解和响应驾驶员命令，具体来说，可以帮助车辆通过语音和文本与驾驶员进行交互，提供有关车辆状态、驾驶信息等的实时反馈。这增强了用户整体驾驶体验以及与车辆的互动，也能够让用户获得更加个性化的体验。

自动驾驶系统模拟：AIGC 可以生成 3D 模型、纹理和其他可用于创建高度逼真的虚拟环境的资产。在现实世界中，某些驾驶场景很少见，并且在测试期间可能不会经常遇到（例如，极端天气条件、异常交通场景）。在虚拟环境中，这些罕见的场景可以根据需要经常重现，使自主系统能够学习如何处理它们，而无须进行物理道路测试。并且，如果发生模拟碰撞，虚拟环境可以提供有关结果的详细反馈。这包括导致碰撞的事件的确切顺序、对车辆造成的损坏以及对行人或乘客的潜在伤害。该信息对于改进自动驾驶汽车的安全系统具有重大价值。

自动驾驶系统开发：AIGC 可以加速自动驾驶功能的开发和迭代。自动驾驶车辆使用人工智能来感知周围环境、做出决策和控制车辆功能。这涉及处理来自各种传感器（包括激光雷达、雷达和摄像头）的数据、识别环境中的物体和特征、预测其他道路使用者的行为，以及规划到达车辆目的地的安全高效路径。随着车载设备计算能力的提升，基于人工智能的智能驾驶将具备更强的能力。AIGC 有助于提高驾驶相关信息（周边环境图像等）的提取速度和自动驾驶决策的准确性，显著推动智能驾驶系统发展。

安全、成本与效率：在虚拟环境中进行测试降低了导致现实世界事故的风险。这允许在不让任何人受到伤害的情况下，对自主系统在危险或危急情况下的反应进行广泛测试，真实世界的测试需要配备自动驾驶技术的昂贵车辆车队，以及人类安全驾驶员团队，虚拟测试消除了这些成本，此外，AIGC 可以协助程序人员为智能座舱和智能驾驶场景生成软件代码，潜在地减少人类软件工程师的工作量，提高开发过程的效率（表 6–5）。

表 6–5 英伟达自动驾驶汽车端到解决方案——NVIDIA DRIVE

作用	产品	特点
数据采集与量产汽车	NVIDIA DRIVE Hyperion	通过将基于 DRIVE Orin™ 的 AI 计算与完整传感器套件（包含 12 个外部摄像头、3 个内部摄像头、9 个雷达、12 个超声波、1 个前置激光雷达和 1 个用于真值数据收集的激光雷达）相集成，能够加速开发、测试和验证 DRIVE Hyperion 具有适用于自动驾驶（DRIVE AV）的完整软件栈，以及驾驶员监控和可视化（DRIVE IX），能够无线更新，在车辆的整个生命周期中添加新的特性和功能
中央计算机	NVIDIA DRIVE Orin	NVIDIA DRIVE Orin™ SoC（系统级芯片）可提供每秒 254 TOPS（万亿次运算），为自动驾驶功能、置信视图、数字集群以及 AI 驾驶舱提供动力支持

续表

作用	产品	特点
提供应用程序（构建块和算法堆栈）	NVIDIA DRIVE SDK	有助于开发者更高效地构建和部署各种先进的自动驾驶应用程序，包括感知、定位和地图绘制、计划和控制、驾驶员监控和自然语言处理 DRIVE OS 是 DRIVE Software 堆栈的基础所在，这是针对车载加速计算率先推出的安全操作系统 NVIDIA DriveWorks 在 DRIVE OS 之上提供对自动驾驶汽车开发至关重要的中间件功能。这些功能包括传感器抽象层（SAL）与传感器插件、数据记录器、车辆 I/O 支持和深度神经网络（DNN）框架 DRIVE AV 软件栈包含感知、地图构建和规划层，以及各种经过高质量真实驾驶数据训练的深度神经网络。这些丰富的感知输出可以用于自动驾驶和地图构建 NVIDIA Safety Force Field™（NVIDIA 安全力场）计算模组使车辆远离伤害，并确保它不会造成或引发不安全的情况 NVIDIA DRIVE Chauffeur 是基于 NVIDIA DRIVE AV SDK 的 AI 辅助驾驶平台，可以在高速公路和城市之间自由穿梭，并确保极高安全性 DRIVE IX 是一个开放软件平台，可为 AI 驾驶舱创新解决方案提供舱内感知，可提供用于访问各项功能的感知应用程序，还可提供 DNN 以实现高级驾驶员和乘客监控功能、AR/VR 可视化以及车辆与乘客之间的自然语言交互 DRIVE Concierge 实时对话式 AI，帮助驾驶员提出建议、进行预定、拨打电话、控制车辆，并使用自然语言发出提醒 NVIDIA DRIVE Map 使用准确的真值地图和可扩展的车队来源地图来创建和更新自动驾驶汽车地图
数据中心	NVIDIA DGX	NVIDIA DGX SuperPOD 是一个 AI 数据中心基础设施平台，提供出色的计算、软件工具、专业知识和持续创新 使用 AI 计算加速训练，优化数据加载，以便在不影响安全的情况下训练和操作这些车辆。汽车能够收集和处理的信息越多，AI 就可以更快速、更出色地学习和做出决策
仿真	NVIDIA DRIVE Sim	NVIDIA DRIVE Sim 通过将使用物理精准的仿真与高保真 3D 环境相结合，为自动驾驶汽车开发创建出虚拟的试验场。闭环测试可在单个软件组件或整个自动驾驶堆栈上完成 DRIVE Sim 依托 NVIDIA Omniverse 平台构建而成，Omniverse 提供了核心仿真技术和渲染引擎，采用多 GPU 支持架构，可为具有严格时限和准确性要求的自动驾驶汽车提供物理精准的实时多传感器仿真 借助 NVIDIA DRIVE Replicator，开发者可以为罕见和复杂场景创建多样化的合成数据集，包括基于物理性质的传感器数据和像素准确的真值标签

资料来源 英伟达官网，智驾网，民生证券研究院

6.4.5 银行政企

如今，银行和金融机构正在逐步推进 AI 的应用，来取代原本由人类所做的工作，逐步提升自动化水平。比如公司运营，财富管理，算法交易以及风险管理。根据埃森哲（Accenture）集团的预计，按照目前 AI 的发展速度，在接下来的三年内，AI 将会取代人类成为银行与客户互动的主要方式。Accenture 在报告中指出，AI 将为银行提供更简单的用户界面，帮助银行创造出更加人性化的用户体验。随着人工智能技术的发展，智能机器人已经在银行的众多业务场景中有着良好应用。

以视频智能客服为例，视频客服采用语音识别、生物识别、云计算等智能技术，为用户提供“面对面”服务。具备现场认证、演示指导、互动交流等多重优势，能根据用户需求，完成身份核验、身份信审、业务咨询、理财业务办理、风险评估等业务办理。视频智能客服虽然无法完成线下业务办理的所有操作，但能满足用户的基本需求，让用户足不出户就能办理业务，给予用户新选择（图 6–7）。

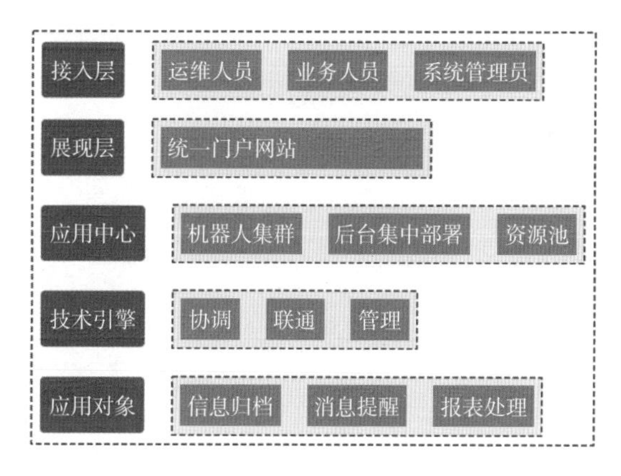

图 6–7　银行智能机器人运营架构

资料来源　人工智能实验室，民生证券研究院

例如，苏格兰皇家银行和 NatWest 的员工可能会在 Luvo 聊天机器人的

帮助下，更有效率地与客户进行互动。使用 IBM 沃森技术所设计的人工智能 Luvo，可以逐步从人际互动中理解、学习、进步，最终取代人类客服的大部分功能。与此同时，印度最大的私营银行之一 HDFC 也推出了 AI 助手 Eva。Eva 是印度第一个基于 AI 的银行客服系统，可以从数千个信息来源吸收并学习知识，并在不到 0.4 秒的时间内以简单的语言为客户提供答案。

第 7 章

AIGC 面临的挑战

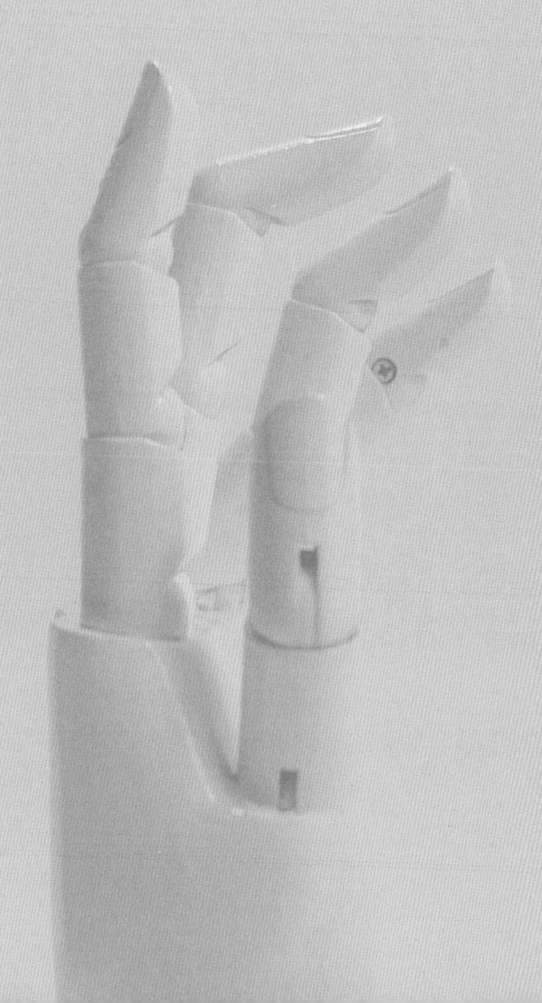

7.1 隐私风险

数据收集和使用的透明度：AIGC 的进步与用户数据的积累和分析密切相关。然而，用户可能对他们的数据如何被收集和应用缺乏明确的认知，这引发了隐私问题。一个具体的例子是，在一个用户尚未申请专利前，他 / 她的创新思想如果被 ChatGPT 学习和存储，那么当另一个用户询问类似的想法时，ChatGPT 可能会引用先前用户的内容，从而无意间将该想法公之于众。这样的情况下，OpenAI 并不能确保在其他用户与 ChatGPT 交互时，完全保障用户数据和隐私的安全。

数据泄露和滥用：AIGC 模型，如 ChatGPT 的训练和部署通常不是在本地进行，而是通过网站访问，这可能导致用户和企业隐私的泄漏。例如，三星公司发现其半导体设备的一些关键数据，如测量数据和产品产量率，可能已被存储在 ChatGPT 的知识库中，潜在暴露了公司的商业机密。以 ChatGPT 为例，根据 ChatGPT 的运作原理，用户在输入端口提出问题后，该问题首先会传输到位于美国的 OpenAI 公司，随后 ChatGPT 才会给出相应回答，从而实现输入到用户端口对问题的反馈。

合规性问题：数据保护和隐私法规严格的国家或地区，可能会对 AIGC 的开发和应用提出更高的要求。其法规可能对数据的收集、使用和共享设限。以 ChatGPT 为例，根据 OpenAI 在其官网上的说明，尽管其努力使得 ChatGPT 拒绝用户不合理的请求，但 ChatGPT 生成的内容仍有可能存在着包含种族歧视或性别歧视、暴力、血腥、色情等对法律和公序良俗造成挑战的内容。因此，若对可能违背法律法规或公序良俗的 AIGC 进行传播，则可能存在着违法信息的传播风险，从而影响 AIGC 的发展。

7.2 知识产权挑战

著作权与所有权：知识产权法是关于人类在社会实践中创造的智力劳动成果的专有权利，其核心价值是保护创新。然而，人工智能生成的内容引发了一个棘手的问题：是 AI 本身、开发 AI 的人还是使用 AI 的人拥有生成的内容的权益？这一问题对现有的法律体系提出了新的挑战。因版权争议，国外艺术作品平台 ArtStation 上的画师们掀起了抵制 AIGC 生成图像的活动。其次，安全问题始终存在于科技发展应用之中。在 AIGC 中，主要表现为信息内容安全、AIGC 滥用引发诈骗等新型违法犯罪行为，以及 AIGC 的内生安全等。

原创性：原创性和创造性投入是作品得到保护的关键。然而，人工智能生成的内容是基于算法和已存在的数据。这对原创性的概念提出了挑战，对于这样的作品能否或应该如何受到版权保护，目前尚无定论。

侵权：人工智能通过大量数据学习，这可能涉及受版权保护的材料。如果 AI 复制了这些材料，可能会无意中侵犯版权。定义何为侵权在此情况下尤其棘手，因为并不总是能清晰地判断 AI 是复制了受保护的作品，还是仅仅从中进行学习。

训练数据合规性：合理使用的概念允许有限度地使用受版权保护的材料而无须获得权利人的许可。然而，AI 系统在大规模数据训练过程中可能使用到受版权保护的材料，这可能使 AI 开发者面临诉讼风险。

知识产权法的国际差异：知识产权法在世界各地之间存在显著的差异。一些地方可能承认 AI 生成的内容在版权法下的保护，而一些地方可能不承认。这导致了在执行知识产权方面的混淆和不一致。例如，根据欧盟版权法，要获得版权保护，必须同时满足创作必须是作品以及必须是上述作品的原作者或已通过转让获得版权的相关要求，同时需要符合四步法“Step1- 文学、艺术、科学领域；Step2 - 人类智力活动；Step3 - 独创性；Step4 - 表达”。不同于英国，早在《1988 年版权、外观设计和专利法案》中便有针对计算机生成物的相关规定，“computer-generated”（计算机生成物），是指在不存在任何人类作者的状况下，由计算机运作生成的作品。对于计算机生成的文字、戏剧、音乐或艺术作品而言，作者应是对该作品的创作进行必要安排的人。

专利系统的混乱：AI 技术的专利问题极其复杂。AI 甚至可以自主产生新的发明，而现行的专利法只承认人类发明者，这就形成了一个明显的法律空白。

7.3 虚假信息与科技伦理

错误信息和误导信息：高级 AI 模型如 GPT-4，有能力生成具有说服力但完全虚构的内容，这可能助长虚假信息或误导信息的传播。这对多个领域，包括政治、健康和金融，产生了显著影响。如果未得到妥善管理，可能会对社会产生不良影响。

透明度和责任性缺失：AI 算法，通常被形象地描述为“黑箱”，它们在输出结果的过程中，往往缺乏清晰可追溯的理解路径。这大大增加了为 AI 生成的虚假信息或误导信息确定责任的难度。

偏见：AI 模型是在大量数据集上进行训练的，这些数据中存在的任何偏见都可能反映在生成的内容中。这可能导致对刻板印象、歧视性做法或偏向观点的持续和放大。AIGC 的偏见包括与人类价值观不一致，加剧不同群体间的冲突。

操纵、欺诈和伪造：AI 可以被用来创建超现实的“深度伪造”，如操纵图像、视频和声音以误导现实。这带来了重大的伦理和法律挑战，特别是在诸如欺诈、诽谤和侵犯隐私等方面。

隐私问题：AI 在生成内容的过程中严重依赖数据，使用个人数据可能会导致隐私泄露。如何在保护隐私和维持 AI 效能之间达成平衡，成了一个需要解决的难题。

自主性：随着 AI 技术的进步，AI 可能在决策中起到越来越重要的作用，甚至在某些情况下替代人类的决策。这可能会对人类的自主性产生影响，引发一系列的伦理问题。

7.4 生态环境

能源消耗：高级 AI 模型需求大规模的算力，导致较高的能源消耗。尽管在能效计算和绿色数据中心方面取得了一定的进步，但这些托管 AI 模型的数据中心对全球碳排放的影响仍然值得关注。以自然语言处理为例，研究人员研究了该领域中性能取得最大进步的四种模型：Transformer、ELMo、BERT 和 GPT-2。研究人员在单个 GPU 上训练了至少一天，以测量其功耗。然后，使用模型原始论文中列出的几项指标来计算整个过程消耗的总能量。结果显示，训练的计算环境成本与模型大小成正比，然后在使用附加的调整步骤以提高模型的最终精度时呈爆炸式增长，尤其是调整神经网络体系结构以尽可能完成详尽的试验，并优化模型的过程，相关成本非常高，几乎没有性能收益。

电子废物：用于训练和运行 AI 模型的硬件随着时间的推移会过时，并造成电子垃圾（e-waste），造成显著的环境挑战。

数据存储：AI 模型需要大量的数据，这使得需要大规模的数据中心进行存储。这些数据中心的建设和运营对环境产生了重大影响，包括资源消耗和废物产生。

资源使用：AI 需要大量的各种资源，包括用于硬件的稀有矿物和用于冷却数据中心的大量水。开采这些资源会对环境产生重大影响。

低效算法：大量的 AI 算法在设计时未考虑环境效率，可能导致使用更多的计算资源，从而引发不必要的环境影响。

普遍计算：人工智能在日常生活中的广泛使用，包括数字助理、推荐系统和自动化系统，意味着对计算资源的持续需求。这会导致显著的累积能源使用和环境影响。